자동차 정비기능사
실기 정복

박종철 · 김학광 공저

Craftman Motor
Vehicles Maintenance

실기시험 작업순서 따라 하기
- 현장 실사 완벽 수록
- 차별화된 답안지 작성법 수록

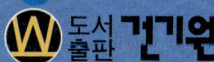

머 리 말

　이 교재를 보는 자동차 정비기능사 실기 수험자분들은 많은 실무 경험에도 불구하고 답안지 작성이 부족하여 어려움을 겪고 있거나, 일부 답안지 작성에 대한 학습과 연습에도 실기 시험의 특성상 같은 항목이라도 실기 시험을 운영하는 패턴의 차이에 의해 어려움을 겪거나, 답안지 작성 외에 시험장별 기자재 사용에 대한 미숙 등에 의해 많은 어려움을 겪고 있는 것이 지금의 현실입니다.

　이에 각 시험장별 시험 위원들의 패턴의 차이를 보다 효율적으로 대처하고, 지난 2012년부터 산업인력공단에서 통합 실시되고 있는 자동차정비기능사 실기시험의 표준답안에 부합하는 답안지를 작성할 수 있도록 현장에서 실무 작업을 하고 계시는 선배님들, 교육현장에서 학생들을 지도하고 계시는 선·후배님들, 다양한 층에 계시는 많은 분들의 조언과 협조를 통해 기존 답안지 작성법과는 확연한 차이를 두어 한층 진보된 교재로 편성하였습니다.

　끝으로 이 교재를 통해 많은 분들이 시험장에서 웃을 수 있으며 도움이 될 수 있게 도와주신 선·후배님께 진심어린 감사를 드리며, 이 교재를 출간하는 데 힘써주신 도서출판 건기원 대표님 이하 임직원 여러분들께도 고마운 마음을 전합니다.

저자 일동

자동차정비기능사 실기시험 출제기준

▶ 국가기술자격의 현장성과 활용성 제고를 위해 국가직무능력표준(NCS)을 기반으로 자격의 내용(시험과목, 출제기준 등)을 직무 중심으로 개편하여 시행합니다.
(적용 시기: 2022년 1월 1일~2024년 12월 31일까지)

실기과목명	NCS 능력 단위	NCS 세분류
자동차정비 실무	충전장치 정비	자동차 전기·전자장치 정비
	시동장치 정비	
	편의장치 정비	
	등화장치 정비	
	엔진 본체 정비	자동차 엔진 정비
	윤활장치 정비	
	연 장치 정비	
	흡·배 장치 정비	
	클러치 수동변속기 정비	자동차 섀시 정비
	드라이브라인 정비	
	휠 타이어 얼라인먼트 정비	
	유압식 제동장치 정비	

목 차

제1장 엔진 9

	자동차정비기능사 답안 작성법 요약표 ··	11
각안 1-1	[공통] 엔진(가솔린, 디젤)을 요구사항까지 분해 후 조립 ··············	12
1안 1-2	분사 노즐 압력측정 ···	38
2안 1-2	밸브 스프링 자유길이 측정 ··	38
3안 1-2	압력식 캡 작동압력 측정 ···	40
4안 1-2	캠 높이 측정 ··	42
5안 1-2	크랭크축 휨 측 ···	44
6안 1-2	크랭크축 외경 측정 ··	46
7안 1-2	실린더 헤드 변형도 측정 ···	48
8안 1-2	실린더 압축 압력 측정 ··	50
9안 1-2	크랭크축 방향 유격 측정 ···	52
10안 1-2	메인 베어링 오일 간극 측정 ··	54
11안 1-2	캠축 휨 측정 ··	57
12안 1-2	플라이휠 런 아웃 측정 ··	59
13안 1-2	예열 플러그 저항 측정 ··	61
14안 1-2	피스톤과 실린더 간극 측정 ··	63
15안 1-2	피스톤링 이음간극 측정 ··	65
각안 2	[공통] 전자제어 가솔린 엔진 시동작업 ···································	67
1안 3-1	공회전속도조절장치(ISA) 탈거 후 조립 ·································	73
2안 3-1	인젝터 탈거 후 조립 ··	74
3안 3-1	공기유량센서(AFS) 탈거 후 조립 ··	75
4안 3-1	CRDI 엔진 연료압력 조절 밸브 탈거 후 조립 ························	77
5안 3-1	예열 플러그 탈거 후 조립 ··	78
6안 3-1	스로틀 보디 탈거 후 조립 ··	79
7안 3-1	엔진 점화 플러그 및 배선(케이블) 탈거 후 조립 ·····················	80
8안 3-1	엔진 점화코일 탈거 후 조립 ···	81
9안 3-1	엔진 맵 센서(공기유량센서) 탈거 후 조립 ·····························	82
10안 3-1	연료 펌프 탈거 후 조립 ··	83
13안 3-1	공기유량센서(AFS), 에어 필터 탈거 후 조립 ·························	84
각안 3-2	[공통] 진단기(스캐너)를 사용하여 각종 센서(액추에이터) 점검 ···	86
공통 4	배기가스 측정(디젤 매연 측정) ··	90
공통 4	배기가스 측정(가솔린 CO, HC 측정) ···································	102

제2장 섀 시 107

자동차정비기능사 답안 작성법 요약표 ·· 109

안	내용	쪽
1안 1	앞 쇽업소버 스프링 탈거 후 조립	110
2안 1	앞 허브 및 너클 탈거 후 조립	115
3안 1	림에서 타이어 탈거 후 조립	119
4안 1	로어 암 탈거 후 조립	121
5안 1	앞 등속축 탈거 후 조립	122
6안 1	범퍼 탈거 후 조립	125
7안 1	M/T 후진 아이들 기어 탈거 후 조립	129
8안 1	FR식 액슬 축 탈거 후 조립	130
9안 1	뒤 쇽업소버 스프링 탈거 후 조립	131
10안 1	A/T 오일 필터 및 유온 센서 탈거 후 조립	132
11안 1	FR식 추진축 탈거 후 조립	134
12안 1	FR식 차동 기어 탈거 후 조립	135
13안 1	A/T 오일 펌프 탈거 후 조립	137
14안 1	M/T 후진 아이들 기어 탈거 후 조립	139
15안 1	A/T 밸브 보디 탈거 후 조립	140
1안 2	캐스터 각과 캠버 각 점검	141
2안 2	캐스터 각과 캠버 각 점검	149
3안 2	입력축 엔드 플레이 점검	150
4안 2	캐스터 각과 캠버 각 점검	152
5안 2	휠 밸런스 점검	153
6안 2	주차 브레이크 레버의 클릭 수(노치) 점검	155
7안 2	브레이크 디스크 두께 및 흔들림(런 아웃) 점검	157
8안 2	자동변속기의 오일량 점검	159
9안 2	종감속 기어 백래시 점검	161
10안 2	브레이크 페달의 작동상태 점검	163
11안 2	토(toe) 점검	165
12안 2	클러치 페달 유격 점검	167
13안 2	사이드슬립 점검	169
14안 2	톤 휠 간극 점검	170
15안 2	자동변속기 오일량 점검	172
1안 3	ABS 브레이크 패드 탈거 후 조립	173
2안 3	브레이크 라이닝 탈거 후 조립	174
3안 3	클러치 릴리스 실린더 탈거 후 조립, 공기빼기 작업	177
4안 3	브레이크 캘리퍼 탈거 후 조립, 공기빼기 작업	179
5안 3	타이로드 엔드 탈거 후 조립	182
6안 3	파워 스티어링 오일 펌프 탈거 후 조립, 공기빼기 작업	183
7안 3	타이로드 엔드 탈거 후 조립	185

8안 3	브레이크 캘리퍼 탈거 후 조립, 공기빼기 작업	186
9안 3	휠 실린더 탈거 후 조립, 공기빼기 작업	187
10안 3	파워 스티어링 오일 펌프 탈거 후 조립, 공기빼기 작업	188
11안 3	브레이크 마스터 실린더 탈거 후 조립, 공기빼기 작업	189
12안 3	브레이크 라이닝 탈거 후 조립	191
13안 3	ABS 브레이크 패드 탈거 후 조립	192
14안 3	휠 실린더 탈거 후 조립, 공기빼기 작업	193
15안 3	클러치 릴리스 실린더 탈거 후 조립, 공기빼기 작업	194
1안 4	인히비터 스위치와 변속 선택 레버 위치 점검	195
2안 4	진단기(스캐너)로 자동변속기 점검	197
3안 4	진단기(스캐너)로 전자제어 현가장치(ECS) 점검	199
4안 4	진단기(스캐너)로 전자제어 제동장치(ABS) 점검	201
5안 4	진단기(스캐너)로 자동변속기 점검	203
6안 4	진단기(스캐너)로 자동변속기 점검	205
7안 4	자동변속기 오일 압력 점검	207
8안 4	인히비터 스위치와 변속선택 레버 위치 점검	211
9안 4	진단기(스캐너)로 ABS 장치 점검	212
10안 4	진단기(스캐너)로 전자제어 현가장치(ECS) 점검	213
11안 4	진단기(스캐너)로 자동변속기 점검	215
12안 4	진단기(스캐너)로 ABS 장치 점검	216
13안 4	자동변속기 오일 압력 점검	218
14안 4	진단기(스캐너)로 자동변속기 점검	219
15안 4	진단기(스캐너)로 전자제어 현가장치(ECS) 점검	220
공통 5	제동력 측정	221
공통 5	최소 회전반경 측정	225

제3장 전 기   227

자동차정비기능사 답안 작성법 요약표		229
1안 1	와이퍼 모터 탈거 후 조립	230
2안 1	발전기 및 벨트 탈거 후 조립	232
3안 1	DOHC 점화 플러그 및 고압 케이블 탈거 후 조립	234
4안 1	기동 모터(기동 전동기) 탈거 후 조립	235
5안 1	에어컨 냉매 회수 후 재충전	236
6안 1	다기능 스위치(콤비네이션 S/W) 탈거 후 조립	240
7안 1	경음기 및 릴레이 탈거 후 조립	244
8안 1	윈도우 레귤레이터(파워 윈도우 모터) 탈거 후 조립	245
9안 1	전조등(헤드 라이트) 탈거 후 조립	247
10안 1	에어컨 필터(실내 필터) 탈거 후 조립, 블로어 모터 작동상태	249
11안 1	라디에이터 전동 팬 탈거 후 조립	251

12안 1	발전기 탈거 후 조립	253
13안 1	블로어 모터 탈거 후 조립	254
14안 1	에어컨 벨트 탈거 후 조립	255
15안 1	계기판(클러스터) 탈거 후 조립	256

1안 2	시동 모터의 크랭킹 부하시험	262
2안 2	점화코일 1, 2차 저항 측정	264
3안 2	발전기 충전되는 전류와 전압 점검	267
4안 2	메인 컨트롤 릴레이 점검	270
5안 2	ISC 밸브 듀티 값 측정(측정조건 : 무부하 공회전 시)	274
6안 2	축전지 비중과 축전지 용량시험기를 작동시킨 상태에서 전압 측정	277
7안 2	에어컨 라인의 압력 점검	279
8안 2	급속 충전 후 축전지 비중과 전압 측정	281
9안 2	발전기 충전 전류와 전압 점검	284
10안 2	인젝터 코일 저항(1개) 점검	285
11안 2	시동 모터의 크랭킹 전압 강하 시험	287
12안 2	스텝 모터(공회전 속도조절 서보) 저항 점검	289
13안 2	스텝 모터(공회전 속도조절 서보) 저항 점검	292
14안 2	메인 컨트롤 릴레이 점검	293
15안 2	점화코일 1, 2차 저항 측정	294

1안 3	미등 및 번호등 회로 점검	295
2안 3	전조등 회로 점검	300
3안 3	와이퍼 회로 점검	304
4안 3	방향 지시등 회로 점검	307
5안 3	경음기(horn) 회로 점검	311
6안 3	기동 및 점화 회로 점검	314
7안 3	라디에이터 전동 팬 회로 점검	319
8안 3	충전 회로 점검	322
9안 3	에어컨 회로 점검	324
10안 3	점화 회로 점검	329
11안 3	제동등 및 미등 회로 고장 부분 점검	332
12안 3	실내등 및 열선 회로 점검	336
13안 3	방향 지시등 회로 점검	340
14안 3	와이퍼 회로 점검	341
15안 3	파워 윈도 회로 점검	342

| 공통 4 | 전조등 광도 측정 | 347 |
| 공통 5 | 경음기 음량 측정 | 352 |

부록 실전 답안지 작성안   355

제1안~제15안 ········ 357

Craftsman Motor Vehicles Maintenance

엔 진

자동차정비기능사 답안 작성법 요약표

과목	엔 진					검사
	엔진 분해·조립		시동	교환 / 자기진단		
안	탈거 / 조립	측정 / 기록표	점검 / 수리	탈거 / 조립	자기진단	배출가스
1안	디젤 엔진 실린더 헤드, 분사 노즐	분사 노즐 압력/후적	전자제어 가솔린 엔진	공회전 속도 조절장치(ISA)	자기진단	디젤 매연
2안	가솔린 엔진 실린더 헤드, 밸브 스프링	밸브 스프링 자유길이	전자제어 가솔린 엔진	인젝터 1개	자기진단	CO, HC
3안	디젤 엔진 워터 펌프	라디에이터 압력식 캡	전자제어 가솔린 엔진	공기유량센서(AFS)	자기진단	디젤 매연
4안	DOHC 엔진 캠축, 타이밍 벨트	캠 높이	전자제어 가솔린 엔진	디젤(CRDI) 연료압력조절밸브	자기진단	CO, HC
5안	디젤 엔진 크랭크축	크랭크축 휨	전자제어 가솔린 엔진	디젤(CRDI) 예열 플러그	자기진단	디젤 매연
6안	가솔린 엔진 크랭크축	크랭크축 마멸량	전자제어 가솔린 엔진	스로틀 보디	자기진단	CO, HC
7안	가솔린 엔진 크랭크축	실린더 헤드 변형도	전자제어 가솔린 엔진	점화플러그, 배선(케이블)	자기진단	디젤 매연
8안	가솔린 엔진 에어크리너, 점화 플러그	실린더 압축 압력	전자제어 가솔린 엔진	점화코일	자기진단	CO, HC
9안	가솔린 엔진 크랭크축	크랭크축 축방향 유격	전자제어 가솔린 엔진	맵 센서	자기진단	디젤 매연
10안	가솔린 엔진 크랭크축, 크랭크축 메인 베어링	크랭크축 메인 베어링 오일 간극	전자제어 가솔린 엔진	연료 펌프	자기진단	CO, HC
11안	DOHC 엔진 실린더 헤드, 캠축	캠축 휨	전자제어 가솔린 엔진	연료 펌프	자기진단	디젤 매연
12안	디젤 엔진 크랭크축	플라이휠 런 아웃	전자제어 가솔린 엔진	연료 펌프	자기진단	CO, HC
13안	디젤 엔진(CRDI) 인젝터, 디젤(CRDI) 예열 플러그	예열 플러그 저항	전자제어 가솔린 엔진	공기유량센서 (AFS), 에어 필터	자기진단	디젤 매연
14안	DOHC 엔진 실린더 헤드, 피스톤	실린더 간극	전자제어 가솔린 엔진	공기유량센서 (AFS), 에어 필터	자기진단	CO, HC
15안	가솔린 엔진 실린더 헤드, 피스톤	피스톤링 이음간극	전자제어 가솔린 엔진	공기유량센서 (AFS), 에어 필터	자기진단	디젤 매연

공통 엔진(가솔린, 디젤)을 요구사항까지 분해 후 조립

아반떼 XD 분해 및 조립

1. 엔진(가솔린) 분해
    ① 오일 레벨 게이지와 오일 필터를 탈거한다.
    ② 고압 케이블을 탈거한다.

③ 점화코일을 탈거한다.
④ 딜리버리 파이프와 인젝터를 탈거한다.

⑤ 흡기 다기관(매니폴드)과 개스킷을 함께 탈거한다.
⑥ 배기 다기관(매니폴드)과 개스킷을 함께 탈거한다.

⑦ 크랭크축 풀리를 시계 방향으로 회전시켜 타이밍 커버의 타이밍 마크와 풀리의 홈을 일치시킨 다음 캠축의 타이밍 마크도 일치시킨다.

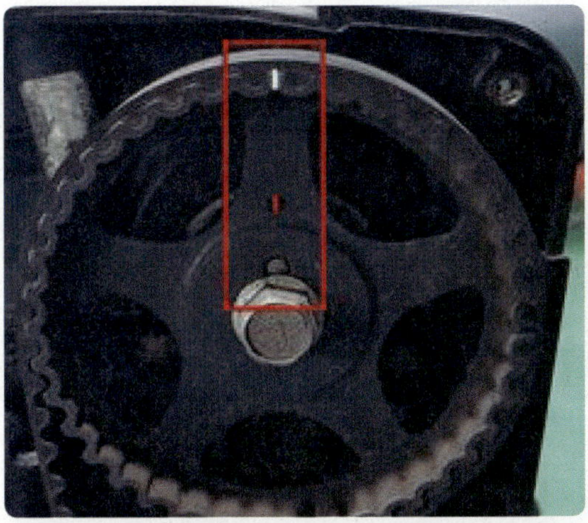

● 우측 사진은 타이밍 벨트 커버를 탈거한 상태에서의 타이밍 정렬

⑧ 워터 펌프 풀리를 탈거한다.
⑨ 크랭크축 풀리를 탈거한다.

⑩ 타이밍 커버를 탈거한다.
⑪ 텐셔너 고정 볼트를 이완시키고 텐셔너를 워터 펌프 반대쪽으로 드라이버로 이동시킨 후 임시로 고정시킨다.

⑫ 타이밍 벨트를 탈거한다.
⑬ 텐셔너와 아이들러를 탈거한다.

⑭ 엔진 서포트 브라켓을 탈거한다.
⑮ 워터 펌프를 탈거한다.

⑯ 실린더 헤드 커버를 탈거한다.
⑰ 캠축을 오픈 엔드 렌치로 고정하고 캠축 스프로킷을 탈거한다.

⑱ 캠축 베어링 캡(흡기, 배기) 볼트를 풀고 캡을 탈거한다. (흡·배기 확인 기호를 점검한다.
    I : 흡기 캠축, E : 배기 캠축)
⑲ 캠축 2개(흡기, 배기)와 구동 체인을 동시에 탈거한다.

⑳ 실린더 헤드 볼트를 탈거할 때는 바깥쪽에서 중앙을 향하여 탈거한 후 실린더 헤드와 개스킷을 탈거한다.
㉑ 엔진을 뒤집어서(180° 회전) 오일 팬을 탈거한다.

㉒ 오일 스크린(오일 스트레이너)을 탈거한다.
㉓ 크랭크축 스프로킷을 탈거하고 프런트 케이스를 탈거한다.

㉔ 커넥팅 로드 캡을 탈거한다.
㉕ 피스톤과 커넥팅 로드 어셈블리를 탈거한다.

㉖ 크랭크축 리어 오일실 케이스를 탈거한다.
㉗ 크랭크축 메인 베어링 캡을 탈거한다.

㉘ 크랭크축을 탈거한다.

2. 엔진 조립

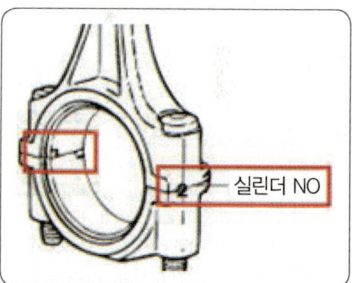

① 오일 레벨 게이지와 오일 필터를 탈거한다.
② 고압 케이블을 탈거한다.
③ 실린더 헤드 볼트를 조일 때는 토크 렌치를 사용하여 중앙에서 바깥쪽을 향하여 체결순서에 따라 여러 번에 걸쳐 규정 토크로 조인다.
④ 흡·배기 확인 기호 및 번호에 대한 표식을 확인한 후 베어링 캡을 장착한다. (흡기 캠축 I1~I4, 배기 캠축 E1~E4)

 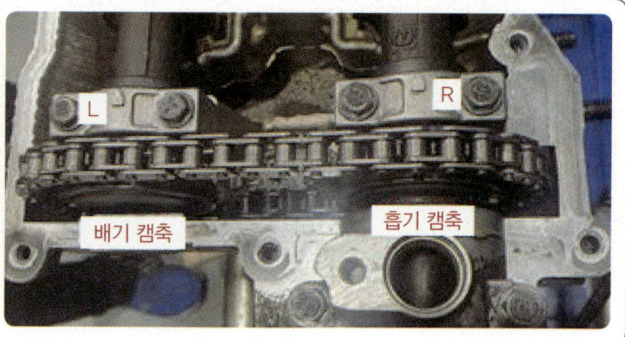

⑤ 타이밍 체인을 체인 스프로킷 타이밍 마크에 맞게 조립 후 타이밍 벨트를 조립한다.

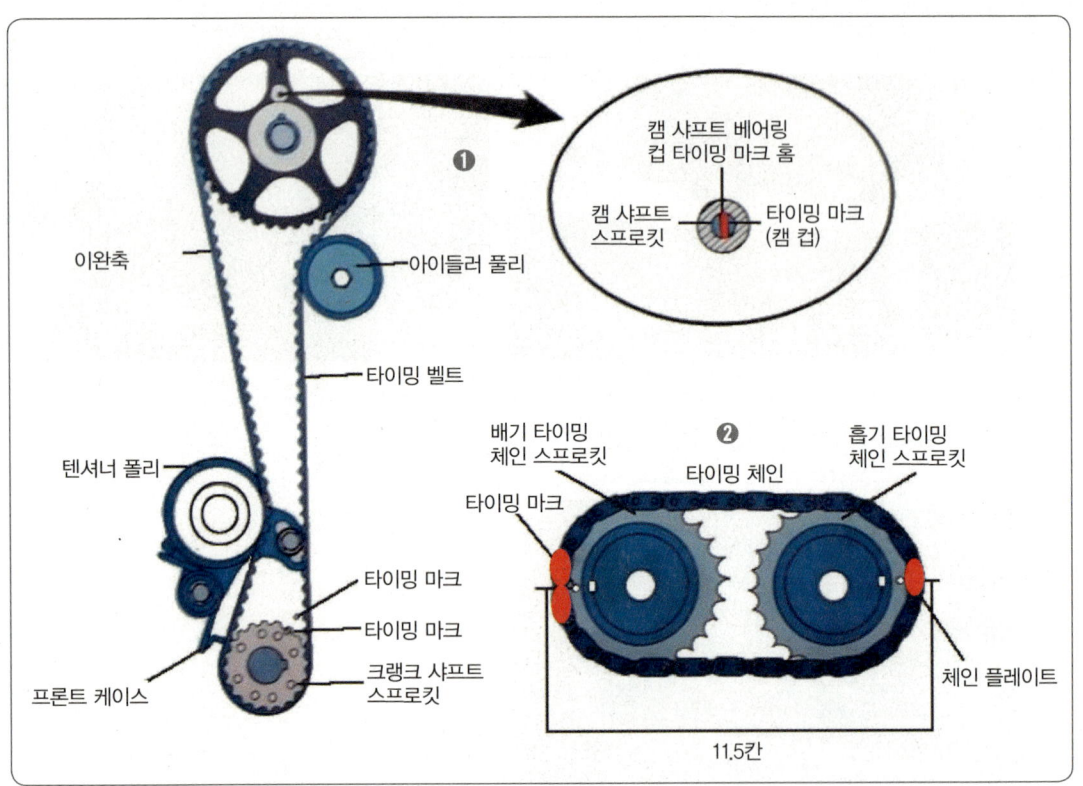

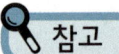 참고

❶ 타이밍 체인을 체인 스프로킷에 조립한 후 흡기측 스프로킷의 타이밍 마크에 일치된 체인 플레이트에서 11.5칸째 체인 플레이트까지 배기 측 스프로킷의 타이밍 마크가 일치되어 있어야 한다.

❷ 타이밍 마크를 정렬시킬 때는 먼저 캠축 스프로킷을 돌려서 노크 핀 구멍(12시 방향)에 캠 갭의 빨간색 타이밍 마크가 중앙에 일치하도록 맞춘 다음 크랭크축 스프로킷을 돌려 표시된 타이밍 마크와 타이밍 커버의 타이밍 마크를 일치시킨다.

아반떼 MD 분해 및 조립

1. 엔진(가솔린) 분해

① 오일 레벨 게이지를 탈거한다.
② 흡기 다기관(매니폴드)를 개스킷과 함께 탈거한다.
③ 인젝터 커넥터와 레일 압력 센서 커넥터를 분리한 다음 고압 연료 파이프를 탈거한다.

저압 연료 라인

④ 딜리버리 파이프 & 인젝터 어셈블리를 탈거한다.
⑤ 배기 다기관 히트 프로텍터를 탈거한 다음 배기 다기관을 개스킷과 함께 탈거한다.

⑥ 고압 연료 펌프와 롤러 태핏을 탈거한다.
⑦ 점화코일을 탈거한다.

⑧ 배기 OCV(오일 컨트롤 밸브)를 탈거한다.
⑨ 실린더 헤드 커버와 개스킷을 탈거한다.

⑩ 배기 OCV(오일 컨트롤 밸브) 어댑터를 탈거한다.
⑪ 엔진 서포트 브라켓을 탈거한다.
⑫ 드라이브 벨트 아이들러와 워터 펌프 풀리 및 워터 펌프를 탈거한다.

⑬ 냉각수 인렛 피팅과 서머스탯을 탈거한다.
⑭ 수온 컨트롤 어셈블리를 탈거한 다음 히터 파이프를 탈거한다.

⑮ 크랭크축 풀리를 시계 방향으로 회전시켜 타이밍 체인 커버의 타이밍 마크와 풀리의 홈을 일치시킨 다음 크랭크축 풀리를 탈거한다.
⑯ 타이밍 체인 커버를 탈거한다.

⑰ 캠축 스프로킷의 TDC 마크가 실린더 헤드 상면과 일직선이 되게 회전시켜 1번 실린더가 압축 상사점에 오게 한다.
⑱ 유압식 텐셔너를 탈거한다.

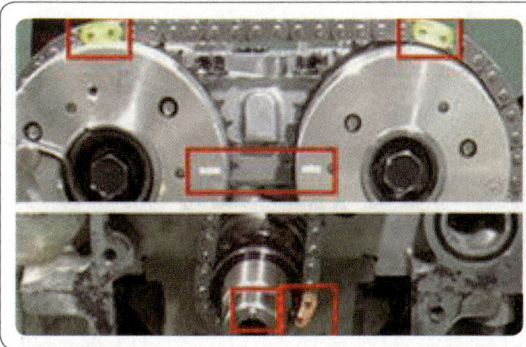 

> **⚠ 주의**
> ● 타이밍 체인 탈거 전에 캠축 및 크랭크축 스프로킷의 타이밍 마크와 일치하는 체인 링크(3군데)에 페인트 마킹을 한다.

⑲ 타이밍 체인 텐셔너 암과 타이밍 체인 가이드를 탈거한다.
⑳ 타이밍 체인을 탈거한다.

체인 가이드

㉑ 배기 CVVT 어셈블리와 흡기 CVVT 어셈블리를 탈거한다.
㉒ 배기 및 흡기 캠축 베어링 캡을 탈거한다.

흡기

㉓ 흡기 및 배기 캠축을 탈거한다.
㉔ 실린더 헤드 볼트를 순서에 따라 2~3회 나누어 볼트를 탈거한다. (실린더 헤드 볼트를 탈거할 때는 바깥쪽에서 중앙을 향하여 탈거한다)

㉕ 실린더 블록으로부터 실린더 헤드를 들어 나무 블록 위에 올려 둔 다음 실린더 헤드 개스킷을 탈거한다.
㉖ 워터 자켓을 탈거한다.

> ⚠️ **주의**
> ● 헤드 개스킷이 손상되지 않도록 실린더 헤드를 조심스럽게 내려놓는다. (장착 시에도 조심)
> ● MLA, 밸브, 밸브 스프링의 분리 시 원래의 위치에 장착될 수 있도록 각 부품의 위치를 확인한다.

㉗ 노크 센서, 오일 필터, 오일 프레셔 스위치를 탈거한다.
㉘ 엔진을 180° 회전시켜 오일 팬과 오일 스크린을 탈거한다.

   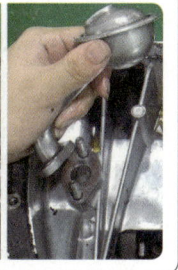

㉙ 플라이휠을 탈거한 다음 리어 오일 씰을 탈거한다.
㉚ 래더 프레임을 탈거한다.

㉛ 커넥팅 로드 캡을 탈거하고 피스톤과 커넥팅 로드 어셈블리를 빼낸다.
㉜ 메인 베어링 캡을 탈거한다. (순서에 맞게 배열)

㉝ 크랭크축을 탈거한다.

제1장 엔 진 ● 23

2. 엔진 조립

① 조립은 탈거의 역순으로 분리된 부품을 조립한다.

> **주의**
> ● 워터 자켓 장착 시 실린더블록 상면보다 돌출되지 않아야 한다.

② 실린더 헤드 볼트를 조일 때는 토크 렌치를 사용하여 중앙에서 바깥쪽을 향하여 체결순서에 따라 여러 번에 걸쳐 규정 토크로 조인다.

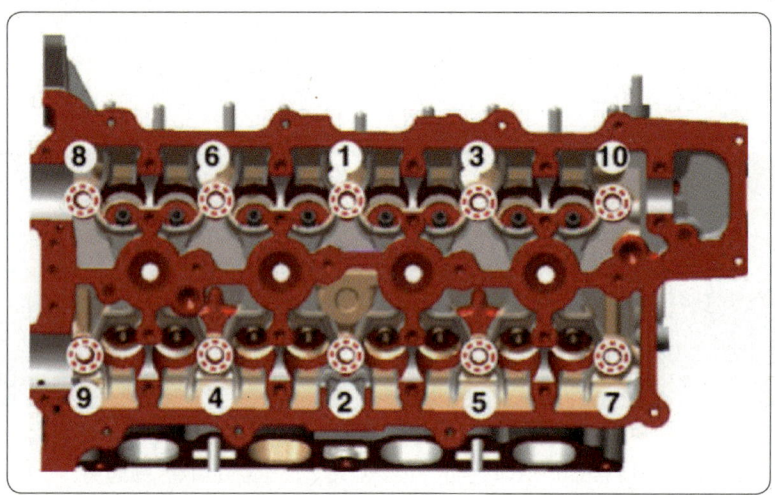

③ 현재 출고되는 차량은 대부분 토크 렌치로 1차 조인 후 2~3차는 각도 조임으로 체결해야 한다. (예 1차 3.0kgf·m + 2차 90° + 3차 90°)

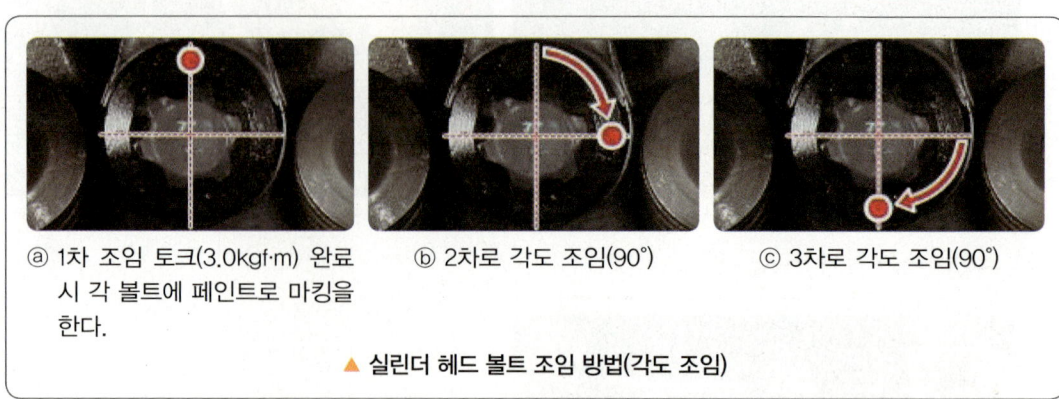

ⓐ 1차 조임 토크(3.0kgf·m) 완료 시 각 볼트에 페인트로 마킹을 한다.
ⓑ 2차로 각도 조임(90°)
ⓒ 3차로 각도 조임(90°)

▲ 실린더 헤드 볼트 조임 방법(각도 조임)

④ 고압 연료 펌프를 장착하기 전, 크랭크축을 돌려 롤러 태핏이 최하단에 위치하도록 한다. 그렇지 않으면 스프링 복원력으로 인하여 마운팅 볼트가 손상될 수 있다.
⑤ 조립 시 각종 볼트 조임 토크 규정값은 해당 차량의 정비지침서를 참조한다.

올란도 분해 및 조립

1. 엔진(디젤) 분해

① 오일 레벨 게이지를 탈거한다.
② 고압 연료 펌프와 커먼 레일을 연결하는 고압 연료 파이프를 탈거한다.
③ 커먼 레일과 인젝터를 연결하는 고압 연료 파이프를 탈거한다.

④ 인젝터를 탈거한다. 우측 그림은 인젝터를 탈거하는 모습이다.
⑤ 커먼 레일을 탈거한다.

⑥ EGR 밸브 및 EGR 쿨러를 탈거한다.
⑦ 흡기 다기관(매니폴드)을 탈거한다.

⑧ 오일 쿨러와 오일 필터를 탈거한다.
⑨ 터보 챠저를 탈거한다.

⑩ 배기 다기관(매니폴드)을 탈거한다.
⑪ 물 펌프를 탈거한다.

⑫ 고압 펌프를 탈거한다.
⑬ 진공 펌프를 탈거한다.

⑭ 실린더 헤드 커버와 개스킷을 탈거한다.
⑮ 크랭크축 풀리를 탈거한다.

⑯ 타이밍 체인 커버를 탈거한다.
⑰ 크랭크축 풀리를 시계 방향으로 회전시켜 좌측 흡기 캠축 스프로킷과 배기 캠축 스프로킷타이밍 마크와 일치시킨다.
⑱ 좌측 흡기 캠축 스프로킷 타이밍 마크와 타이밍 체인에 표시된 타이밍 마크를 일치시킨다.

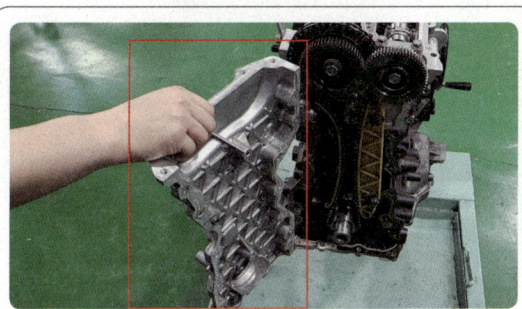 

> **주의**
> ● 타이밍체인 탈거 전에 캠축 및 크랭크축 스프로킷의 타이밍 마크와 일치하는 체인 링크(3군데)에 페인트 마킹을 한다.

⑲ 크랭크축 스프로킷 타이밍 마크와 타이밍 체인에 표시된 타이밍 마크를 서로 일치시킨다.
⑳ 타이밍 체인 텐셔너를 탈거한다.

㉑ 타이밍 체인 댐퍼를 탈거한다.
㉒ 타이밍 체인 가이드를 탈거한다.

㉓ 배기 캠축 스프로킷를 탈거한다.
㉔ 타이밍 체인을 탈거한다.

㉕ 흡기 캠축 스프로킷를 탈거한다.
㉖ 크랭크축 스프로킷 탈거 시 반달키가 분실되지 않도록 주의한다.

반달키 홈

㉗ 배기 및 흡기 캠축 베어링 캡을 탈거한 후 캠축을 탈거한다.
㉘ 실린더 헤드 볼트를 순서에 따라 2~3회 나누어 볼트를 탈거한다. (실린더 헤드 볼트를 탈거할 때는 바깥쪽에서 중앙을 향하여 탈거한다)

㉙ 실린더 헤드를 탈거한다.
㉚ 실린더 헤드 개스킷을 탈거한다.

㉛ 엔진을 180° 회전시켜 오일 팬을 탈거한다.
㉜ 로워 크랭크케이스를 탈거한다.

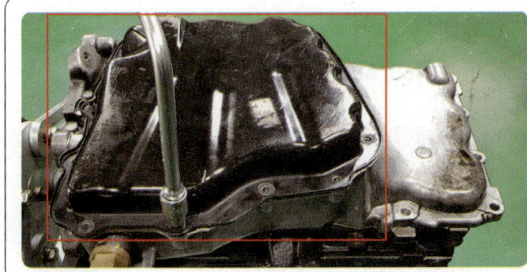 

㉝ 오일 펌프를 탈거한다.
㉞ 엔진을 90° 회전시켜 커넥팅 로드 캡을 탈거한다.

㉟ 피스톤과 커넥팅 로드 어셈블리를 탈거한다.
㊱ 로워 크랭크케이스를 탈거한다.

㊲ 크랭크축을 탈거한다.

2. 엔진 조립

① 조립은 탈거의 역순으로 분리된 부품을 조립한다.
② 피스톤 장착 시 피스톤 헤드 면에 표시된 마크 2개가 흡기 다기관(매니폴드) 방향으로 한다.
③ 크랭크축 스프로킷 조립 시 반달키를 홈에 올바르게 장착한다.

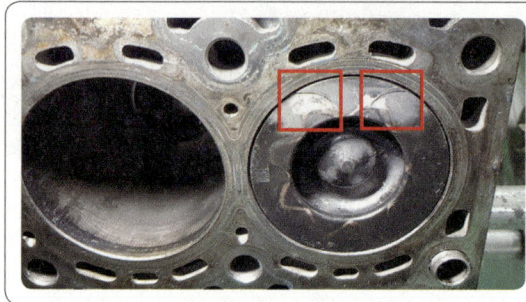 

④ 실린더 헤드 볼트를 조일 때는 토크 렌치를 사용하여 중앙에서 바깥쪽을 향하여 체결순서에 따라 여러 번에 걸쳐 규정 토크로 조인다.
⑤ 크랭크축 풀리를 시계 방향으로 회전시켜 좌측 흡기 캠축 스프로킷과 배기 캠축 스프로킷 타이밍 마크와 서로 일치시킨다.
⑥ 좌측 흡기 캠축 스프로킷 타이밍 마크와 타이밍 체인에 표시된 타이밍 마크를 서로 일치시킨다.
⑦ 크랭크축 스프로킷 타이밍 마크와 타이밍 체인에 표시된 타이밍 마크를 서로 일치시킨다.

기타 엔진 부품 분해 및 조립

1. 디젤 엔진 분사 노즐 탈거 후 조립

① 분사 파이프 양단의 너트를 풀 때는 반대 측(펌프 측은 딜리버리 홀더, 노즐 측은 노즐 홀더)을 오픈 엔드 렌치로 고정시킨 상태에서 분사 파이프를 푼다.

② 분사 노즐 홀더로부터 분사 파이프를 탈거한 후 분사 노즐 홀더로부터 연료 리턴 파이프를 탈거한다.

> **주의**
> ● 연료 리턴 파이프를 고정하지 않고 너트를 풀면 파이프가 손상될 수 있으므로 필히 파이프를 고정하고 푼다.

③ 오픈 엔드 렌치(스패너)를 이용하여 노즐 홀더 너트부에서 분사 노즐을 탈거한다.

④ 탈거한 분사 노즐 홀더에 실린더 번호를 기입한 꼬리표를 달아 어느 실린더의 노즐인가를 구별할 수 있도록 한다.
⑤ 조립은 탈거의 역순으로 분리된 부품을 조립한다.

2. 밸브 스프링 탈거 후 조립

① 밸브 스프링 압축기(컴프레서)를 이용하여 밸브 리테이너 중앙에 맞춘다.
② 밸브 스프링 압축기(컴프레서)를 이용하여 밸브 스프링을 압축한다.

③ 압축된 밸브 스프링에서 밸브 스프링 리테이너 로크를 자석을 이용하여 탈거한다.
④ 밸브 스프링 리테이너 로크와 리테이너, 밸브 스프링, 밸브를 순서대로 탈거한다.

3. 디젤 엔진 워터 펌프 탈거 후 조립

① 워터 펌프(물 펌프) 고정 볼트를 탈거한다.
② 워터 펌프(물 펌프)를 탈거한다.

③ 조립은 탈거의 역순으로 분리된 부품을 조립한다.

4. 가솔린 엔진 에어 크리너와 점화 플러그 탈거 후 조립

(1) 에어 크리너 탈거(구형)
① AFS 커넥터를 탈거한다.
② 스로틀 보디와 에어 크리너 사이에 있는 호스 클램프를 풀어서 공기 흡입 호스를 탈거한다.
③ 에어 크리너 케이스에 장착된 클립을 분리한다.

④ 에어 크리너 커버와 공기흐름 센서를 같이 분리한다.
⑤ 에어 크리너(에어 필터)를 탈거한다.

(2) 에어 크리너 탈거(신형)
① 클램프를 해제하고 에어 크리너 커버를 들어 올린다.
② 에어 크리너(에어 필터)를 에어 크리너 보디에서 탈거한다.

(3) 에어 크리너 조립
① 조립은 탈거의 역순으로 분리된 부품을 조립한다.

(4) 점화 플러그 탈거 후 조립
① 점화코일 쪽에 연결된 고압 케이블을 분리시킨다.
② 점화 플러그에서 고압 케이블을 분리한다. (고압 케이블을 빼낼 때 케이블을 잡고 빼면 케이블이 끊어질 수 있기 때문에 케이블 캡을 잡고 당겨야 한다)
③ 점화 플러그 렌치를 점화 플러그 구멍에 삽입한다.

④ 점화 플러그 렌치를 이용하여 점화 플러그를 탈거한다.
⑤ 점화코일 쪽에 연결된 고압 케이블을 장착 시 고압 케이블 번호가 바뀌지 않도록 주의한다.

5. 디젤 엔진(CRDI) 인젝터와 디젤 엔진(CRDI) 예열 플러그 탈거 후 조립

(1) 인젝터 탈거 후 조립
① 커먼 레일과 인젝터를 연결하는 고압 연료 파이프를 탈거한다.

② 인젝터 고정 볼트를 탈거한다.
③ 인젝터를 탈거한다.

④ 조립은 탈거의 역순으로 분리된 부품을 조립한다.

(2) 예열 플러그 탈거 후 조립
① 예열 플러그를 탈거한다.

② 조립은 탈거의 역순으로 분리된 부품을 조립한다.

분사 노즐 압력측정

측정 방법

① 분사노즐 테스터기 사용은 펌프 레버를 사용하여, 분사 노즐까지 2~3회 레버 펌핑을 통해 압력을 70% 이상 채우고, 순간 최대 펌핑으로 분사한다. 바늘이 최대로 움직인 후 잠시 주춤하며 떨어지는 순간의 게이지 값으로 압력을 측정한다. (실제 측정 시 최고 압력으로 측정)
② 분사 노즐 테스터기를 작동시킨 후 분사 노즐 주위의 후적 유무를 판별한다.
③ 후적의 판별 기준은 측정 전 노즐부를 깨끗이 닦은 다음, 측정 후 육안으로 후적 유무를 판별하여 답안지를 작성한다.
④ 테스터기 자체에 공기가 있거나, 게이지 압력을 0으로 해제할 경우에는 압력제거 핸들(공기 빼기나사)을 돌려서 압력을 해제시킬 수 있다.

차종별 규정값

차 종	분사압력	차 종	분사압력
포터, 그레이스	120~135 kgf/cm²	마이티, 코러스	220~230 kgf/cm²
프레지오	135 kgf/cm²	타이탄, 베스타	135 kgf/cm²

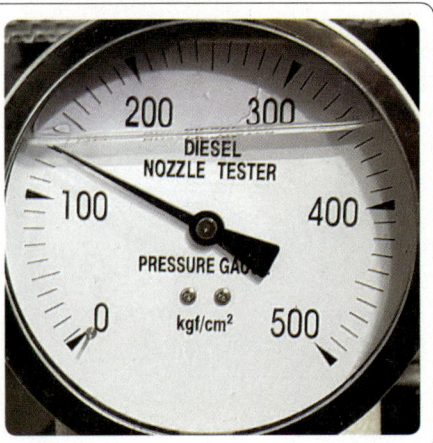

● 펌프 레버의 조작은 규정 압력 70% 이상이 될 때까지만 작동시킨 후 측정한다.

시험결과 기록표

항목	① 측정(또는 점검)			② 판정 및 정비(또는 조치) 사항		득 점
	측정값	규정(한계)값	후적 유무 (□에 "✓"표)	판정 (□에 "✓"표)	정비 및 조치할 사항	
분사노즐 분사압력	131kgf/cm²	120~135 kgf/cm²	□ 유 ☑ 무	☑ 양 호 □ 불 량	정비 및 조치사항 없음	

엔진 번호 :   비 번호   감독확인

판 정

① 분사개시 압력 및 후적 중에서 어느 한 부분이라도 불량이면 답안지 판정란에는 불량으로 체크한다.

정비 및 조치사항

① **양호 시** : 정비 및 조치할 사항란에는 정비 및 조치사항 없음이라고 기록한다.
② **분사개시 압력 불량 시** : 규정(정비한계)값 범위를 벗어난 경우는 분사 노즐 교환 후 재점검(재진단)이라고 기록한다. 또는 분사압력 조정 스크루를 돌려서 조정 후 재점검(재진단)이라고 기록한다.
③ **후적이 불량 시** : 분사 노즐 교환 후 재점검(재진단)이라고 기록한다.
● 조정 스크루(일반적인 독립형 분사 펌프)로 조절할 경우는 시계 방향(압력 상승), 반시계 방향(압력 저하)으로 돌려서 조정한다.

밸브 스프링 자유길이 측정

측정 방법

① 밸브 스프링에 힘이 가해지지 않도록 버니어 캘리퍼스에 가볍게 눌렀다가 놓은 다음 눈금을 판독한다.
② 밸브 스프링을 돌려가며 길이를 측정한다.
③ 측정한 눈금을 판독하는 방법은 우선 아들 자가 어미 자 눈금 어디 위치에 있는 지를 먼저 확인한 다음(아래 그림은 어미 자 44mm) 어미 자와 아들 자가 일치하는 지점의 눈금 값을 읽어주면 된다. (측정값 44.30mm)
④ 밸브 스프링의 자유길이가 한곗값 이상일 경우에는 밸브 스프링을 교환한다.

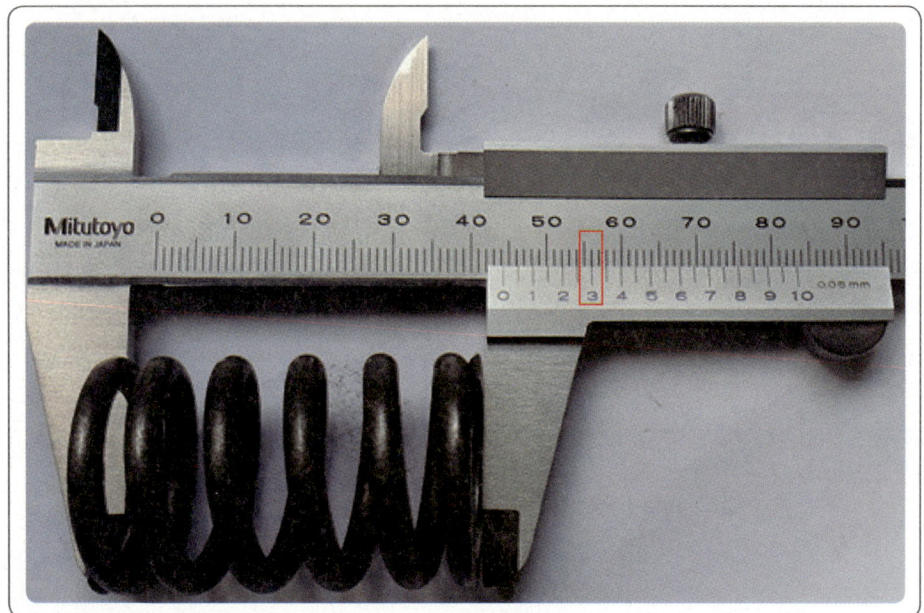

주의사항

① 밸브 스프링 자유길이 측정은 규정값에 한곗값(대부분 −1.0mm)을 빼서 답안지를 작성한다.
   예 밸브 스프링 자유길이 규정값이 48.66mm−1.0mm=47.66mm 이상 측정값이 나오면 양호이다. 현재 측정값은 44.30mm이므로 불량으로 판정한다.

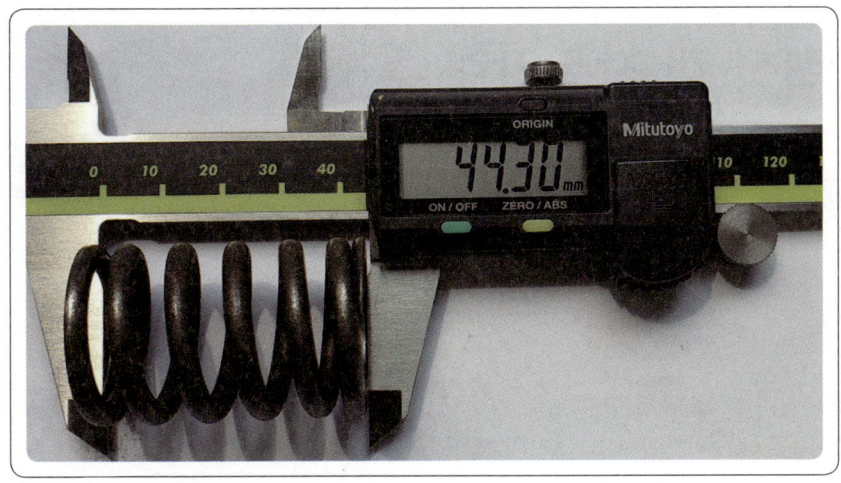

● 디지털 버니어 캘리퍼스를 사용할 때 주의할 점은 전원을 ON시키고 측정 전에 반드시 ZERO 버튼을 눌러서 0점을 잡아야 정확한 측정값을 측정할 수 있다.

차종별 규정값

차 종	규정값	한곗값	차 종	규정값	한곗값
엑 셀	44.60mm	-1.0mm	쏘나타 Ⅱ·Ⅲ	48.33mm	-1.0mm
엘란트라	48.30mm	-1.0mm	EF 쏘나타	48.66mm	-1.0mm
아반떼, 아반떼 XD·HD	44.00mm	-1.0mm	NF 쏘나타	47.44mm	-1.0mm
그랜저 TG	47.44mm	-1.0mm	그랜저 XG	42.50 mm	-1.0mm

엔진 1. 밸브 스프링 장력 측정

엔진 번호 :   비 번호   감독확인

항 목	① 측정(또는 점검)		② 판정 및 정비(또는 조치) 사항		득 점
	측정값	규정(정비한계)값	판정(□에 "✓"표)	정비 및 조치할 사항	
밸브스프링 자유길이	44.30mm	47.66~48.66mm	□ 양 호 ☑ 불 량	밸브 스프링 교환 후 재점검(재진단)	

정비 및 조치사항

① **양호 시** : 정비 및 조치할 사항란에는 정비 및 조치사항 없음이라고 기록한다.
② **불량 시** : 규정(정비한계)값 범위를 벗어난 경우는 밸브 스프링 교환 후 재점검(재진단)이라고 기록한다.

압력식 캡 작동압력 측정

측정 방법

① 테스터기를 이용하여 압력을 규정 압력으로 가압했을 때 압력식 캡의 작동하는 압력을 측정한다. 이때 압력이 규정값을 벗어나면 압력식 캡이 불량이므로 캡을 교환한다.

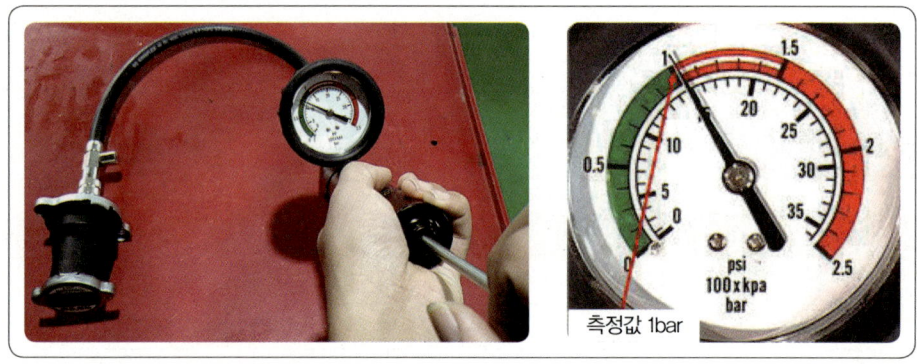

측정값 1bar

주의사항

① 라디에이터 압력식 캡의 이상 유무를 확인하는 시험으로 압력식 캡에 압력(0.83~1.10kgf/cm² 또는 0.83~1.10bar)을 가압해서 작동하는 압력을 측정하는 시험이다.
② 테스터기 별 압력게이지 단위 환산(1kgf/cm2=14.2PSI=98Kpa=735.5mmHg)
③ 1kgf/cm²=0.98bar 로 서로 값이 비슷하므로 측정기기 단위가 bar로 되어 있는 경우는 규정값을 kgf/cm²으로 주지 않고 bar로 주는 경우도 있다.

압력식 캡 규정값(kgf/cm²)

차 종	규정값	차 종	규정값
엑셀, 엘란트라	0.75~1.05kgf/cm²	그랜저 XG·TG, EF 쏘나타	1.1±0.15kgf/cm²
쏘나타 Ⅱ·Ⅲ, 그랜저	0.83~1.10kgf/cm²	아반떼, 아반떼 XD	0.83~1.10kgf/cm²
아반떼 HD, i30, K3, NF 쏘나타	0.95~1.25kgf/cm²	라노스, 레간자	0.9~1.2kgf/cm²

엔진 1. 압력식 캡 작동압력 측정

엔진 번호 :　　　　　비 번호　　　　　감독확인

항 목	① 측정(또는 점검)		② 판정 및 정비(또는 조치) 사항		득 점
	측정값	규정(정비한계)값	판정(□에 "✓"표)	정비 및 조치할 사항	
압력식 캡 작동압력	1.0 bar	0.83 ~ 1.10 bar	✓ 양 호 □ 불 량	정비 및 조치사항 없음	

🔖 정비 및 조치사항

① 양호 시 : 정비 및 조치사항 없음이라고 기록한다.
② 불량 시 : 규정(정비한계)값 범위를 벗어난 경우는 압력식 캡 교환 후 재점검(재진단)이라고 기록한다.

> **Point**
> 라디에이터 압력식 캡 시험 시 시험 위원이 수검자가 측정한 값에 약간의 오차 범위를 두고 채점한다. (시험 위원이 측정한 값과 수검자가 측정한 값이 오차 범위가 너무 크면 틀린 것으로 한다)

캠 높이 측정

측정 방법

① 시험 위원이 측정하여야 할 캠과 번호를 지정하여 준다.
   ㉮ 캠축에서 어디가 몇 번 캠인지 수검자가 식별해야 한다.

② 측정
   ㉮ 버니어 캘리퍼스 또는 외측 마이크로미터를 이용하여 캠의 높이(캠고)를 측정한다.
   ㉯ 정확한 측정을 하기 위해서는 외측 마이크로미터를 수평으로 하고 캠의 최고 높이에서 측정해야 최댓값 측정이 가능하다.

차종별 캠 높이 규정값

차 종		규정값	한곗값	차 종		규정값	한곗값
아반떼 1.5D	흡기	43.2484mm	규정값의 −0.5mm	쏘나타 Ⅱ 쏘나타 Ⅲ	흡기	35.493mm	규정값의 −0.5mm
	배기	43.8489mm			배기	35.20mm	
아반떼 XD	흡기	43.85mm		EF 쏘나타	흡기	35.493±0.1mm	
	배기	44.25mm			배기	35.317±0.1mm	
아반떼 HD i 30	흡기	43.85mm		NF 쏘나타 그랜저 TG 그랜저 HG	흡기	44.20mm	
	배기	42.85mm			배기	45.00mm	
K3, 쏘울, 아반떼 MD	흡기	44.15mm		그랜저 XG	흡기	43.95mm	−0.45mm
	배기	43.55mm			배기	44.15mm	
아반떼 AD	흡기	38.13mm		YF 쏘나타	흡기	39.00mm	−0.1mm
	배기	37.44mm			배기	39.00mm	
K5	흡기	34.75mm		K7	흡기	44.50mm	규정값의 −0.5mm
	배기	39.00mm			배기	44.50mm	

엔진 1. 캠 높이 측정 엔진 번호 :   비 번호   감독확인

항 목	① 측정(또는 점검)		② 판정 및 정비(또는 조치) 사항		득 점
	측정값	규정(정비한계)값	판정(□에 "✓"표)	정비 및 조치할 사항	
캠 높이	44.10mm	43.65 ~ 44.15mm	☑ 양 호 □ 불 량	정비 및 조치사항 없음	

정비 및 조치사항

① 양호 시 : 정비 및 조치사항 없음이라고 기록한다.
② 불량 시 : 규정(정비한계)값 범위를 벗어난 경우는 캠축 교환 후 재점검(재진단)이라고 기록한다.

크랭크축 휨 측정

> **측정 방법**

① 평면 정반+V 블럭+다이얼 게이지를 사용하여 크랭크축 중심에서 다이얼 게이지의 0점을 맞춘다.

> **Point**
> 크랭크축과 캠축의 휨 측정은 동일한 방법으로 측정한다.

② 축의 중심부에 다이얼 게이지 0점을 맞춰 설치 후 크랭크축을 1회전시킨다.

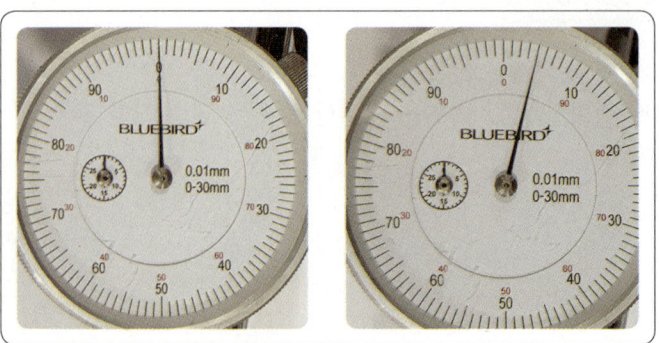

③ 다이얼 게이지의 총 움직인 값에 ÷2로 나눈 것이 실제로 측정한 크랭크축 휨 측정값이다.
④ 측정값(휨량) : 0에서 오른쪽으로 4칸 바늘이 움직임(1칸은 0.01mm)=0.04mm
⑤ 크랭크축 휨 값은 1/2로 나누어야 하므로 실제 측정값은 0.04/2=0.02mm이다.

크랭크축 휨 규정값

차 종	규정값	차 종	규정값
엘란트라, 티뷰론	0.03mm 이내	쏘나타, 쏘나타Ⅱ	0.03mm 이내
아반떼, 아반떼 XD	0.03mm 이내	NF·YF·LF 쏘나타	0.05mm 이하
그랜저 XG·TG	0.05mm 이하	아반떼 HD·MD·AD	0.05mm 이하

엔진 1. 크랭크축 휨 측정

엔진 번호 : 비 번호 감독확인

항 목	① 측정(또는 점검)		② 판정 및 정비(또는 조치) 사항		득 점
	측정값	규정(정비한계)값	판정(□에 "√"표)	정비 및 조치할 사항	
크랭크축 휨	0.02mm	0.03mm 이내	☑ 양 호 □ 불 량	정비 및 조치사항 없음	

정비 및 조치사항

① **양호 시** : 정비 및 조치사항 없음이라고 기록한다.
② **불량 시** : 규정(정비한계)값 범위를 벗어난 경우는 크랭크축 교환 후 재점검(재진단)이라고 기록한다.

크랭크축 외경 측정

측정 방법

① 시험 위원이 지시하는 크랭크축의 부위를 깨끗한 헝겊 등으로 닦아내고 주어진 외측 마이크로미터를 이용하여 안쪽, 바깥쪽 4요소 이상 부위에서 크랭크축의 최소부위를 측정한다.
② 크랭크축 메인 저널 1번을 측정한다.

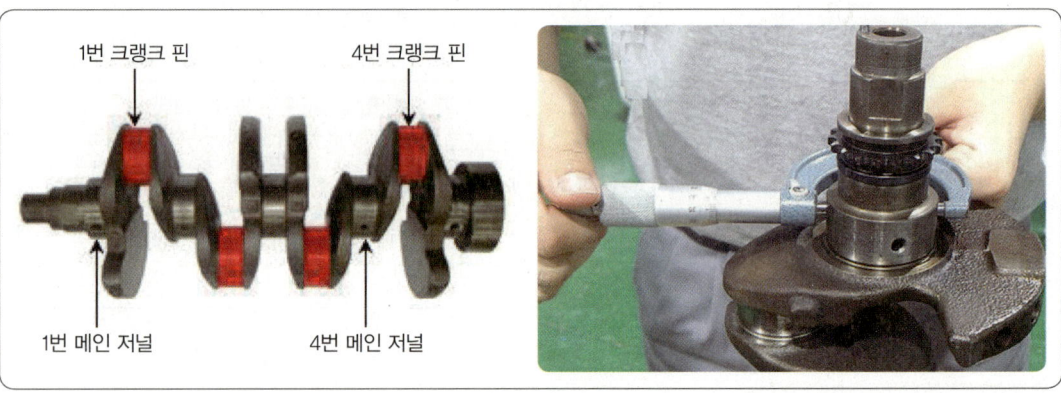

주의사항

① 직렬형 4실린더인 경우: 크랭크축 풀리가 있는 방향이 메인 저널 1번이고 플라이휠이 있는 방향이 메인 저널 5번이다.
② 측정 시 크랭크축 외경 규정값은 책상 위에 시험 위원이 제시해 주기 때문에 규정값을 먼저 답안지에 기록하고 측정하면 된다.
  ㉠ 예를 들어 표준 외경 값=48mm, 측정값이 47.98mm일 경우
  ㉡ 마멸량은 48-47.98mm=0.02mm이므로 불량으로 판정한다.

차종별 규정값

차 종	규정값	차 종	규정값
엑셀	48.00mm(-0.015mm)	그랜저 XG	61.982~62.00mm
쏘나타 Ⅱ	56.980~56.995mm	그랜저 TG	51.942~51.960mm
쏘나타 Ⅲ	56.980~57.00mm	아반떼 1.5	50.00mm(-0.01mm)
EF 쏘나타	56.982~57.00mm	아반떼 XD	50.00mm(-0.01mm)
NF 쏘나타	51.942~51.960mm	아반떼 MD	47.960~47.954 mm
YF 쏘나타	54.942~54.960mm	아반떼 AD	44.942~44.960 mm

엔진 1. 크랭크축 외경 측정

엔진 번호 :   비 번호   감독확인

항 목	① 측정(또는 점검)		② 판정 및 정비(또는 조치) 사항		득 점
	측정값	규정(정비한계)값	판정(□에 "✓"표)	정비 및 조치할 사항	
(1)번 저널 크랭크축 외경	47.99mm	47.985~48.00mm	☑ 양 호 □ 불 량	정비 및 조치사항 없음	

정비 및 조치사항

① 양호 시 : 정비 및 조치사항 없음이라고 기록한다.
② 불량 시 : 규정(정비한계)값 범위를 벗어난 경우는 크랭크축 교환 후 재점검(재진단)이라고 기록한다. 또는 언더 사이즈로 수정 후 재점검(재진단)이라고 기록한다.

실린더 헤드 변형도 측정

측정 방법

① 곧은 자와 디그니스 게이지(틈새)를 사용하여 측정하며, 측정 시에는 측정부에 이물질 여부 등을 확인한 후 아래와 같이 7개소에서 측정한다.
② 곧은 자를 직각으로 세워 측정부에 밀착하고, 디그니스(틈새) 게이지의 한곗값을 먼저 찾아 틈새를 가볍게 아래 그림의 방향 부분을 찔러보면서 변형을 측정한다.

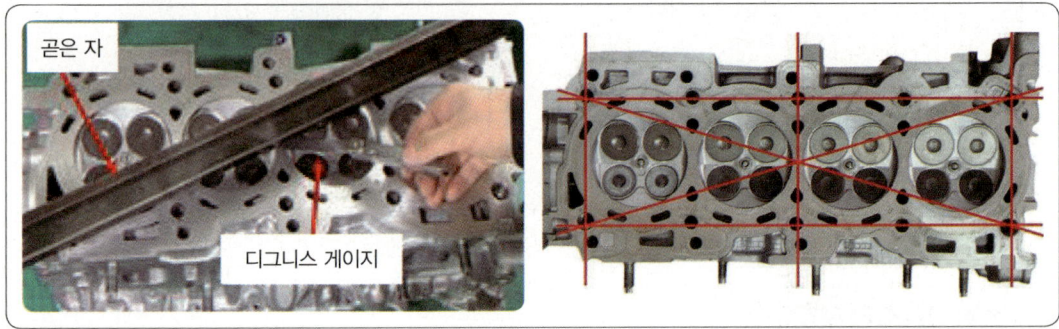

주의사항

① 측정 시 보통은 대각선 중심부의 변형이 가장 크다.
② 디그니스(틈새) 게이지 사용 시 무리하게 사용하지 말 것
③ 측정 시 오일 구멍, 냉각수, 볼트 구멍은 피해서 측정할 것

차종별 규정값

차 종	규정값	차 종	규정값
싼타페, 투싼	0.03mm 이하	쏘나타 Ⅱ, Ⅲ	0.05mm 이하
엑셀, 엘란트라	0.05mm 이하	EF 쏘나타	0.03mm 이하
아반떼 1.5	0.05mm 이하	NF 쏘나타	0.05mm 이하
아반떼 XD	0.03mm 이하	그랜저 XG	0.05mm 이하
아반떼 HD, i30	0.05mm 이하	그랜저 TG	0.05mm 이하
아반떼 MD, K3	0.05mm 이하	토스카	0.05mm 이하

엔진 1. 실린더 헤드 변형도 측정   엔진 번호 :   비 번호   감독확인

항 목	① 측정(또는 점검)		② 판정 및 정비(또는 조치) 사항		득 점
	측정값	규정(정비한계)값	판정(□에 "√"표)	정비 및 조치할 사항	
헤 드 변형도	0.15mm	0.05mm	□ 양 호 ☑ 불 량	실린더 헤드 교환 후 재점검(재진단)	

정비 및 조치사항

① 양호 시 : 측정값이 규정(정비한계)값 이내이면 양호로 판정하고, 정비 및 조치할 사항란에는 정비 및 조치사항 없음이라고 기록한다.
② 불량 시 : 규정(정비한계)값 범위를 벗어난 경우는 실린더 헤드 교환 후 재점검(재진단)이라고 기록한다.

실린더 압축 압력 측정

측정 방법

① 엔진을 시동하여 냉각수의 온도가 정상(85~95℃)이 되도록 워밍업을 한다.
② 엔진을 정지시키고 연료의 공급을 차단한다.
③ 모든 실린더의 점화 플러그를 탈거한다.
④ 에어 크리너를 탈거한다.
⑤ 스로틀 밸브를 완전히 개방한다.

⑥ 압축 압력 게이지를 점화 플러그 구멍에 설치한다. (압축공기의 누출이 없도록 한다)
⑦ 엔진을 크랭킹시키면서 약 4~6회 회전 후 측정된 게이지 압력값을 읽는다.
⑧ 압축 압력 게이지가 가리키는 최고 압력을 판독하여 답안지에 기록한다.
⑨ 1개의 실린더 측정이 완료되면 게이지에 부착된 에어 배출 푸시 버튼을 눌러 게이지 내부의 잔압을 배출시킨 후 다음 실린더의 압축 압력을 측정한다.

차종별 규정값

차 종	규정값	한곗값	차 종	규정값	한곗값
쏘나타 Ⅱ	12.0kgf/cm²	11kgf/cm²	아반떼 1.5	16.5kgf/cm²	15kgf/cm²
아반떼 XD	12.5kgf/cm²	11kgf/cm²	EF 쏘나타	12.5kgf/cm²	11kgf/cm²
아반떼 HD	12.5kgf/cm²	11kgf/cm²	NF 쏘나타	13.0kgf/cm²	11.5kgf/cm²
i30	12.5kgf/cm²	11kgf/cm²	그랜저 XG	12.2kgf/cm²	11kgf/cm²
아반떼 MD, K3	12.5kgf/cm²	11kgf/cm²	그랜저 TG	13.0kgf/cm²	11.5kgf/cm²

판 정

① 정상 : 압축 압력이 규정 압력의 90~100% 이내
② 양호 : 압축 압력이 규정 압력의 70~110% 이하일 때
③ 불량 : 압축 압력이 규정 압력의 110% 이상 또는 70% 이하, 실린더 간 압축 압력 차이가 10% 이상일 때

> **예** 아반떼 XD일 경우 : 규정 압축 압력은 12.5kgf/cm이다.
> $12.5kgf/cm^2 \times 0.7 = 8.75kgf/cm^2$ 이상, $12.5kgf/cm \times 1.1 = 13.75kgf/cm^2$ 이하가 측정되어야 양호이다.

엔진 1. 실린더 압축 압력 측정		엔진 번호 :		비 번호	감독확인	
항 목	① 측정(또는 점검)		② 판정 및 정비(또는 조치) 사항			득 점
	측정값	규정(정비한계)값	판정(□에 "✓"표)	정비 및 조치할 사항		
(1)번 실린더 압축 압력	10.9kgf/cm²	8.75~13.75kgf/cm²	☑ 양 호 □ 불 량	정비 및 조치사항 없음		

정비 및 조치사항

① 양호 시 : 측정한 압축 압력이 규정(정비한계)값의 70% 이상~110% 이하이면 양호로 판정하고, 정비 및 조치할 사항 란에는 정비 및 조치사항 없음이라고 기록한다.
② 불량 시 : 측정한 압축 압력이 규정(정비한계)값의 70% 미만~110% 이상, 실린더간 압축 압력 차이가 10% 이상이면 불량으로 판정하고, 정비 및 조치할 사항란에는 피스톤 링 교환 또는 실린더 헤드 개스킷 교환 후 재점검(재진단)이라고 기록한다.

크랭크축 방향 유격 측정

측정 방법

① 다이얼 게이지를 크랭크축의 끝단(지정된 부위)에 설치한다.
② 크랭크축을 다이얼 게이지가 설치된 반대 방향으로 (−) 드라이버를 이용하여 밀고, 다이얼 게이지 "0"점을 맞춘다.
③ (−) 드라이버를 빼서 3번 메인 저널 반대편에 삽입(그림 반대편)한 다음 크랭크축을 다이얼 게이지가 설치된 방향으로 (−) 드라이버를 이용하여 밀어준다.
④ 다이얼 게이지 눈금을 판독한다.

차종별 규정값

차 종	규정값
엑셀, 엘란트라, 쏘나타 Ⅱ·Ⅲ	0.05~0.18mm
베르나, 아반떼, 아반떼 XD	0.05~0.175mm
아반떼 HD, MD, K3, EF 쏘나타	0.05~0.25mm
NF 쏘나타, 그랜저 TG, XG	0.07~0.25mm
아반떼 AD	0.10~0.28mm

눈금판독 방법

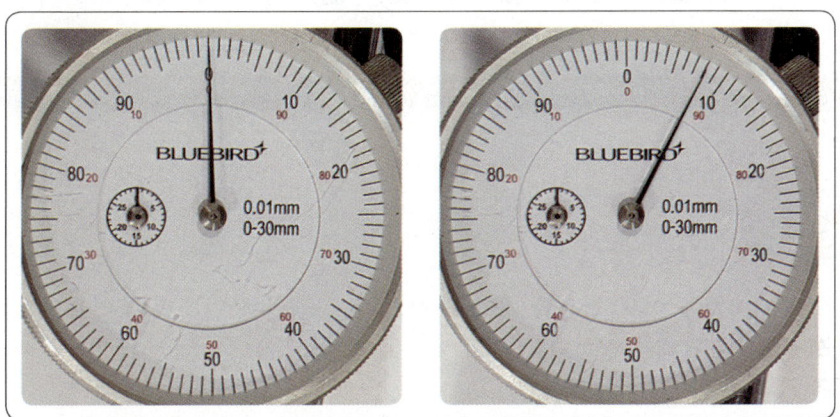

① 크랭크축 방향 유격 : 바늘이 0에서 오른쪽으로 8칸 움직였으므로(1칸은 0.01mm)
② 크랭크축 엔드 플레이(축방향 유격) 측정값은 0.08mm이다.

엔진 1. 크랭크축 방향 유격 측정   엔진 번호 :

항 목	① 측정(또는 점검)		② 판정 및 정비(또는 조치) 사항		득 점
	측정값	규정(정비한계)값	판정(□에 "✓"표)	정비 및 조치할 사항	
크랭크축 방향 유격	0.08mm	0.05~0.18mm	☑ 양 호 □ 불 량	정비 및 조치사항 없음	

비 번호 :   감독확인 :

정비 및 조치사항

① 양호 시 : 측정값이 규정(정비한계)값 이내이면 양호로 판정하고, 정비 및 조치할 사항란에는 정비 및 조치사항 없음이라고 기록한다.
② 불량 시 : 규정(정비한계)값 범위를 벗어난 경우는 스러스트 베어링 교환 후 재점검(재진단)이라고 기록한다.

메인 베어링 오일 간극 측정

측정 방법

① 플라스틱 게이지를 이용한 윤활 간극 측정 방법(간극만큼 압축되어 옆으로 퍼진 값을 측정지(mm 단위)를 통해 측정한다)
　㉮ 지정된 저널 캡을 탈거한다.
　㉯ 저널 부에 오일류 등의 이물질을 깨끗이 닦는다.
　㉰ 플라스틱 게이지를 축 방향으로 놓은 후 메인 저널 캡을 규정 토크로 조인다.

　㉱ 고무망치를 이용하여 메인 저널 캡을 탈거한다.
　㉲ 플라스틱 게이지 커버에 인쇄되어 있는 눈금으로 편평하게 눌려진 플라스틱 게이지의 폭이 가장 넓게 펴진 곳을 측정한다. 이 값이 크랭크축 오일 간극이다. (플라스틱 게이지에 있는 수치 4개 가운데 딱 맞는 값이 없으면 본인이 임의로 게이지에 있는 수치를 비교하여 읽은 다음 답안지에 기록한다)

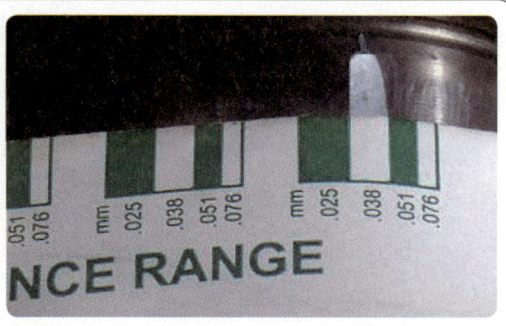

② 텔레스코핑 게이지와 외측 마이크로미터를 이용한 윤활간극 측정 방법
　㉮ 측정할 메인 저널 캡을 규정 토크로 조인 후 텔레스코핑 게이지를 이용하여 저널 내경을 측정한다.
　㉯ 외측 마이크로미터를 이용하여 텔레스코핑 게이지로 측정한 저널 내경을 측정한다.
　㉰ 외측 마이크로미터를 이용하여 측정할 메인 저널 외경을 측정한다.
　㉱ 오일 간극=저널 내경-크랭크축 외경(외측 마이크로미터로 측정)

주의사항

① 지정된 크랭크축 베어링이 정상적으로 장착된 상태에서 오일 등의 이물질을 제거한다.
② 크랭크축 방향으로 플라스틱 게이지를 저널 위에 올려놓는다.
③ 메인 저널 캡을 규정 토크(보통 : 4.5~5 kg·m)로 조인 후 측정한다.

차종별 규정값

차 종		규정값	차 종		규정값
아반떼		0.028~0.046mm	EF 쏘나타 싼타페	3번	0.024~0.042mm
아반떼 HD		0.021~0.042mm		그 외	0.018~0.036mm
아반떼 MD, i30		0.021~0.042mm	그랜저 XG		0.004~0.022mm
쏘나타 Ⅱ·Ⅲ		0.02~0.05mm	그랜저 TG		0.02~0.038mm
NF 쏘나타		0.02~0.038mm	K3		0.02~0.041mm
아반떼 XD	3번	0.028~0.046mm	아반떼 AD		0.036~0.054mm
	그 외	0.022~0.040mm	YF 쏘나타		0.016~0.034

엔진 1. 메인 베어링 오일 간극 측정

엔진 번호 :

비 번호		감독확인	

항 목	① 측정(또는 점검)		② 판정 및 정비(또는 조치) 사항		득 점
	측정값	규정(정비한계)값	판정(□에 "✓"표)	정비 및 조치할 사항	
크랭크축 (1)번 메인 베어링 오일 간극	0.038mm	0.02~0.05mm	☑ 양 호 □ 불 량	정비 및 조치사항 없음	

정비 및 조치사항

① 양호 시 : 측정값이 규정(정비한계)값 이내이면 양호로 판정하고, 정비 및 조치할 사항란에는 정비 및 조치사항 없음이라고 기록한다.
② 불량 시 : 규정(정비한계)값 범위를 벗어난 경우에는 불량으로 판정하고, 정비 및 조치할 사항란에는 메인 베어링 교환 후 재점검이라고 기록한다.

캠축 휨 측정

측정 방법

① 정반+V 블록+다이얼 게이지를 사용하여 캠축 중앙에 다이얼 게이지를 설치한다.
② 캠축의 중심부에 다이얼 게이지를 설치하고 0점을 맞춘다.
③ 캠축을 천천히 잡고 1회전시킨 다음 다이얼 게이지 눈금이 총 움직인 값을 판독한다.
④ 다이얼 게이지의 총 움직인 값에 ÷2로 나눈 것이 실제 캠축 휨 측정값이다.

눈금 판독 방법

① 측정값(휨량) : 0에서 오른쪽으로 1칸 움직임(1칸은 0.01mm)=0.01mm
② 캠축 휨 값은 1/2로 나누어야 하므로 실제 측정값은 0.005mm이다.

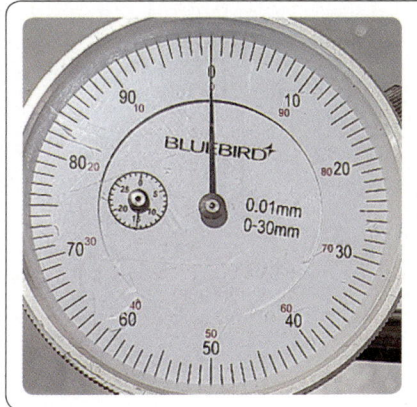

차종별 규정값

차 종	한곗값	차 종	한곗값
쏘나타 Ⅱ	0.02mm 이하	아반떼	0.02mm 이하
엘란트라	0.02mm 이하	아반떼 MD	0.02mm 이하

엔진 1. 캠축 휨 측정

엔진 번호 :

비 번호		감독확인	

항 목	① 측정(또는 점검)		② 판정 및 정비(또는 조치) 사항		득 점
	측정값	규정(정비한계)값	판정(□에 "✓"표)	정비 및 조치할 사항	
캠축 휨	0.005mm	0.02mm 이하	☑ 양 호 □ 불 량	정비 및 조치사항 없음	

정비 및 조치사항

① 양호 시 : 측정값이 규정(정비한계)값 이내이면 양호로 판정하고, 정비 및 조치할 사항란에는 정비 및 조치사항 없음이라고 기록한다.
② 불량 시 : 규정(정비한계)값 범위를 벗어난 경우는 캠축 교환 후 재점검(재진단)이라고 기록한다.

플라이휠 런 아웃 측정

측정 방법

① 플라이휠의 최대한 바깥 부위에 다이얼 게이지를 장착한다.
② 다이얼 게이지의 "0"점을 맞춘 다음 시작점을 마킹 후 플라이휠을 1회전시킨다.
③ 다이얼 게이지의 눈금이 최대한 움직인 값을 측정값 란에 기록한다.
④ 플라이휠을 회전시킬 때에는 진동 등을 감안해 측정한다.

⑤ 측정값(런 아웃) : 0에서 오른쪽으로 12칸 바늘이 움직임(1칸은 0.01mm)=0.12mm
⑥ 플라이 휠 런 아웃 값은 0.12mm가 측정값이다.

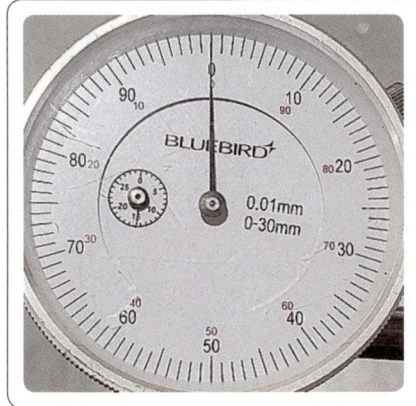
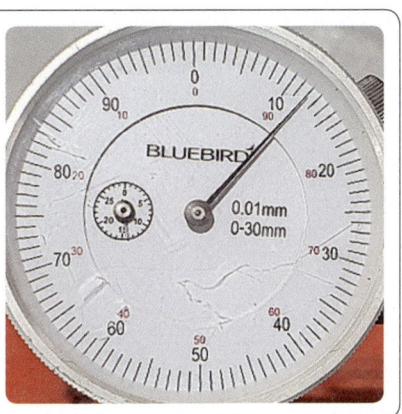

차종별 규정값

차 종	규정값	차 종	규정값
현대 전차종	0.13mm 이내	아반떼, 아반떼 XD	0.1mm 이내
쏘나타 Ⅱ·Ⅲ	0.1mm 이내	NF 쏘나타	0.04~0.16mm

엔진 1. 플라이휠 런 아웃 측정   엔진 번호 :   비 번호 □   감독확인 □

항 목	① 측정(또는 점검)		② 판정 및 정비(또는 조치) 사항		득 점
	측정값	규정(정비한계)값	판정(□에 "✓"표)	정비 및 조치할 사항	
플라이휠 런 아웃	0.12mm	0.1mm 이내	□ 양 호 ☑ 불 량	플라이휠 교환 후 재점검(재진단)	

정비 및 조치사항

① 양호 시 : 측정값이 규정(정비한계)값 이내이면 양호로 판정하고, 정비 및 조치할 사항란에는 정비 및 조치사항 없음이라고 기록한다.

② 불량 시 : 규정(정비한계)값 범위를 벗어난 경우는 플라이휠 교환 후 재점검(재진단)이라고 기록한다.

예열 플러그 저항 측정

> **측정 방법**

① 예열 플러그에 연결 된 배선을 제거한다.
② 예열 플러그 중심단자에 적색선(+), 몸체(보디)에 흑색선(-)을 대고 저항을 측정한다.
③ 사진 좌측은 인젝션 펌프식 디젤 엔진이고, 우측은 커먼 레일식(CRDI) 디젤 엔진이다.

④ 단품 점검 시에도 예열 플러그 중심단자에 적색선(+), 몸체(보디)에 흑색선(-)을 대고 저항을 측정한다. (측정 시 예열 플러그에 적당한 힘을 주면서 누르고 측정해야 저항값이 정확하게 측정된다. 누르는 힘의 정도에 따라 측정 저항값이 차이가 발생한다)

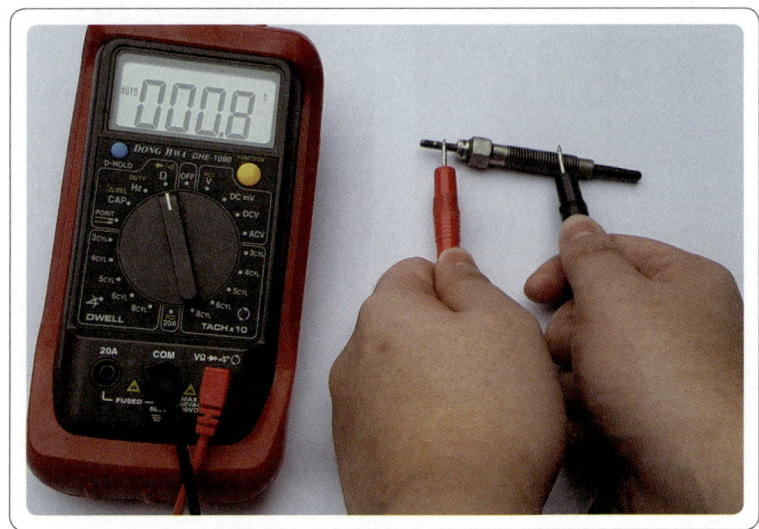

주의사항

측정 시 아날로그 멀티 테스터기는 "0"점 조정을 정확히 하고 측정하여야 오차없이 정확한 측정값을 답안지에 기록할 수 있다. (디지털 멀티 테스터기는 "0"점 조정할 필요가 없음)

차종별 규정값

차 종	규정값	차 종	규정값
포터	0.25Ω	아반떼	0.25Ω
그레이스	0.25Ω	프라이드	0.25Ω

엔진 1. 예열 플러그 저항 측정   엔진 번호 :

| 비 번호 | | 감독확인 | |

항 목	① 측정(또는 점검)		② 판정 및 정비(또는 조치) 사항		득 점
	측정값	규정(정비한계)값	판정(□에 "√"표)	정비 및 조치할 사항	
예열 플러그 저항	0.8Ω	0.25Ω	□ 양 호 ☑ 불 량	예열 플러그 교환 후 재점검(재진단)	

정비 및 조치사항

① 양호 시 : 측정값이 규정(정비한계)값 이내일 경우는 양호로 판정하고, 정비 및 조치할 사항 란에는 정비 및 조치사항 없음이라고 기록한다.
② 불량 시 : 규정(정비한계)값 범위를 벗어난 경우는 예열 플러그 교환 후 재점검(재진단)이라고 기록한다.

피스톤과 실린더 간극 측정

측정 방법

① 내측 마이크로미터와 외측 마이크로미터를 이용한 간극 측정
  ㉮ 내측 마이크로미터를 이용하여 실린더 내경(실린더 하단부)을 측정한다.
  ㉯ 외측 마이크로미터로 피스톤 외경을 측정할 때 측정 위치는 피스톤 스커트부 상단 10mm 지점에서 측정한다.
  ㉰ 피스톤 간극=실린더 최소 내경 측정값-피스톤 최대 외경 측정값
     피스톤 간극=75.52-74.47=0.05mm

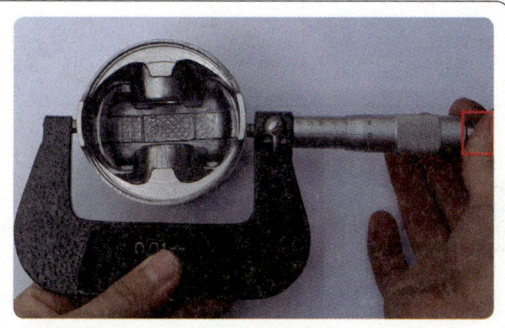

② 텔레스코핑 게이지를 이용한 실린더 내경(실린더의 안지름) 측정
  ㉮ 텔레스코핑 게이지로 실린더 내경을 측정할 때 측정 위치는 하사점 부근에서 측정한다.
  ㉯ 측정 시 텔레스코핑 게이지의 손잡이를 실린더 내면과 평행이 되도록 하여 게이지 끝에 있는 핸들의 볼트를 조이고 게이지를 옆으로 뉘어서 조심스럽게 들어낸다.
  ㉰ 텔레스코핑 게이지를 실린더 블록 위에 올려놓고 실린더 내경을 측정한다.

차종별 규정값

차 종	규정값	차 종	규정값
EF 쏘나타	0.02~0.03mm	아반떼	0.025~0.045mm
엘란트라, 아반떼 XD	0.02~0.04mm	아반떼 HD, K3 i30, EF 쏘나타	0.02~0.04mm
쏘나타 Ⅰ·Ⅱ·Ⅲ, 그랜저 XG	0.01~0.03mm	아반떼 AD	0.035~0.055mm
NF 쏘나타, 그랜저 TG	0.015~0.035mm	YF 쏘나타	0.02~0.04mm

엔진 1. 피스톤과 실린더 간극 측정

엔진 번호 : 　　비 번호　　　감독확인

항 목	① 측정(또는 점검)		② 판정 및 정비(또는 조치) 사항		득 점
	측정값	규정(정비한계)값	판정(□에 "√"표)	정비 및 조치할 사항	
피스톤과 실린더 간 극	0.05mm	0.01~0.03mm	□ 양 호 ☑ 불 량	피스톤 교환 후 재점검	

정비 및 조치사항

① **양호 시** : 측정값이 규정(정비한계)값 이내이면 양호로 판정하고, 정비 및 조치할 사항란에는 정비 및 조치사항 없음이라고 기록한다.

② **불량 시** : 규정(정비한계)값 범위를 벗어난 경우는 피스톤 교환 후 재점검이라고 기록한다. 또는 실린더 보링 후 재점검이라고 기록한다.

피스톤링 이음간극 측정

측정 방법

① 측정하고자 하는 실린더를 확인한 후 실린더 내부를 고운 헝겊 등으로 깨끗이 닦는다.
② 피스톤 링 삽입 시 피스톤을 이용하여 수평이 되도록 삽입하여야 한다.
③ 피스톤 링을 구별하여 실린더 최소 마멸부인 하사점 밑에 축방향을 피해 장착한다.
④ 디그니스(틈새) 게이지를 사용하여 이음간극을 측정한다.

 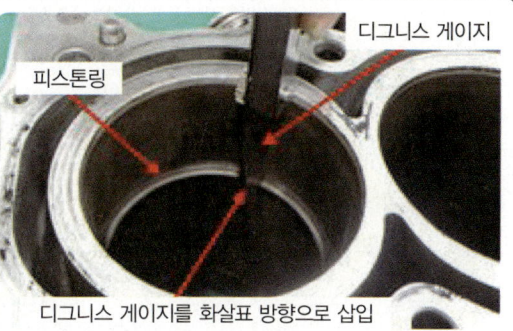

주의사항

① 링 이음은 엔진이 정상온도가 될 때의 열팽창률을 고려한 여유 간극(엔드 갭)이다.
② 측정 시 시험 위원 지시에 따라 피스톤 링을 구별할 수 있어야 한다.
　㉮ 1번 압축링은 실린더 접촉면이 크롬 등으로 도금이 되어 하얀 색상이다.
　㉯ 압축링은 윗 방향으로 영문(Y, R, S) 등으로 이음부에 각인되어 있다.
　㉰ 1번 압축링 이음부가 열팽창률이 더 크기 때문에 이음부 간극이 조금 더 크다.
③ 실린더에 장착 시에는 피스톤을 이용하여 되도록 하사점 밑까지 삽입한다.
④ 측정 시 디그니스(틈새) 게이지를 위에서 밑으로 삽입하면 피스톤 링 이음간극이 틀어져서 잘못 측정된다.
⑤ 정확한 측정을 하기 위해선 디그니스 게이지를 실린더 안에 넣고 수평하게 이동하여 피스톤 이음 간극에 삽입한다.

피스톤링 이음간극 규정값

차 종		규정값	차 종		규정값
엘란트라	1번링	0.25~0.40mm	아반떼	1번링	0.15~0.30mm
	2번링	0.35~0.50mm		2번링	0.25~0.40mm
쏘나타 Ⅰ·Ⅱ·Ⅲ	1번링	0.25~0.45mm	아반떼 XD	1번링	0.20~0.35mm
	2번링	0.35~0.50mm		2번링	0.35~0.37mm
EF 쏘나타	1번링	0.25~0.35mm	아반떼 HD, i30	1번링	0.14~0.28mm
	2번링	0.40~0.55mm		2번링	0.30~0.45mm
NF 쏘나타 그랜저 TG	1번링	0.15~0.30mm	프라이드 1.6	1번링	0.30~0.50mm
	2번링	0.37~0.52mm		2번링	0.30~0.50mm
YF 쏘나타	1번링	0.15~0.30mm	K3	1번링	0.14~0.28mm
	2번링	0.30~0.45mm		2번링	0.30~0.45mm
그랜저 XG	1번링	0.20~0.35mm	아반떼 AD	1번링	0.14~0.19mm
	2번링	0.37~0.52mm		2번링	0.20~0.30mm

엔진 1. 피스톤링 이음간극 측정 엔진 번호 :   비 번호   감독확인

항 목	① 측정(또는 점검)		② 판정 및 정비(또는 조치) 사항		득 점
	측정값	규정(정비한계)값	판정(□에 "✓"표)	정비 및 조치할 사항	
피스톤링 이음간극 (압축링)	0.35mm	0.25~0.40mm	☑ 양 호 □ 불 량	정비 및 조치사항 없음	

정비 및 조치사항

① 양호 시 : 측정값이 규정(정비한계)값 이내이면 양호로 판정하고, 정비 및 조치할 사항란에는 정비 및 조치사항 없음이라고 기록한다.
② 불량 시 : 규정(정비한계)값 범위를 벗어난 경우는 피스톤 링 교환 후 재점검(재진단)이라고 기록한다.

공통 전자제어 가솔린 엔진 시동작업

전자제어 차량 시동작업 – 공통

① 메인 컨트롤 박스에서 해당 릴레이 및 퓨즈 등의 상태를 점검한다. 없는 경우 또는 끊어진 경우 시험 위원에게 교환해 달라고 요구한다.
  ㉮ 관련 퓨즈(메인 퓨즈, 이그니션(점화) 퓨즈=IG 퓨즈, ECU 퓨즈 등)
  ㉯ 관련 릴레이(시동(스타트) 릴레이, 컨트롤 릴레이 등)
② 필수점검 커넥터(점화 스위치, CKP, 점화코일, 인젝터, 기동 전동기 ST 단자 등)
③ 고압 케이블 탈·부착 및 번호, ECU, 연료 펌프 커넥터 등을 점검한다.
④ 시뮬레이터 엔진일 경우 몸체에 연결되는 접지선의 고정 상태를 반드시 확인한다.
⑤ 배터리(축전지)를 연결하고 점화 스위치를 시동 위치로 하여 엔진을 시동한다.

아반떼 XD 1.6 DLI 방식

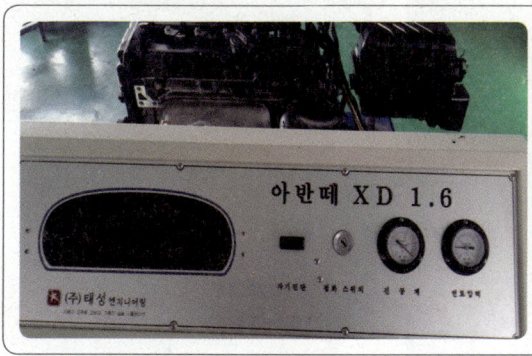
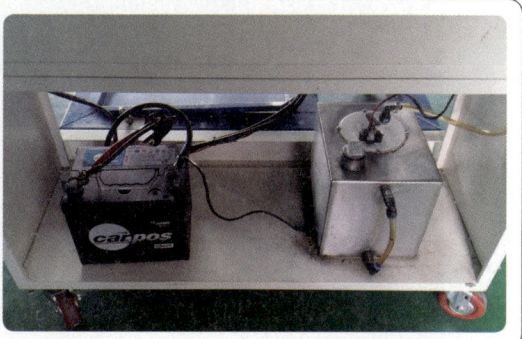

① 공통
  ㉮ 점화 스위치 : 커넥터 체결 여부
  ㉯ ECU : 커넥터 체결 여부
  ㉰ 퓨즈 : 이그니션(점화), ECU(ECM) 등

② 점화 관련(커넥터, 릴레이, 퓨즈)
　㉮ 점화코일 : 커넥터 배선 주의

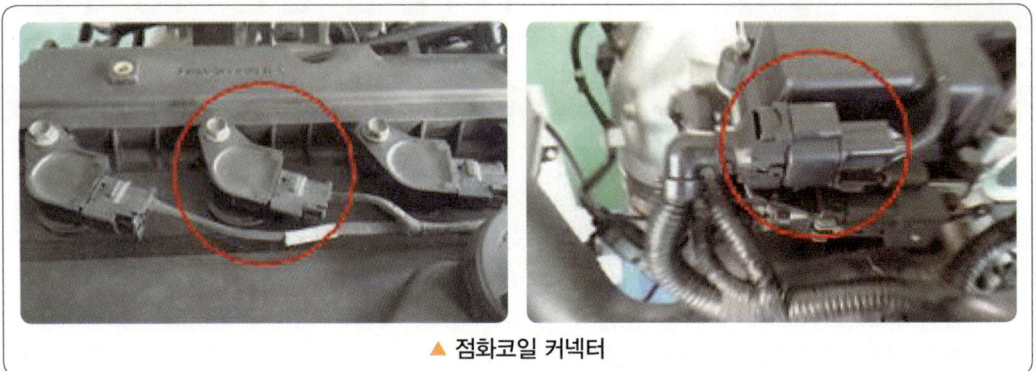

▲ 점화코일 커넥터

　㉯ 메인 컨트롤 박스

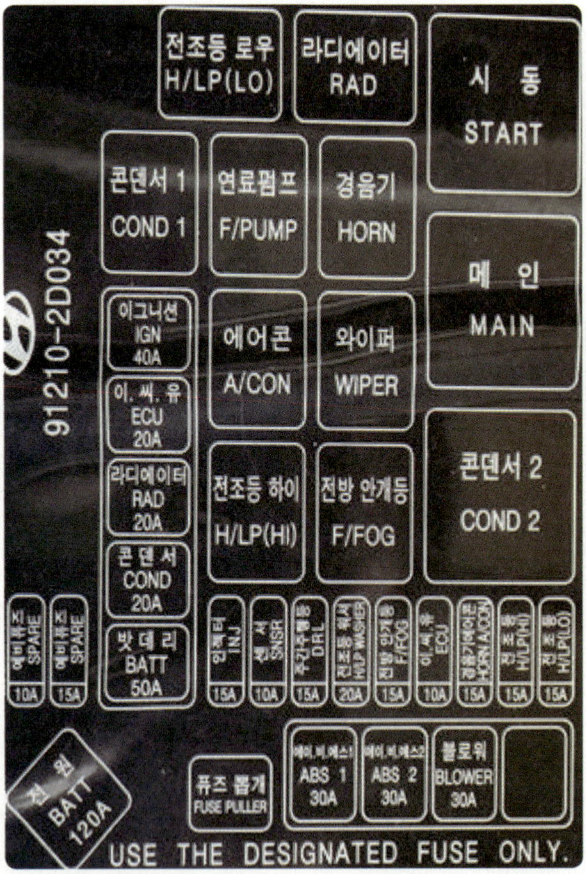

▲ 시뮬레이터 릴레이 및 퓨즈 위치

㉰ CKP(크랭크축 포지션 센서) : 배기 쪽 실린더 블록 중간

▲ CKP(크랭크축 포지션 센서) 커넥터

▲ CKP(크랭크축 포지션 센서) 장착 위치

㉱ CMP(캠축 포지션 센서) : 흡기 캠축 위나 옆에 위치

③ 시동 관련(커넥터, B 단자, 접지 단자)
　㉮ 기동 전동기 : ST 단자 커넥터와 배터리 B 단자, 배터리 접지 체결상태를 확인한다.
　㉯ 커넥터를 빼서 숨기는 경우도 있다.

▲ 배터리 접지 단자 체결 여부

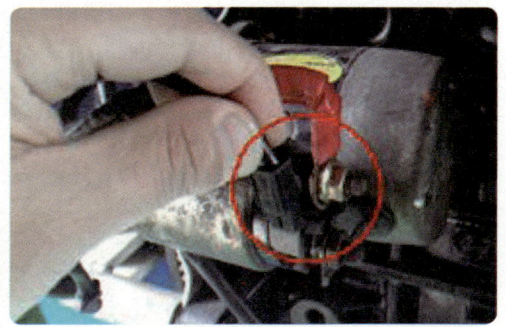
▲ ST 단자 커넥터 및 배터리 B 단자 체결 여부

㉰ 자동변속기 장착 차량 : 인히비터 스위치(P 또는 N 레인지 컨트롤 케이블 상태 등)
㉱ 모델별 일부 : 퓨즈 블링크 박스 내 - 시동(스타트) 릴레이

④ 그 외 엔진 부조 등 관련
㉮ 공기유량센서 : 커넥터 탈거 시 시동 후 엔진부조 및 시동 꺼짐 유발
㉯ 공회전 보상장치 : 시동 불량 또는 시동 후 엔진부조 및 시동 꺼짐 등을 유발한다.
㉰ 인젝터 : 4개의 인젝터 커넥터가 정상적으로 체결되어야 연료가 분사되어 시동이 된다.

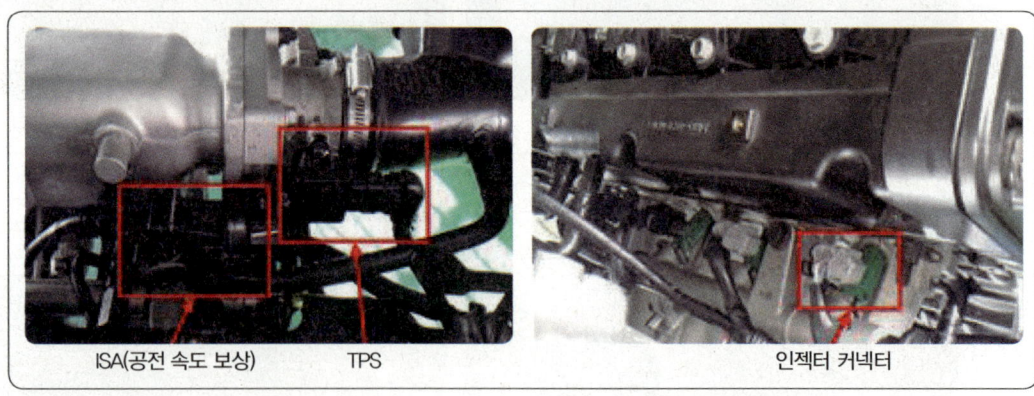

ISA(공전 속도 보상) TPS 인젝터 커넥터

⑤ 최종 점검
㉮ 크랭킹 조작 여부 등의 주의사항을 잘 듣고 편안한 마음으로 지정된 엔진에서 시작한다.
㉯ 공통 점검 사항을 체크한다.
　㉠ 손으로 직접 빠짐없이 커넥터 이상 유무를 꼼꼼히 점검한다.
　㉡ 점화 스위치 커넥터 체결 여부를 점검한다.
　㉢ ECU 커넥터 체결 여부를(일부 점검 시 제한을 둠) 점검한다.
　㉣ 이그니션(점화) 퓨즈, ECU(ECM) 퓨즈 이상 유무 점검한다.
㉰ 각종 커넥터 이상 유무를 점검한다.
　㉠ 점화코일 고압 케이블, 점화코일 커넥터, CKP, CMP 커넥터
　㉡ 기동 전동기 ST 단자 커넥터, 배터리 B 단자, A/T 인히비터 스위치 커넥터(있는 경우), 시동(스타트) 릴레이(있는 경우)
　㉢ 맵 센서, 공회전 속도보상장치(ISA), 인젝터, 연료 펌프 커넥터 등
㉱ 점검 사항 확인
　㉠ 배터리(축전지)를 연결하고 점화 스위치를 시동 위치로 하여 엔진을 시동한다.

아반떼 MD 1.6 GDI 방식

① 공통
　㉮ 점화 스위치 : 커넥터 체결 여부
　㉯ ECU : 커넥터 체결 여부
② 퓨즈 및 릴레이 관련
　㉮ 메인 퓨즈, IG1(이그니션), ECU(ECM), 센서, 연료 펌프 퓨즈 단선 또는 체결되어 있는지를 확인한다.
　㉯ 시동(스타트) 릴레이 단선 또는 체결되어 있는지를 확인한다.

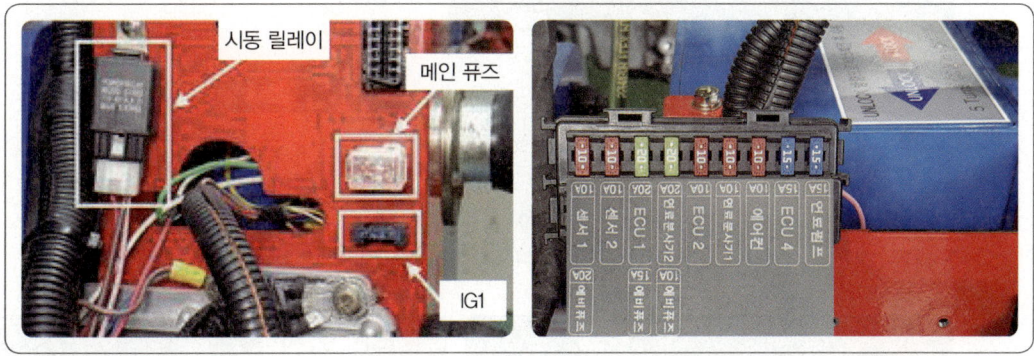

③ 연료 관련
　㉮ 인젝터 익스텐션 커넥터가 탈거되어 있는지를 확인한다.
　㉯ 연료 펌프 커넥터가 탈거되어 있는지를 확인한다.

④ 점화 관련
　㉮ 점화코일 커넥터나 점화 플러그가 탈거되어 있는지를 확인한다.

⑤ 크랭킹 관련
　㉮ CKP(크랭크축 포지션 센서) : 배기쪽 실린더 블록 중간에 위치
　㉯ 기동 전동기 : ST 단자와 배터리 B 단자, 배터리 접지 단자 체결상태를 확인한다.

　㉰ 커넥터를 빼서 숨기는 경우도 있음.

⑥ 최종 점검
　㉮ 손으로 직접 빠짐없이 커넥터 이상 유무를 꼼꼼히 점검한다.
　㉯ 점화 스위치 커넥터 체결 여부를 점검한다.
　㉰ ECU 커넥터 체결 여부(일부 점검 시 제한을 둠)를 점검한다.
　㉱ 메인 퓨즈, IG1(이그니션), ECU(ECM), 센서, 연료 펌프 퓨즈 이상 유무를 점검한다.
　㉲ 점화코일 커넥터 등을 확인한다.
　㉳ 기동 전동기 ST 단자 커넥터, 배터리 B 단자, 배터리 접지 단자, 시동 릴레이
　㉴ 인젝터, 연료 펌프, CKP 커넥터 등을 확인한다.
　㉵ 모든 점검이 끝났으면 배터리(축전지)를 연결하고 점화 스위치를 시동 위치로 하여 엔진을 시동한다.

공회전속도조절장치(ISA) 탈거 후 조립

1. 공회전속도조절장치(ISA) 탈거
① 공회전속도조절장치(ISA) 커넥터를 탈거한다.
② 공회전속도조절장치(ISA) 고정 볼트를 탈거한다.

③ 공회전속도조절장치(ISA)를 탈거한다.

2. 공회전속도조절장치(ISA) 조립
① 조립은 탈거의 역순으로 분리된 부품을 조립한다.

2안 3-1 인젝터 탈거 후 조립

1. 인젝터 탈거
① 딜리버리 파이프와 연결된 연료 라인을 분리한다. 이때 연료 라인의 호스 연결부를 헝겊으로 덮어 잔류 연료가 흘러내리지 않도록 한다.
② 인젝터 커넥터의 고정 핀을 분리한 후 커넥터를 탈거한다.
③ 딜리버리 파이프 고정 볼트를 푼다.

④ 딜리버리 파이프를 탈거한다.
⑤ 탈거 시 인젝터 고정 리테이닝 클립을 엄지손가락으로 벌려서 밀어내면서 탈거한다.
⑥ 탈거 시 인젝터 O-링이 손상되지 않도록 인젝터를 탈거한다.

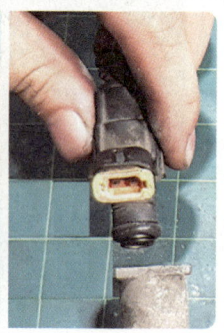

2. 인젝터 조립
① 조립은 탈거의 역순으로 분리된 부품을 조립한다.

공기유량센서(AFS) 탈거 후 조립

1. 공기유량센서(AFS) 탈거(구형)

① 공기유량센서(AFS) 커넥터를 탈거한다.
② 스로틀 보디와 에어 크리너 사이에 있는 호스 클램프를 풀어서 공기 흡입 호스를 탈거한다.
③ 에어 크리너 케이스에 장착된 클립을 분리한다.

④ 에어 크리너 커버와 공기유량센서(AFS)를 같이 분리한다.
⑤ 공기유량센서(AFS) 고정 볼트를 탈거한다.

⑥ 크로메트를 탈거한다.
⑦ 공기유량센서(AFS)를 탈거한다.

2. 공기유량센서(AFS) 탈거(신형)
① 공기유량센서(AFS) 커넥터를 엄지손가락으로 눌러 탈거한다.
② 공기유량센서(AFS) 좌우에 있는 호스 밴드 클램프를 풀어준다.

③ 공기유량센서(AFS)를 탈거한다.

3. 공기유량센서(AFS) 조립
① 조립은 탈거의 역순으로 분리된 부품을 조립한다.

CRDI 엔진 연료압력 조절 밸브 탈거 후 조립

1. 연료압력 조절 밸브 탈거
① 연료압력 조절 밸브 커넥터를 탈거한다.

② 연료압력 조절 밸브를 오픈 엔드 렌치를 사용하여 탈거한다.

2. 연료압력 조절 밸브 조립
① 조립은 탈거의 역순으로 분리된 부품을 조립한다.

예열 플러그 탈거 후 조립

1. 예열 플러그 탈거
① 예열 플러그를 탈거한다.

2. 예열 플러그 조립
① 조립은 탈거의 역순으로 분리된 부품을 조립한다.

스로틀 보디 탈거 후 조립

1. 스로틀 보디 탈거
① 스로틀 보디 장착 볼트를 탈거한다.

2. 스로틀 보디 조립
① 조립은 탈거의 역순으로 분리된 부품을 조립한다.

엔진 점화 플러그 및 배선(케이블) 탈거 후 조립

1. 점화 플러그 및 배선(케이블) 탈거

① 점화코일 쪽에 연결된 고압 케이블을 분리시킨다.
② 점화 플러그에서 고압 케이블을 분리한다. (고압 케이블을 빼낼 때 케이블을 잡고 빼면 케이블이 끊어질 수 있기 때문에 케이블 캡을 잡고 당겨야 한다)
③ 점화 플러그 렌치를 점화 플러그 구멍에 삽입한다.

④ 점화 플러그 렌치를 이용하여 점화 플러그를 탈거한다.
⑤ 점화코일 쪽에 연결된 고압 케이블을 장착 시 고압 케이블 번호가 바뀌지 않도록 주의한다.

2. 점화 플러그 및 배선(케이블) 조립

① 조립은 탈거의 역순으로 분리된 부품을 조립한다.

엔진 점화코일 탈거 후 조립

1. 점화코일 탈거
① 점화코일 커넥터를 탈거한 후 점화코일 고정 볼트를 탈거한다.
② 점화코일을 탈거한다.

2. 점화코일 조립
① 조립은 탈거의 역순으로 분리된 부품을 조립한다.

엔진 맵 센서(공기유량센서) 탈거 후 조립

1. 맵 센서 탈거
① 맵 센서 커넥터를 엄지 손가락으로 눌러 탈거한다.
② 맵 센서 고정 볼트를 탈거한 후 맵 센서를 탈거한다.

2. 맵 센서 조립
① 조립은 탈거의 역순으로 분리된 부품을 조립한다.

연료 펌프 탈거 후 조립

▶ 엔진 10안 3-1~12안 3-1 동일한 작업

1. 연료 펌프 탈거(신형)

① 뒷좌석 시트 쿠션을 탈거한 후 연료 펌프 서비스 커버를 개봉한다.
② 연료 펌프 커넥터(A)를 분리한 후 차량을 시동 걸어 공회전시킨다.
③ 연료 라인 내의 연료가 모두 소진되어 엔진이 멈추면 점화 스위치를 OFF로 한다.

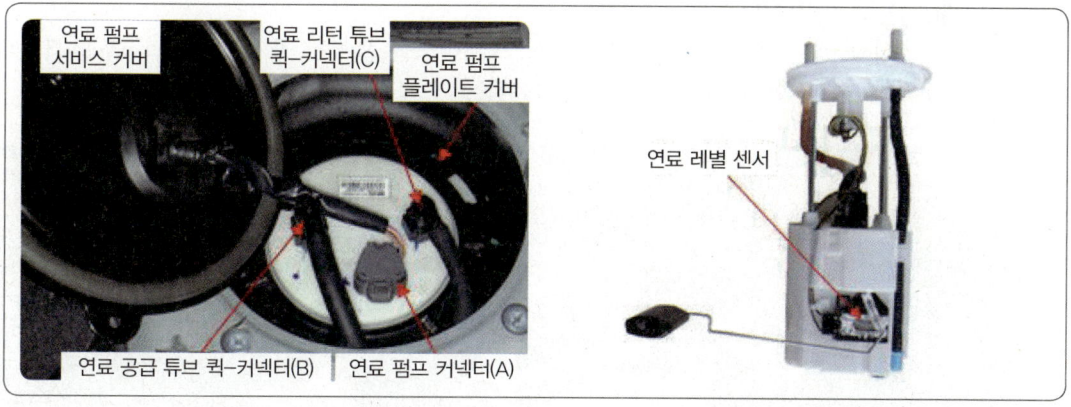

⑤ 연료 공급 튜브 퀵-커넥터(B)와 연료 리턴 튜브 퀵-커넥터(C)를 분리한다.
⑥ 특수 공구를 이용하여, 연료 펌프 플레이트 커버를 탈거한 후, 연료 펌프를 탈거한다.

2. 연료 펌프 탈거(구형)

① 연료 펌프 고정 브라켓을 두 손으로 잡고 돌려서 탈거한다.
② 연료 펌프를 탈거한다.

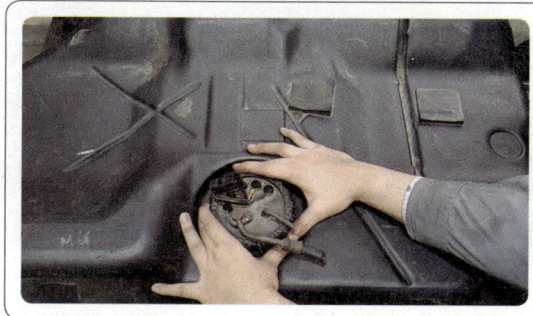

3. 연료 펌프 조립

① 조립은 탈거의 역순으로 분리된 부품을 조립한다.

공기유량센서(AFS), 에어 필터 탈거 후 조립

▶ 엔진 13안 3-1~15안 3-1 동일한 작업

1. **공기유량센서(AFS) 탈거** ▶ 엔진 3안 3-1 참고

2. **에어 필터 탈거**

   (1) 에어 필터(에어 크리너) 탈거(구형)
   ① AFS 커넥터를 탈거한다.
   ② 스로틀 보디와 에어 크리너 사이에 있는 호스 클램프를 풀어서 공기 흡입 호스를 탈거한다.
   ③ 에어 크리너 케이스에 장착된 클립을 분리한다.

   ④ 에어 크리너 커버와 공기흐름 센서를 같이 분리한다.
   ⑤ 에어 크리너(에어 필터)를 탈거한다.

(2) 에어 크리너 탈거(신형)
① 클램프를 해제하고 에어 크리너 커버를 들어 올린다.
② 에어 크리너(에어 필터)를 에어 크리너 보디에서 탈거한다.

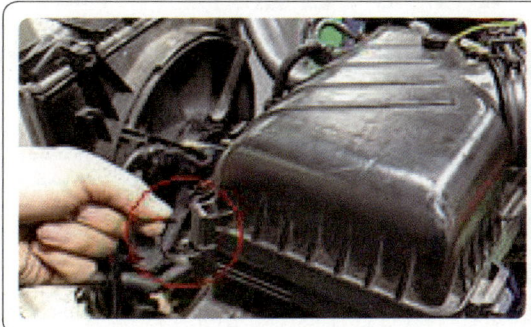 

각안 3-2 공통 진단기(스캐너)를 사용하여 각종 센서(액추에이터) 점검

HI-DS 스캐너 측정 방법

① 진단기의 DLI 케이블이 연결되어 있는지를 확인한다.
② 점화 스위치를 2단으로 돌려서 "ON" 상태로 한다. (전원이 "ON" 상태이면 계기판에 각종 경고등이 점등된다)
③ 자기진단기의 전원을 "ON"시킨다. (잠시 기다리면 진단기 초기화면이 나타남)

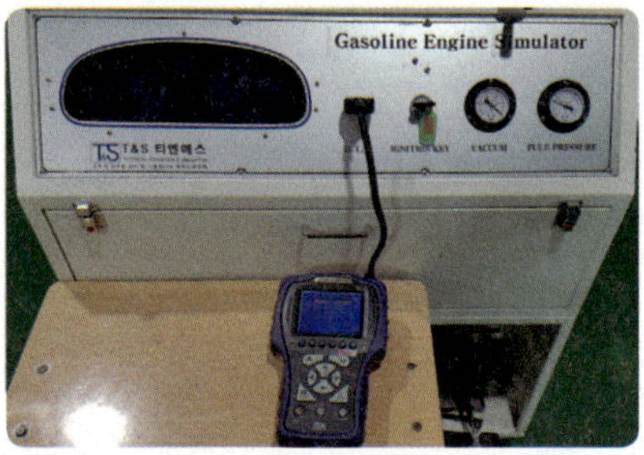

㉠ 자기진단기 설치

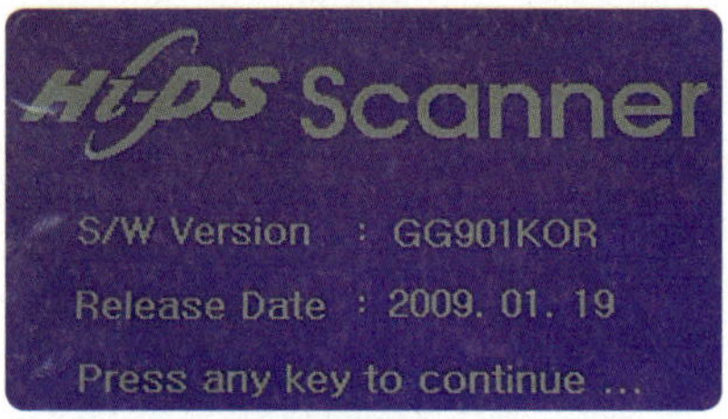

㉡ 자기진단기 초기 화면

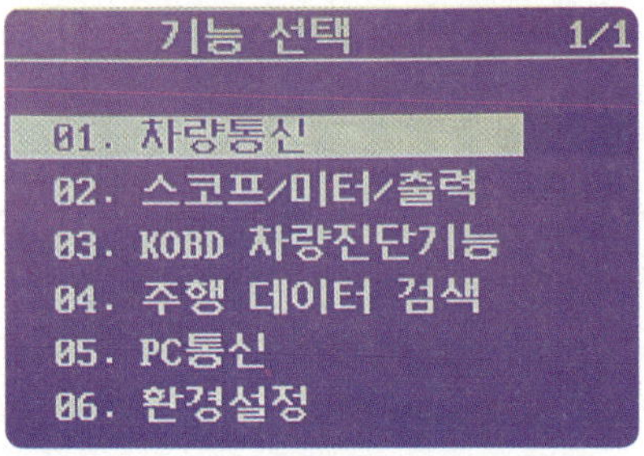

㉢ 차량통신 선택

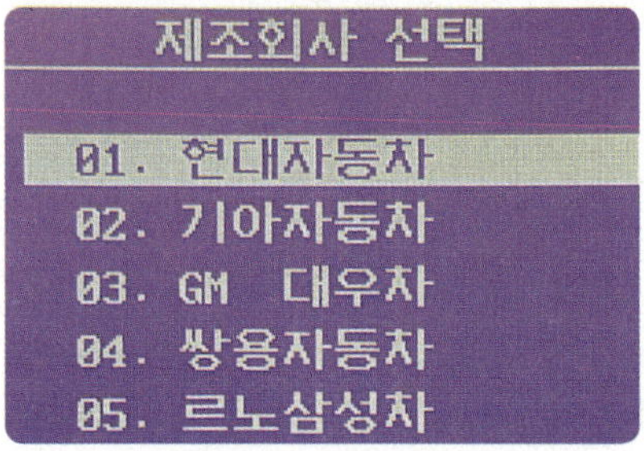

㉣ 현대자동차 선택

㉤ 뉴-EF 쏘나타 선택

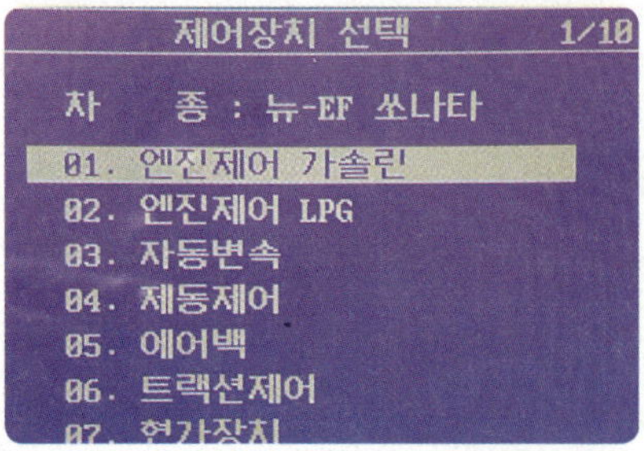

㉥ 엔진제어 가솔린 선택

ⓐ 1.8/2.0L DOHC 선택   ⓑ 자기진단 선택

ⓒ 센서 고장 확인 후 ESC 키를 누른다.   ⓓ 센서 출력 선택

ⓚ 스로틀 포지션 센서 측정값(°)   ⓔ 스로틀 포지션 센서 측정값(V)

ⓟ 스로틀 포지션 센서 측정값(커넥터 탈거 시)   ⓗ 흡기압(MAP) 센서 측정값(커넥터 탈거 시)

제1장 엔진 ● 87

● F6(도움)를 누르면 해당 센서의 규정값이 나온다. (2013년 이후 버전에서는 삭제됨)

답안지 작성 요령

① 전원은 점화 스위치 ON 상태에서 측정하고 시동을 걸어서 확인해야 하는 센서(액추에이터)는 시험 위원에게 사전에 질문한 후 시험 위원의 지시에 따라 측정한다.
② 자기진단기의 고장항목이 화면에 출력(보통 1개)되면 답안지에 있는 고장부위 란에 기록한다.
③ 자기진단 화면에서 ESC 키를 눌러 빠져나온 다음 센서 출력(서비스 데이터) 항목으로 들어간다. 진단기 화면에 센서의 출력값이 보이는데 여기서 해당 고장 센서를 찾아 화면에 나온 값을 답안지 측정값 란에 기록한다.
④ 규정값 확인은 진단기 중앙에 있는 F6키를 눌러서 나온 값을 규정값 란에 기록한다. (2013년 이후 버전에서는 삭제됨)
⑤ 고장 내용 기록은 측정값과 규정값을 비교하고 해당 고장 센서의 커넥터가 탈거(분리)됐는지 아닌지를 확인하여 커넥터 상태를 보고 정비 및 조치사항란에 기록한다.
⑥ 센서는 규정값 및 측정값 비교를 통해 고장 내용을 추측할 수 있다. (반드시 해당 센서의 커넥터 연결(체결) 여부를 확인해야 한다)
⑦ 스로틀 포지션 센서의 출력값이 차종에 따라 " ° " 또는 " V "로 출력되기 때문에 해당 시험기로 측정된 단위를 기준으로 측정값과 규정값의 단위를 답안지에 기록한다.

▲ 스로틀 포지션 센서 커넥터 탈거

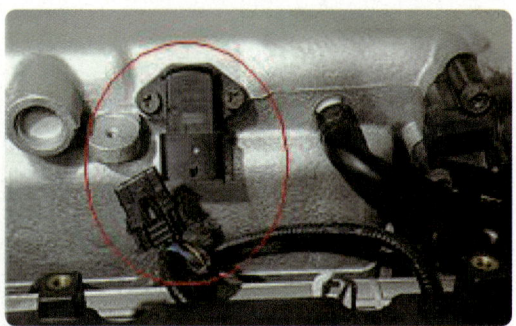

▲ 흡기압(MAP) 센서 커넥터 탈거

⑧ 규정값과 측정값이 동일한 경우(고장 내용 / 정비 및 조치사항)
  ⇨ 과거 기억 소거 불량(미 소거), 기억 소거 후 재점검(재진단)이라고 기록한다.
⑨ 규정값과 측정값이 큰 차이를 나타낼 때(고장 내용 / 정비 및 조치사항)
  예 TPS 전압 0V(차종에 따라 5.0V로도 출력값이 나옴), MAP 센서 0V 또는 0bar
  ⇨ 커넥터 탈거(분리, 단선), 커넥터 연결(체결) / 기억 소거 후 재점검(재진단)
⑩ 규정값과 측정값이 차이가 나며, 작동 상태가 불량 시(고장 내용 / 정비 및 조치사항)
  ⇨ 센서 불량, 센서 교환 / 기억 소거 후 재점검(재진단)

엔진 3. 엔진 센서 점검

엔진 번호 :   비 번호   감독확인

항 목	① 측정(또는 점검)			② 고장 및 정비(또는 조치) 사항		득 점
	고장 부위	측정값	규정값	고장 내용	정비 및 조치사항	
센서 (액추에이터) 점검	스로틀 포지션 센서	5.0V	0.4~0.8V	커넥터 탈거	커넥터 연결(체결) / 기억 소거 후 재점검(재진단)	

항 목	① 측정(또는 점검)			② 고장 및 정비(또는 조치) 사항		득 점
	고장 부위	측정값	규정값	고장 내용	정비 및 조치사항	
센서 (액추에이터) 점검	스로틀 포지션 센서	0°	5~15°	커넥터 탈거	커넥터 연결(체결) / 기억 소거 후 재점검(재진단)	

항 목	① 측정(또는 점검)			② 고장 및 정비(또는 조치) 사항		득 점
	고장 부위	측정값	규정값	고장 내용	정비 및 조치사항	
센서 (액추에이터) 점검	MAP	0mV	3.2~4.4V	커넥터 탈거	커넥터 연결(체결) / 기억 소거 후 재점검(재진단)	

항 목	① 측정(또는 점검)			② 고장 및 정비(또는 조치) 사항		득 점
	고장 부위	측정값	규정값	고장 내용	정비 및 조치사항	
센서 (액추에이터) 점검	공회전속도 조절 밸브	35.3%	35~45%	과거 기억 소거 불량 (미 소거)	기억 소거 후 재점검(재진단)	

항 목	① 측정(또는 점검)			② 고장 및 정비(또는 조치) 사항		득 점
	고장 부위	측정값	규정값	고장 내용	정비 및 조치사항	
센서 (액추에이터) 점검	냉각수온 센서	15℃	85~95℃	센서 불량	센서 교환 후 재점검(재진단)	

배기가스 측정(디젤 매연 측정)

▶ 엔진 1안, 3안, 5안, 7안, 9안, 11안, 13안, 15안 동일

주의사항

① 시험장에 따라 기준대로 측정하지 않고 시험 위원이 상황에 따라 약식 측정도 있으므로 측정 전 시험 위원의 지시사항을 꼭 확인한다.
② 기준값을 주지 않기 때문에 수검자가 직접 자동차 등록증의 차대번호를 보고 연식에 맞는 운행 차량의 배출가스 허용 기준값을 기록하기 때문에 사전에 숙지하고 있어야 하며, 차종별 기준값은 아래의 내용을 참조한다.

디젤 매연 테스터기 측정 방법

● 광투과식 테스터기(큐로테크: OPA-102)

 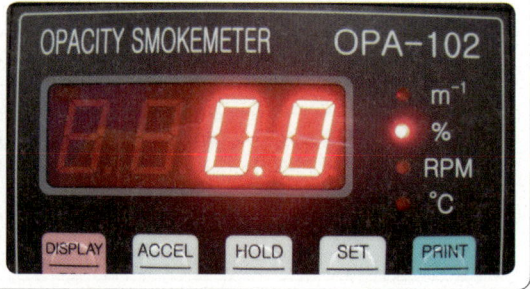

① 워밍업
  ㉮ 측면에 있는 전원 스위치를 켜면, 모델을 표시한 후 기기 버전과 년, 월, 일, 시간을 차례로 화면에 표시한다.

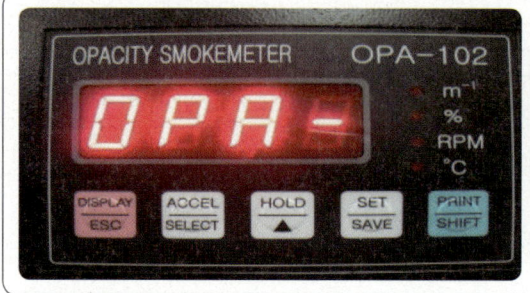 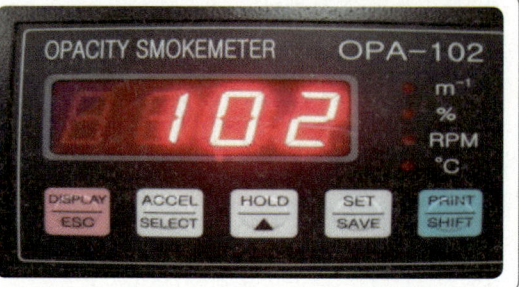

㉯ 표시 창이 뜨고 약 6분간 예열한다. (3분 후에 팬이 자동으로 작동된다)

㉰ 워밍업이 끝나면, 자동으로 약 20초간 영점과 스팬 교정을 실시한다.

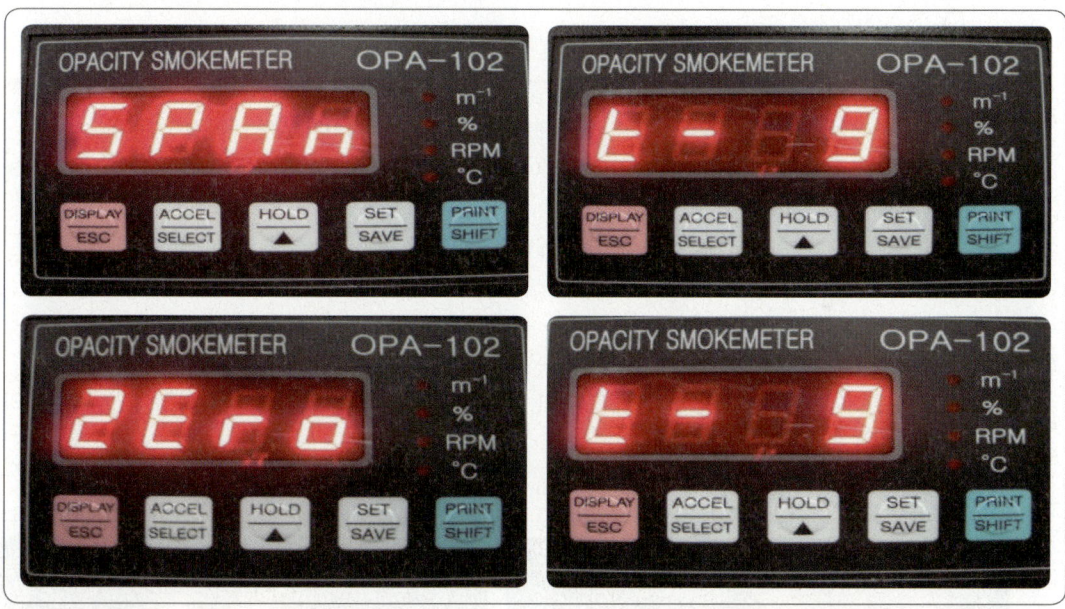

㉱ 스팬 교정이 끝나면, PASS 화면이 뜬 후 아래 화면처럼 된다. (측정이 준비된 상태)

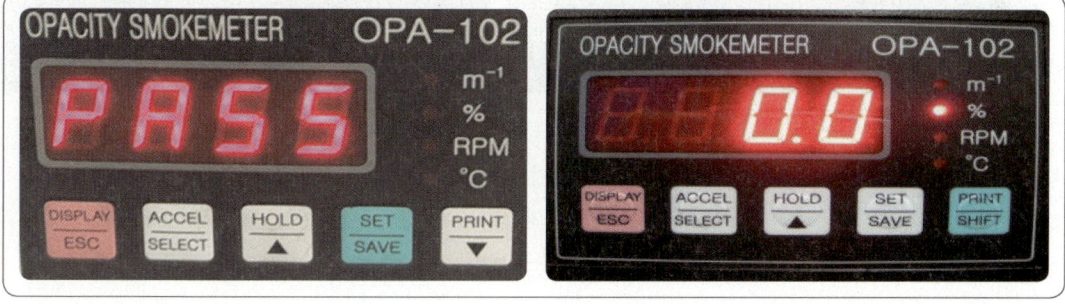

㉰ 리모컨은 본체의 표시부와 기능키 역할을 똑같이 수행한다. 리모컨의 ON, OFF를 위해서 ON/OFF 키를 3초간 누른다.

> **주의**
> - 위의 과정을 수행하는 동안 프로브의 끝부분은 반드시 깨끗한 공기가 있는 곳에 놓아 둔다.
> - 만일 깨끗한 대기 상태가 아니면, 영점교정에 오류가 생기며, "Err0" 메시지를 표시된다. 프로브가 놓인 상태를 확인한다.
> - "Err1"은 측정기 하단에 있는 렌즈에 묻은 매연을 닦아주면 에러 화면이 조치된다.

② 측정하기(무부하 급가속 검사 모드-법규적용)
  ㉮ 측정기의 프로브를 엔진의 벽면으로부터 5mm 이상 떨어지도록 설치하고 5cm 정도의 깊이로 삽입한다.
  ㉯ [ACCEL] KEY를 누른다. 화면에 "ACEL"이라는 문구가 나오면 [SET] KEY를 누른다.

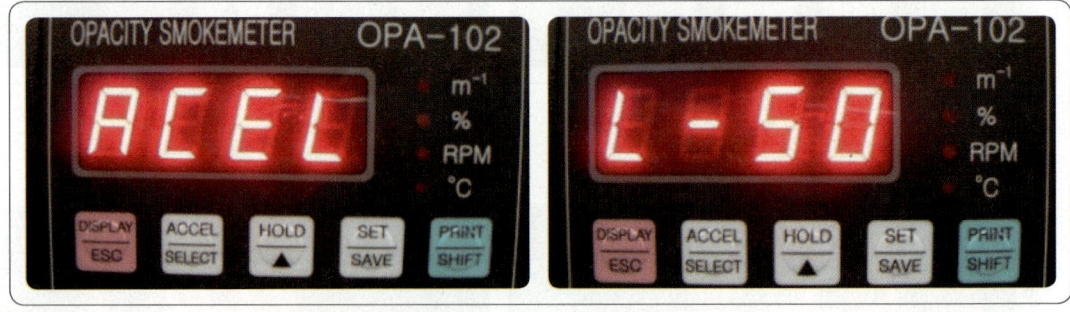

  ㉰ 매연 배출허용 기준값을 설정하는 표시가 나오면 [▲▼] KEY를 이용하여 기준값을 지정하고(5% 단위로 변환) [SET] KEY를 누르면 화면에 "AC-1"이라는 문구와 함께 LED 4개의 불이 깜빡거린다.

 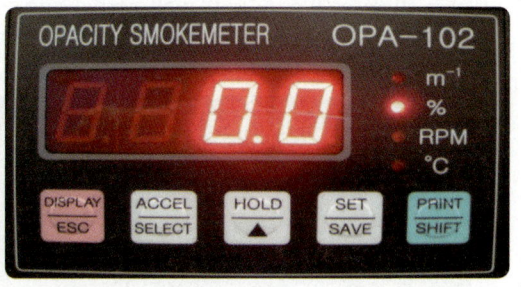

㉣ 이는 첫 번째 측정을 시작할 수 있다는 표시이며, 이때 [SET] KEY를 누르면 표시창의 LED 1개의 불이 깜박이고, 부저음이 울리면서 측정을 시작한다. (이때부터 측정 매연의 최고점을 갱신한다)

※ [DISPLAY] KEY를 이용하여 K(m^{-1}) → 매연 농도(%) → rpm → ℃로 변경할 수 있다.

㉤ 가속페달에 발을 올려놓고 원동기의 최고 회전속도에 도달할 때까지 급속히 밟으면서 시료를 채취한다. 이때 가속페달을 밟을 때부터 놓을 때까지 걸리는 시간은 4초 이내로 한다.

㉥ 첫 번째 측정이 끝나면 [SET] KEY를 눌러서 두 번째 측정으로 넘어간다. 화면에 "AC-2"라는 문구와 함께 LED 4개의 불이 깜빡거린다.

㉦ 이는 두 번째 측정을 시작할 수 있다는 표시이며, 이때 [SET] KEY를 누르면 표시창의 LED 1개의 불이 깜박이고, 부저음이 울리면서 측정을 시작한다. (이때부터 측정 매연의 최고점을 갱신한다)

㉧ 가속페달에 발을 올려놓고 원동기의 최고 회전속도에 도달할 때까지 급속히 밟으면서 시료를 채취한다. 이때 가속페달을 밟을 때부터 놓을 때까지 걸리는 시간은 4초 이내로 한다.

㉔ 두 번째 측정이 끝나면 [SET] KEY를 눌러서 세 번째 측정으로 넘어간다. 화면에 "AC-3"이라는 문구와 함께 LED 4개의 불이 깜빡거린다.

㉕ 이는 세 번째 측정을 시작할 수 있다는 표시이며, 이때 [SET] KEY를 누르면 표시창의 LED 1개의 불이 깜박이고, 부저음이 울리면서 측정을 시작한다. (이때부터 측정 매연의 최고점을 갱신한다)

㉖ 가속페달에 발을 올려놓고 원동기의 최고 회전속도에 도달할 때까지 급속히 밟으면서 시료를 채취한다. 이때 가속페달을 밟을 때부터 놓을 때까지 걸리는 시간은 4초 이내로 한다.

㉗ 3번의 측정이 끝나고 [SET] KEY를 누른다. 판정이 적합이면 화면에 "PASS"라는 문구가 나오면서 측정은 자동으로 종료되며, [SET] KEY를 누를 때마다 화면이 바뀌면서 1, 2, 3회 측정값이 표시되며 평균값(Avrg)과 오차값(Diff)이 표시된다. [PRINT] KEY를 누르면 프린터가 출력되며, [ACCEL] KEY를 누르기 전까지는 같은 내용을 계속 프린트할 수 있다. 0점 화면으로 이동은 [ACCEL] KEY를 누르면 된다.

㉘ 기준값은 자동차 등록증의 차대번호를 보고 연식에 맞는 운행 차량의 배출가스 허용 기준값을 기록한 후 수검자가 3회 측정한 값은 답안지 측정란에 기록하고 3회 측정한 평균값을 측정값 란에 기록한다. 이때 측정값 중 소수점은 생략한다.

(예) 반드시 답안지 기록 란의 기준값에는 해당 연식의 배출가스 허용 기준값 %이하, 측정 1~3회 란과 측정값 란에는 측정한 값과 %를 기록한다)

㉙ 산출근거는 3회 실시한 매연 평균값을 계산한다.

(예) 7.3+7.9+7.6/3)식을 산출근거 기록란에 기록)

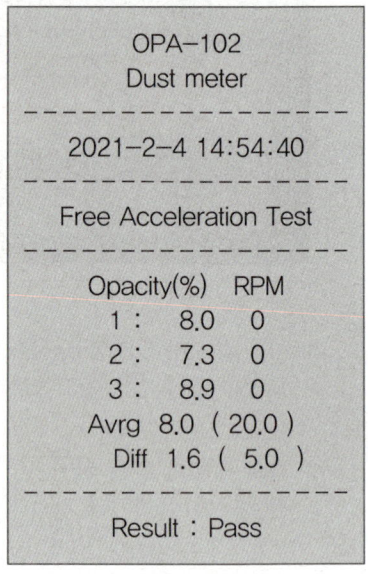

▲ 프린터 출력화면

> **참고**
>
> 이때 3회 측정한 매연 농도의 최대치와 최소치의 차가 5%를 초과하거나 최종 측정치가 배출허용 기준에 맞지 아니한 경우에는 순차적으로 1회씩 더 측정하며, 최대 5회까지 측정하면서 매회 측정 시마다 마지막 3회의 측정치를 산출하여 마지막 3회의 최대치와 최소치의 차가 5% 이내이고 측정치의 산술 평균값도 배출허용기준 이내이면 측정을 마치고 DISPLAY 화면에 "PASS"라는 문구가 나오면서 측정은 자동으로 종료되며, [SET] KEY를 누를 때마다 DISPLAY 화면이 바뀌면서 1, 2, 3회의 측정값이 표시되며 평균값(Avrg)과 오차값(Diff)이 표시된다. [PRINT] KEY를 누르면 프린터가 출력되며, [ACCEL] KEY를 누르기 전까지는 같은 내용을 계속 프린트할 수 있다. 만약, 5회까지 반복 측정하여도 최대치와 최소치의 차가 5%를 초과하거나 배출허용 기준에 맞지 아니한 경우에는 마지막 3회(3회, 4회, 5회)의 측정치를 산술 평균한 값을 최종 측정치로 하고 DISPLAY 화면에 "FAIL"라는 문구가 나오면서 측정은 자동으로 종료된다. 측정이 완료되면 배기관으로부터 프로브를 제거한다.

차대(각자) 번호

차대 번호는 자동차관리법에서 그 표시를 의무화하고 있고 자동차등록번호 등의 관련 고시로 형식을 규정하고 있다. 그리고 그 형식은 국제적으로 동일하게 공유한다. 따라서 수입차라고 할지라도 차대번호의 표시형태는 같다.

차대 번호를 구성하는 17개의 자리 수 중 3번째에서 9번째까지는 제작사 자체적으로 설정된 부호와 약속에 의한 의미를 담고 있지만 ①, ②, ⑩, ⑫~⑰번째 자리는 어느 회사건 동일하게 부여된다. ①번째는 국가를, ②번째는 제작사, ⑩번째는 제작연도, ⑫~⑰번째는 제작 일련번호를 부여하고 있다.

▲ 동승석 시트 아래(적색 부위)

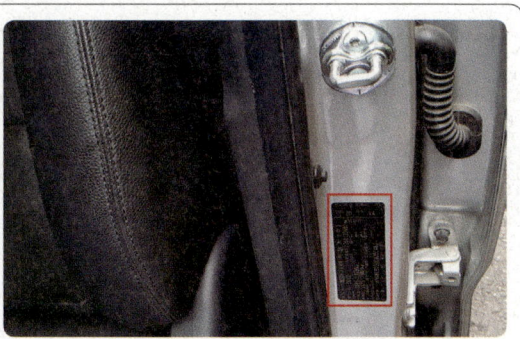
▲ 운전석 센터필러 하단(적색 부위)

▲ 앞 유리 아래(적색 부위)

▲ 차대번호 위치(방화벽 적색 부위)

현대 · 기아자동차

㉮ 차량 식별 번호판 위치 : 과거에는 차량 식별 번호판(V.I.N)은 방화벽에 있었으나 요즘에는 동승석 시트 아래나 운전석 센터필러 하단 또는 앞 유리 아래 대시포트에 표시되어 있다.

㉯ 차량 식별 번호판 : 17자리로 구성되며, 각 자리의 의미는 다음과 같다.

제작회사군			자동차 특성군						제작 일련번호							
①	②	③	④	⑤	⑥	⑦	⑧	⑨	⑩	⑪	⑫	⑬	⑭	⑮	⑯	⑰
K	M	H	D	N	4	1	B	F	5	U	1	2	3	4	5	6

① 제작국가
   K : 한국, J : 일본, 1 : 미국, 2 : 캐나다, 3 : 멕시코, 4~5 : 미국
② 제작회사 :
   M : 현대, L : 대우, N : 기아, P : 쌍용
③ 자동차 차량 구분

현대	H : 승용 F : 화물(밴) J : 승합 C : 특장
기아	A : 승용 C : 화물(밴) H : 승합 E : 전 차종(유럽 수출용)

④ 차종(MODEL)
   V : 엑센트   D : 아반떼XD   C : 쏘나타Ⅱ   N : 그랜저   M : 뉴그랜저
   E : EF 쏘나타   H : 투스카니   E : NF 쏘나타   D : 아반떼MD, i30   Z : 포터Ⅱ
   K : 쏘렌토   P : 스포티지   J : 투싼   B : 모닝   L : i40, K7
   F : 그랜저HG, 그랜저IG   M : 그랜드 카니발   S : 싼타페
⑤ 세부 차종 및 등급 - 차종별 표기 기호가 상이함
   A, L, S : 스탠다드(STANDARD, L)   P, V : GRAND SALON(GDS)
   B, M, T : 디럭스(DELUXE, GL)   R, W : SUPER GRAND SALON(HGS)
   C, N, U : 슈퍼 디럭스(SUPER DELUXE, GLS)   1, A, S, L : 로우급(L)
   2, B, E, M, T : 미들-로우급(GL)   3, C, H, N, X : 미들급(GLS, JSL, TAX)
   4, D, V, P : 미들-하이급(HGS)   5, E, R, W, U : 하이급(TOP)

⑥ 차체/캡 형상(BODY TYPE) – 4도어
   1 : 리무진   2~5 : 도어수   6 : 쿠페   7 : 컨버터블   8 : 왜건   9 : 화물(밴)

⑦ 안전장치(Restraint system) 또는 브레이크(Brake system)
   ㉠ 제작회사군(KMC, KMF, KMJ일 경우)
      7 : 유압식 브레이크   8 : 공기식 브레이크   9 : 혼합식 브레이크
   ㉡ 제작회사군(KMH일 경우)
      0 : 운전석과 동승석 – 미적용
      1 : 운전석/동승석 – 액티브(Active) 시트벨트
      2 : 운전석/동승석 – 패시브(Passive) 시트벨트
      3 : 운전석 – 액티브 시트벨트 + 에어백
      4 : 운전석/동승석 – 액티브 시트벨트 + 에어백
          운전석/동승석 – 액티브 시트벨트 또는 패시브 시트벨트

⑧ 동력 장치(Engine Type) – 차종별 표기 기호가 상이함
   A, 5 : 디젤 엔진 1.7(U-II)   1, B, D : 가솔린 엔진 1.6
   C : 가솔린 엔진 2.0(누우 MPI)   2, D : 가솔린 엔진 2.0
   E : 가솔린 엔진 3.0   V : 디젤 엔진, LPG 2.0
   F : 가솔린 엔진 2.4(개선 세타II-GDI)   3, T : 디젤 엔진 1.6
   3, 5 : 디젤 엔진 2.0(R)   E : 가솔린 엔진 2.4 + HEV
   B : 가솔린 엔진 2.0(개선 세타II T-GDI)   6, 2 : 가솔린 엔진 1.6(감마 T-GDI)

⑨ 운전석 위치 및 변속기 종류(과거에는 P : 왼쪽 운전석 R: 오른쪽 운전석)
   A : 왼쪽 운전석 수동 변속기   B : 왼쪽 운전석 자동 변속기
   C : 왼쪽 운전석 수동 변속기 + 트랜스퍼   D : 왼쪽 운전석 자동 변속기 + 트랜스퍼
   E : 왼쪽 운전석 CVT   F : 왼쪽 운전석 & 감속기
   G : 왼쪽 운전석 & DCT   H : 왼쪽 운전석 & DCT + 트랜스퍼

⑩ 생산연도(사용부호는 I, O, Q를 제외한 알파벳 또는 아라비아 숫자로 표기함)

연도	사용부호	연도	사용부호	연도	사용부호
2001	1	2011	B	2021	M
2002	2	2012	C	2022	N
2003	3	2013	D	2023	P
2004	4	2014	E	2024	R
2005	5	2015	F	2025	S
2006	6	2016	G	2026	T
2007	7	2017	H	2027	V
2008	8	2018	J	2028	W
2009	9	2019	K	2029	X
2010	A	2020	L	2030	Y

⑪ 생산 공장
  U : 울산   C : 전주   M : 인도   Z : 터키   B : 부산   P : 평택   K ; 광주
  T : 서산   S : 소하리   A : 아산(현대자동차)   A : 화성(기아자동차)
⑫~⑰ 생산 일련번호

자동차등록증

제　　　　호		최초등록일	년　월　일	
① 자동차등록번호	62 누 1020	② 차　　종	중형 승용	③ 용도 자가용
④ 차　　명	쏘렌토	⑤ 형식 및 년식	XMF75BA-S-E5	
⑥ 차 대 번 호	KNAKU815BCA386786	⑦ 원동기 형식	D4HA	
⑧ 사용본거지	서울특별시 용산구 백범로 45길 15(효창동)			
소유자 ⑨ 성명(명칭)	홍 길 동	⑩ 주민(사업자) 등록번호	790302-1234567	
⑪ 주　소	서울특별시 용산구 백범로 45길 15(효창동)			

자동차관리법 제8조의 규정에 의하여 위와 같이 등록하였음을 증명합니다.

　　　　년　　　　월　　　　일

서울특별시 용산구청장

자동차등록증

제 호		최초등록일	년 월 일	
① 자동차등록번호	62 누 1020	② 차 종	소형 화물	③ 용도 자가용
④ 차 명	포터 Ⅱ	⑤ 형식 및 년식	HR-J3SSG2GJKLM6-1	
⑥ 차 대 번 호	KMFZAN7HP5U786786	⑦ 원동기 형식	D4BH	
⑧ 사용본거지	서울특별시 용산구 백범로 45길 15(효창동)			
소유자	⑨ 성명(명칭)	홍 길 동	⑩ 주민(사업자) 등록번호	790302-1234567
	⑪ 주 소	서울특별시 용산구 백범로 45길 15(효창동)		

자동차관리법 제8조의 규정에 의하여 위와 같이 등록하였음을 증명합니다.

년   월   일

서울특별시 용산구청장

배출가스 허용 기준값

차 종		제작일자		매연 (광투과식)	비 고
경자동차 및 승용자동차		1995년 12월 31일까지		60% 이하	1993년 이후에 제작된 자동차 중 과급기(turbo charger)나 중간 냉각기(inter cooler)를 부착한 경유사용 자동차의 배출 허용기준은 무부하급가속 검사방법의 매연 항목에 대한 배출허용기준에 5%를 더한 농도를 적용한다.
		1996년 1월 1일부터 2000년 12월 31일까지		55% 이하	
		2001년 1월 1일부터 2003년 12월 31일까지		45% 이하	
		2004년 1월 1일부터 2007년 12월 31일까지		40% 이하	
		2008년 1월 1일부터 2016년 8월 31일까지		20% 이하	
		2016년 9월 1일 이후		10% 이하	
승합·화물·특수 자동차	소형	1995년 12월 31일 까지		60% 이하	1993년 이후에 제작된 자동차 중 과급기(turbo charger)나 중간 냉각기(inter cooler)를 부착한 경유사용 자동차의 배출 허용기준은 무부하급가속 검사방법의 매연 항목에 대한 배출허용기준에 5%를 더한 농도를 적용한다.
		1996년 1월 1일부터 2000년 12월 31일까지		55% 이하	
		2001년 1월 1일부터 2003년 12월 31일까지		45% 이하	
		2004년 1월 1일부터 2007년 12월 31일까지		40% 이하	
		2008년 1월 1일 이후		20% 이하	
	중형·대형	1992년 12월 31일 이전		60% 이하	
		1993년 1월 1일부터 1995년 12월 31일까지		55% 이하	
		1996년 1월 1일부터 1997년 12월 31일까지		45% 이하	
		1998년 1월 1일부터 2000년 12월 31일까지	시내버스	40% 이하	
			시내버스 외	45% 이하	
		2001년 1월 1일부터 2004년 9월 30일까지		45% 이하	
		2004년 10월 1일부터 2007년 12월 31일까지		40% 이하	
		2008년 1월 1일부터 2016년 8월 31일까지		20% 이하	
		2016년 9월 1일 이후		10% 이하	

매연 측정값 1

매연 측정값 2

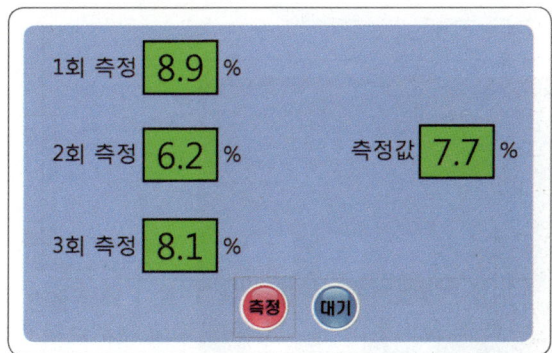

엔진 4. 디젤 매연 점검

자동차 번호 :　　　비 번호　　　감독확인

① 측정(또는 점검)				② 고장 및 정비(또는 조치) 사항			득 점
차종	연식	기준값	측정값	측정	산출근거(계산) 기록	판정 (□에 "✓"표)	
중형 승용	2012	20% 이하	7%	1회 : 8.9% 2회 : 6.2% 3회 : 8.1%	$\dfrac{8.9+6.2+8.1}{3}$ $=7.7\%$	☑ 양 호 □ 불 량	

- 터보 차저나 인터 쿨러를 부착한 경유사용 자동차는 매연 항목에 대한 배출허용 기준에 5%를 더한다.
- 시험 위원이 제시한 자동차등록증(또는 차대번호)을 활용하여 차종 및 연식을 적용합니다.
- 자동차검사기준 및 방법에 의하여 기록·판정합니다.
- 측정 및 판정은 무부하 조건으로 합니다.
- 측정 및 산출근거란은 소수점 값을 기입합니다.
- 측정값 란은 매연 농도를 산술 평균하여 소수점 이하는 버린 값으로 기입합니다.

배기가스 측정(가솔린 CO, HC 측정)

▶엔진 2안, 4안, 6안, 8안, 10안, 12안, 14안 동일

🔴 주의사항

① 시험장에서는 기준값을 주지 않기 때문에 차종별 배출가스 허용 기준값을 사전에 숙지한다 (검사항목은 수검자가 기준값을 암기해야 한다).
② 기준값에 "이하"란 용어와 기준값 및 측정값 란에 단위(%나 ppm)를 반드시 기재해야 한다.

🔴 가솔린 배기가스 테스터기(4-가스 측정기 QRO-401)

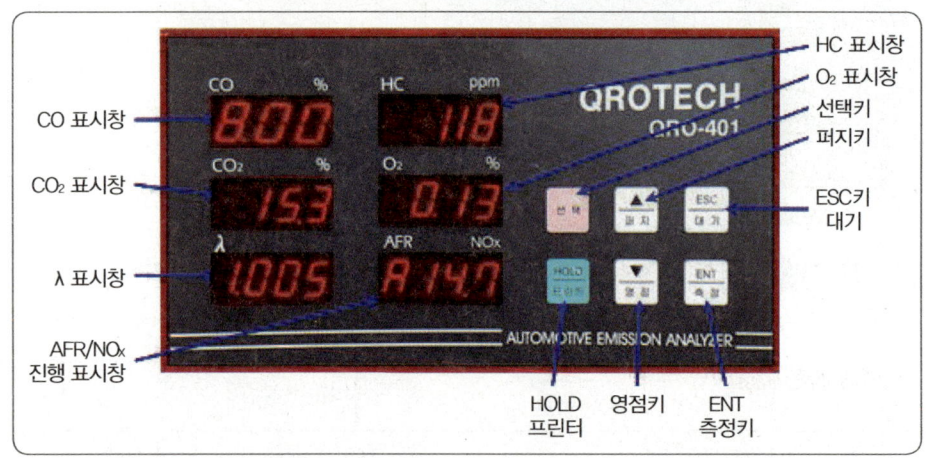

① 사용방법
  ㉮ 초기 기본 작동
    ㉠ 전원 스위치를 ON(시험기 후면에 위치)하면 부저 소리와 함께 화면 표시를 하고 10초간 초기화 진행을 한다.
    ㉡ 현재 설정되어 있는 날짜 및 시간이 약 5초간 표시된다.
    ㉢ 시간 표시 후, 자체진단을 실시하며, 진단 순서는 표시창 확인, 통신, 내부센서, 메모리 순으로 자체 점검을 실시한다. 실시된 항목이 정상이면, [PASS] 메시지를 표시한다.
    ㉣ 자체진단이 끝나면 표시창의 화면에 카운트 값이 표시되고, 카운트 값은 주위의 온도나 기기의 사용 상태에 따라 약 120~480에서 1씩 감소하며 워밍업을 실시한다.
    ㉤ 워밍업 작업 끝나기 1분 전에 펌프가 자동 작동되어, 맑은 공기로 장비 내부를 세척한다. 이때 프로브(채취관)는 깨끗한 공기가 유입이 될 수 있는 위치에 놓는다.

ⓗ 워밍업이 끝나면 자동으로 1회 영점조정을 실시한다. 화면에 카운트 값이 20에서 1씩 감소하며, 약 20초간 영점조정을 실시한다.

ⓘ 영점 조정 후 rdy가 표시되면, 측정 전 준비 상태에서 측정 키를 눌러 배기가스를 측정한다.

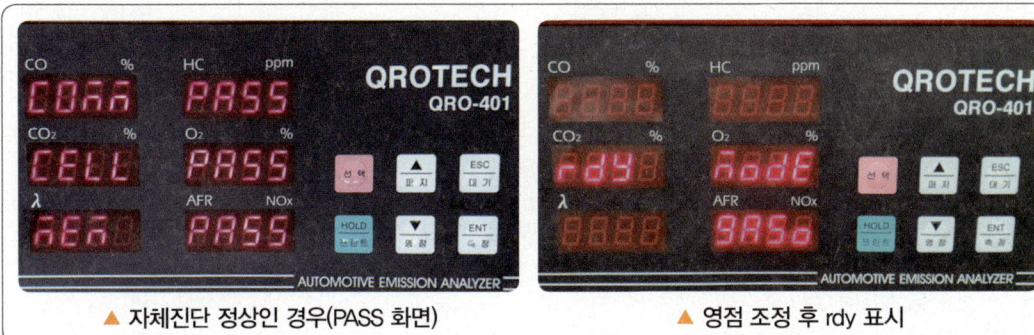

▲ 자체진단 정상인 경우(PASS 화면)　　　　　▲ 영점 조정 후 rdy 표시

㉴ 각부 작동 키(메뉴얼 키) 사용법
　ㄱ 퍼지 : 퍼지 키를 한번 누르면 약 120초간 프로브 청소를 하고 자동으로 영점조정을 실시하여 대기 모드로 전환된다. (장비 내부 세척작업)
　　※ 장비에서 에러(error)가 발생 시에는 처음부터 퍼지 기능부터 시작한다.
　ㄴ 영점 : 영점 키를 누르면 카운트 값이 20에서 1씩 감소하며, 약 20초간 영점조정 후 rdy가 표시되면, 측정 전 준비 상태가 된다.
　ㄷ 측정 : 프로브를 엔진에 20cm 이상 삽입 후 측정한다.
　ㄹ 대기 : 대기 상태란 장시간 측정하지 않을 때에 전원은 ON 펌프는 OFF 상태. 측정 또는 퍼지를 실시한 후 대기(rdy mode)를 누르면 흡입 펌프 정지 표시창에 위 사진과 같이 나타난다.
　ㅁ 홀드 : 측정상태에서만 사용되며, 측정값이 일시 정지하고. 한 번 더 누르면 프린터 시작한다. ESC 누르면 해제된다.

㉵ 측정순서(무부하 공회전 상태에서 측정)
　ㄱ 프로브를 깨끗한 공기가 있는 곳에 두고 영점조정을 실시한다.
　ㄴ 프로브를 자동차 배기구에 깊숙이 넣고, 측정 키를 눌러 배기가스를 측정한다. 이때 측정값이 안정되면, 프린트 키를 눌러 측정값을 출력한다. (또는 판독)
　ㄷ 측정 후 프로브를 자동차 배기구에서 빼낸 후 퍼지 키를 눌러 측정값이 "0"까지 떨어지도록 장비 내부를 맑은 공기로 세척한다.
　ㄹ 모든 수치 값들이 "0" 근처로 떨어지면 대기 키를 눌러 대기상태로 유지시킨다.
　ㅁ 연속 측정 시에는 영점 키를 누른 후 측정을 실시한다. 이후 ㄴ, ㄷ, ㄹ번 항목을 반복한다.

차대(각자) 번호

➡ 엔진 공통 4안 배기가스(디젤 매연) 측정 : 내용 참조

자동차등록증

제 호		최초등록일	년 월 일		
① 자동차등록번호	02 서 2977	② 차 종	중형 승용	③ 용도	자가용
④ 차 명	뉴아반떼XD	⑤ 형식 및 년식	XMF75BA-S-E5		
⑥ 차 대 번 호	KMHDN41BP5U123456	⑦ 원동기 형식	G4ER5		
⑧ 사용본거지	서울특별시 용산구 백범로 45길 15(효창동)				
소유자 ⑨ 성명(명칭)	홍 길 동	⑩ 주민(사업자)등록번호	790302-1234567		
⑪ 주 소	서울특별시 용산구 백범로 45길 15(효창동)				

자동차관리법 제8조의 규정에 의하여 위와 같이 등록하였음을 증명합니다.

년 월 일

서울특별시 용산구청장

자동차등록증

제 호		최초등록일	년 월 일		
① 자동차등록번호	02 서 5577	② 차 종	중형 승용	③ 용도	자가용
④ 차 명	아반떼	⑤ 형식 및 년식	MDDBA-S		
⑥ 차 대 번 호	KMHDH41DBCU123456	⑦ 원동기 형식	G4FD		
⑧ 사용본거지	서울특별시 용산구 백범로 45길 15(효창동)				
소유자 ⑨ 성명(명칭)	홍 길 동	⑩ 주민(사업자)등록번호	790302-1234567		
⑪ 주 소	서울특별시 용산구 백범로 45길 15(효창동)				

자동차관리법 제8조의 규정에 의하여 위와 같이 등록하였음을 증명합니다.

년 월 일

서울특별시 용산구청장

배출가스 허용 기준값

① 운행차 수시점검 및 정기검사의 배출허용기준(무부하 검사방법으로 측정한다)
　㉮ 휘발유(알코올 포함)사용 자동차 또는 가스사용 자동차

차 종		제작일자	일산화탄소	탄화수소
경자동차		1997년 12월 31일 이전	4.5% 이하	1,200ppm 이하
		1998년 1월 1일부터 2000년 12월 31일까지	2.5% 이하	400ppm 이하
		2001년 1월 1일부터 2003년 12월 31일까지	1.2% 이하	220ppm 이하
		2004년 1월 1일 이후	1.0% 이하	150ppm 이하
승용자동차		1987년 12월 31일 이전	4.5% 이하	1,200ppm 이하
		1988년 1월 1일부터 2000년 12월 31일까지	1.2% 이하	220ppm 이하(휘발유·알콜 사용 자동차) 400ppm 이하(가스 사용 자동차)
		2001년 1월 1일부터 2005년 12월 31일까지	1.2% 이하	220ppm 이하
		2006년 1월 1일 이후	1.0% 이하	120ppm 이하
승합·화물·특수 자동차	소형	989년 12월 31일 이전	4.5% 이하	1,200ppm 이하
		1990년 1월 1일부터 2003년 12월 31일까지	2.5% 이하	400ppm 이하
		2004년 1월 1일 이후	1.2% 이하	220ppm 이하
	중형·대형	2003년 12월 31일 이전	4.5% 이하	1,200ppm 이하
		2004년 1월 1일 이후	2.5% 이하	400ppm 이하

● CO, HC 측정값 1

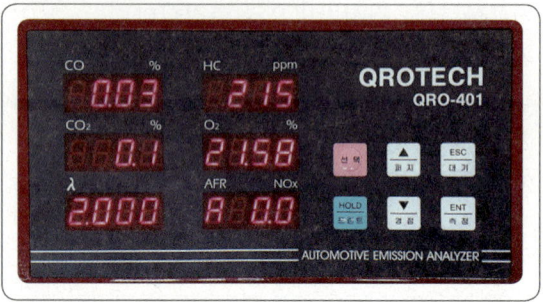

● CO, HC 측정값 2

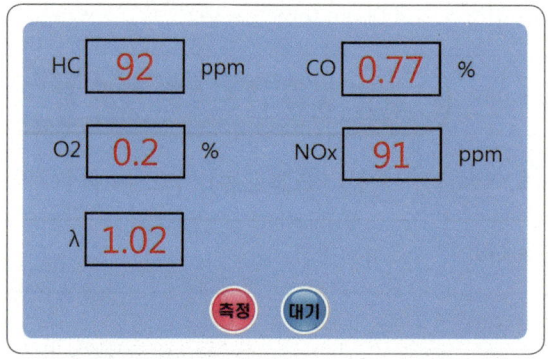

엔진 4. 배기가스 측정(2012년식)			비 번호		감독확인	
자동차 번호 :						
항 목	① 측정(또는 점검)		② 판정(□에 "✓"표)			득 점
	측정값	규정(정비한계)값				
CO	0.7%	1.0% 이하	☑ 양 호 □ 불 량			
HC	92ppm	120ppm 이하				

▶ CO, HC 둘 중 하나라도 기준값을 벗어난 경우에는 "불량"으로 판정한다.

● 시험 위원이 제시한 자동차등록증(또는 차대 번호)을 활용하여 차종 및 연식을 적용합니다.
● 자동차검사기준 및 방법에 의하여 기록·판정합니다.
● CO 측정값은 소수점 첫째 자리까지만 기입하고, HC 측정값은 소수점 자리를 기록하지 않습니다.

Craftsman Motor Vehicles Maintenance

섀 시

자동차정비기능사 답안 작성법 요약표

과목 안	섀 시				
	① 탈거 / 조립	② 점검 / 측정	③ 교환 / 작동	④ 점검 / 기록	⑤ 공통 검사
1안	앞 쇽업소버 스프링	캐스터 각, 캠버 각	ABS 브레이크 패드	A/T 선택 레버	제동력
2안	앞 허브, 너클	캐스터 각, 캠버 각	브레이크 라이닝(슈)	A/T 자기진단	최소 회전반경
3안	림에서 타이어	M/T 엔드플레이	클러치 릴리스 실린더, 공기빼기	ECS 자기진단	제동력
4안	로어 암	캐스터 각, 캠버 각	브레이크 캘리퍼, 공기빼기	ABS 자기진단	최소 회전반경
5안	앞 등속축	휠 밸런스	타이로드 엔드	A/T 자기진단	제동력
6안	범퍼	주차 브레이크 노치	파워 스티어링 오일 펌프, 공기빼기	A/T 자기진단	최소 회전반경
7안	M/T 후진 아이들 기어	ABS 디스크 두께 마모, 런아웃	타이로드 엔드	A/T 오일 압력	제동력
8안	FR식 액슬 축	A/T 오일량	브레이크 캘리퍼, 공기빼기	A/T 선택레버	최소 회전반경
9안	뒤 쇽업소버 현가 스프링	종감속기어 백래시	휠 실린더, 공기빼기	ABS 자기진단	제동력
10안	A/T 오일필터, 유온센서	브레이크 페달 높이, 브레이크 페달 유격	파워 스티어링 오일 펌프, 공기빼기	ECS 자기진단	최소 회전반경
11안	FR식 추진축	토인	브레이크 마스터 실린더, 공기빼기	A/T 자기진단	제동력
12안	FR식 차동 기어	클러치 페달 유격	브레이크 라이닝(슈)	ABS 자기진단	최소 회전반경
13안	A/T 오일 펌프	사이드 슬립	ABS, 브레이크 패드	A/T 오일 압력	제동력
14안	M/T 후진 아이들 기어	ABS 톤 휠 간극	휠 실린더, 공기빼기	A/T 자기진단	최소 회전반경
15안	A/T 밸브 보디	A/T 오일량	클러치 릴리스 실린더, 공기빼기	ECS 자기진단	제동력

앞 쇽업소버 스프링 탈거 후 조립

1. 쇽업소버 탈거

① 휠 너트를 완전히 풀고 타이어를 탈거한다.

② 고정 볼트를 풀어 휠 스피드 센서 케이블을 탈거한다.
③ 고정 볼트를 풀어 브레이크 호스를 탈거한다.

④ 고정 너트를 풀어 쇽업소버(스트럿 어셈블리)에서 프런트 스태빌라이저 링크(상, 하)를 탈거한다.

⑤ 와이퍼 캡(와이퍼 암 장착 너트 커버)을 분리한 후 와이퍼 암 장착 너트를 푼다.
⑥ 윈드 쉴드 와이퍼 암과 블레이드를 탈거한다.

⑦ 카울 탑 커버에 연결된 워셔 호스를 분리한다.
⑧ 장착 리테이너를 풀고 카울탑 커버를 탈거한다.

⑨ 프런트 쇽업소버 상단 고정 볼트를 탈거한다.
⑩ 쇽업소버(스트럿 어셈블리) 고정 볼트(상, 하)를 풀어준다.

⑪ 쇽업소버(스트럿 어셈블리) 고정 볼트(상, 하)를 풀어준 다음 고정 볼트를 탈거한다.
⑫ 한 손으로 프런트 쇽업소버(스트럿 어셈블리)를 잡고 있고 다른 한 손으로 디스크를 잡고 잡아당긴다.

⑬ 프런트 쇽업소버(스트럿 어셈블리)를 탈거한다.

2. 쇽업소버 스프링 탈거

① 쇽업소버를 스프링 탈착기에 장착한 후 스프링 탈착기를 사용하여 스프링에 약간의 장력이 생길 때까지 스프링을 압축한다.
② 쇽업소버 상단에 있는 셀프 록킹 너트를 완전히 풀지 말고 1~2회 풀어준다.
③ 코일 스프링이 스프링 시트에서 떨어질 때 까지 스프링 탈착기를 이용하여 압축시킨다.

④ 압축이 완료되면 셀프 록킹 너트를 완전히 풀어낸 다음 스트럿 인슐레이터를 탈거한다.
⑤ 스프링 시트를 탈거한다.
⑥ 코일 스프링을 탈거한다.

  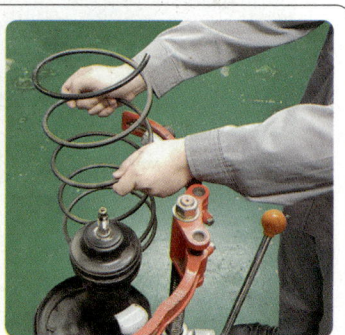

⑦ 분해된 부품을 정리한 후 시험 위원에게 확인받는다.

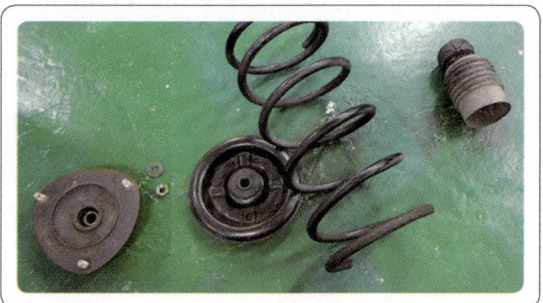

3. 쇽업소버 조립

① 조립은 탈거의 역순으로 분리된 부품을 조립한다.
② 코일 스프링을 중앙에 위치하도록 하고 압축한다.
③ 스프링 시트를 장착 시 장착 위치 점(한쪽 면이 깎여 있음)에 주의하면서 작업한다.

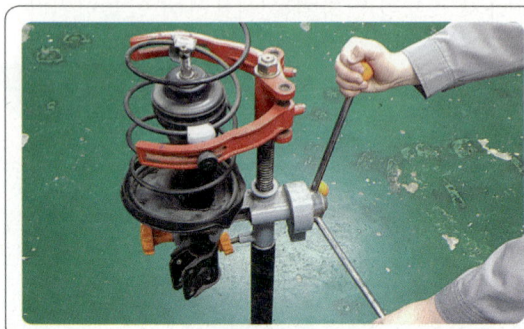 

④ 스트럿 인슐레이터를 장착하고 셀프 록킹 너트를 조립한다.

앞 허브 및 너클 탈거 후 조립

1. 앞 허브 및 너클 탈거

① 휠 너트를 완전히 풀고 타이어를 탈거한다.
② 허브 너트를 탈거한다.

③ 브레이크 캘리퍼 캐리어 고정 볼트를 탈거 후 캘리퍼 어셈블리를 쇽업소버 스프링에 와이어로 묶어 고정시킨다.

④ 디스크 고정나사를 풀어 디스크를 탈거한다.

 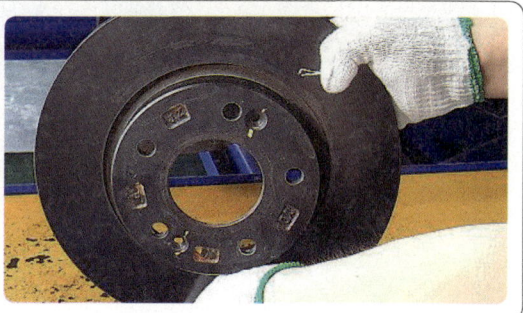

⑤ 타이로드 엔드 로크 너트를 이완시킨다.
⑥ 타이로드 엔드 볼 조인트에 있는 분할 핀을 탈거한 다음 너트를 탈거한다.

⑦ 특수 공구를 사용하여 너클에서 타이로드 엔드 볼 조인트를 탈거한다.

⑧ 너클에서 휠 스피드 센서 고정 볼트를 풀고, 휠 스피드 센서를 탈거한다.
⑨ 로어 암 볼 조인트 고정 너트를 탈거한다.

⑩ 특수 공구를 사용하여 너클에서 로어 암 볼 조인트를 탈거한다.
⑪ 프런트 드라이브 샤프트가 너클 어셈블리로부터 탈거하지 않으면 특수 공구를 사용하여 너클에서 이완시킨다.

⑫ 쇽업소버(스트럿 어셈블리) 고정 볼트(상, 하)를 탈거한다.

⑬ 프런트 드라이브 샤프트를 너클 어셈블리로부터 탈거한다.
⑭ 스트럿 어셈블리에서 너클 어셈블리를 탈거한다. (작업시간 때문에 대부분의 시험장에서는 여기까지만 작업하고 너클 어셈블리를 시험 위원에게 확인을 받고 조립한다)

⑮ 탈거된 너클 어셈블리에서 스냅 링을 탈거 후 유압 프레스 넣고 분해한다.

⑯ 분해된 부품을 정리한 후 시험 위원에게 확인받는다.

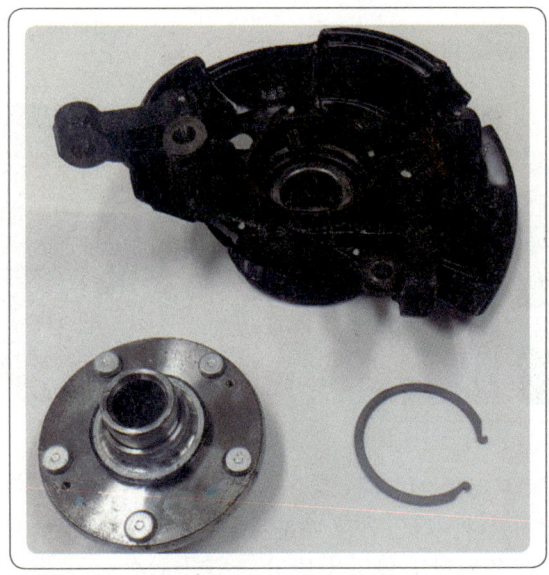

2. 앞 허브 및 너클 조립
① 조립은 탈거의 역순으로 분리된 부품을 조립한다.

림에서 타이어 탈거 후 조립

1. 타이어 탈거

① 휠에 웨이트(납)가 붙어 있는 경우에는 웨이트를 탈거한다.
② 타이어 공기 주입구에서 에어 니플을 탈거하여 타이어 공기를 배출시킨다.
③ 비드 브레이커 위치에 바퀴를 고정 후 타이어 비드 근처에 비드 브레이드를 대고 비드 브레이커 조정 페달(㉠)을 밟는다.
④ 타이어의 비드 전체가 림(RIM)으로부터 자유롭게 움직일 때 까지 타이어를 돌려가면서 다른 위치에서 반복하여 작업한다.

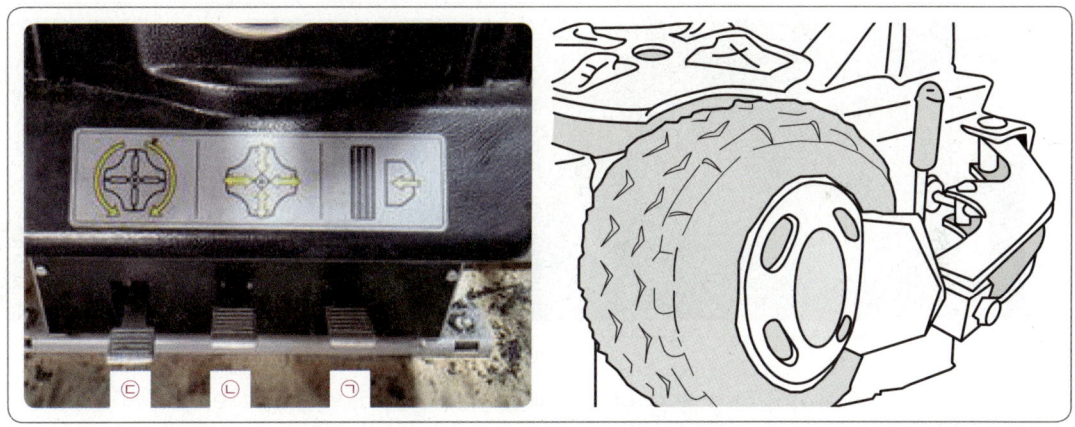

㉠ **비드 브레이커 조정 페달** : 페달을 밟으면 타이어가 압착된다. 타이어가 완전히 압착된 후 페달을 놓으면 자동복귀가 된다.
㉡ **클램프 조정 페달** : 페달을 한 번 더 밟으면 클램프 조가 벌어진다. 페달을 한 번 더 밟으면 클램프 조(Jaw)가 멈춘다. 클램프 조가 멀어져 있거나 중간 멈춤 상태에서 페달을 밟으면 조가 조여진다.
㉢ **턴테이블 회전 조정 페달** : 페달을 아래로 밟으면 시계 방향(오른쪽)으로 정회전한다. 페달을 발등으로 위로 올리면 시계 반대 방향(왼쪽)으로 역회전한다.

⑤ 바퀴를 타이어 탈착기 상단에 있는 클램핑 조 위에 올려 놓는다.
⑥ 클램프 조정 페달(㉡)을 밟아서 휠을 고정한 후 타이어 비드부에 오일을 붓으로 발라준다.
⑦ 림(RIM) 모서리로 부터 약 3~4mm 떨어진 위치에 탈부착용 마운트 헤드를 맞춘다.
⑧ 수직 슬라이드 바의 높이를 맞춘 후 록커 레버를 조여 준다.
⑨ 타이어 탈착용 레버를 비드부에 대고 젖혀서 마운트 헤드 위에 타이어를 올려 놓는다.

⑩ 턴테이블 회전 조정 페달(ⓒ)을 밟아 바퀴를 회전시켜 타이어를 림에서 탈거시킨다. (타이어 비드가 잘 안 빠질 경우 턴테이블 회전 조정 페달을 위로 올려서 역회전시켜 1인치 정도 뒤로 돌린 다음 턴테이블 회전 조정 페달을 아래로 밟아 정회전시킨다)
⑪ 타이어를 손으로 들어 올려 마운트 헤드 위로 타이어 비드 윗부분이 올라오게 한다.

⑫ 탈착용 레버를 타이어 아래 부분 비드에 대고 들어 올려 마운트 헤드 위에 올려 놓는다.
⑬ 턴테이블 회전 조정 페달을 밟아 바퀴를 돌려 마운트 헤드 위로 타이어 비드 아랫부분이 올라오게 해서 타이어를 탈거한 후 시험 위원에게 확인을 받는다.

2. 타이어 조립
① 조립은 탈거의 역순으로 분리된 부품을 조립한다.

로어 암 탈거 후 조립

1. 로어 암 탈거

① 휠 너트를 완전히 풀고 타이어를 탈거한다.
② 로어 암 볼 조인트 고정 너트를 풀어 준다.

③ 특수 공구를 사용하여 너클에서 로어 암 볼 조인트를 탈거한다.
④ 앞에 있는 고정 볼트를 풀어 로어 암을 서브 프레임에서 탈거한다.

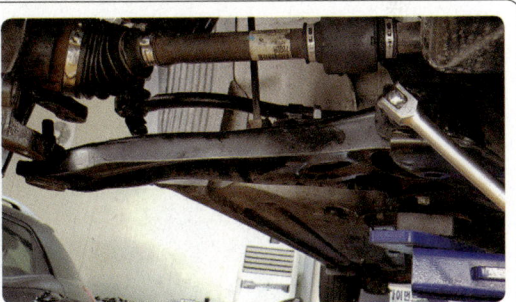

⑤ 뒤에 있는 고정 볼트를 풀어 로어 암을 서브 프레임에서 탈거한다.
⑥ 로어 암을 탈거한 후 시험 위원에게 확인받는다.

앞 등속축 탈거 후 조립

1. 앞 등속축 탈거
① 휠 너트를 완전히 풀고 타이어를 탈거한다.
② 허브 너트를 탈거한다.

③ 타이로드 엔드 로크 너트를 이완시킨다.
④ 타이로드 엔드 볼 조인트에 있는 분할 핀을 탈거한 다음 너트를 탈거한다.

⑤ 특수 공구를 사용하여 너클에서 타이로드 엔드 볼 조인트를 탈거한다.

⑥ 로어 암 볼 조인트 고정 너트를 탈거한다.
⑦ 특수 공구를 사용하여 너클에서 로어 암 볼 조인트를 탈거한다.

⑧ 프런트 드라이브 샤프트가 너클 어셈블리로부터 탈거되지 않으면 특수 공구를 사용하여 너클에서 이완시킨다.
⑨ 쇽업소버(스트럿 어셈블리) 하단에 있는 고정 볼트 1개를 탈거한다.

⑩ 프런트 드라이브 샤프트를 너클 어셈블리로부터 탈거한다.
⑪ 프라이 바를 이용하여 드라이브 샤프트를 변속기에서 이탈시킨다. 이때 변속기 오일이 떨어지므로 변속기 밑에 오일 통을 준비한다.

⑫ 드라이브 샤프트를 변속기에서 탈거한다.
⑬ 탈거된 등속축을 시험 위원에게 확인받는다.

2. 앞 등속축 조립
① 조립은 탈거의 역순으로 분리된 부품을 조립한다.

범퍼 탈거 후 조립

1. 범퍼 탈거(K3 앞 범퍼)

① 프런트 범퍼 상단에 고정 볼트를 푼다.

② 프런트 범퍼 하단에 장착 클립(좌, 우)을 푼다.

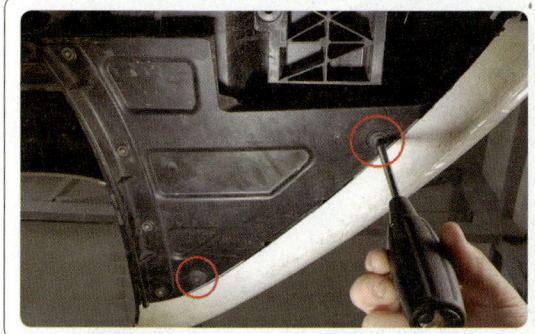

③ 프런트 범퍼 사이드 측 고정 나사(좌, 우)를 풀어 사이드 측을 분리한다. (프런트 범퍼 사이드 측 걸림턱이 파손되지 않도록 주의한다)

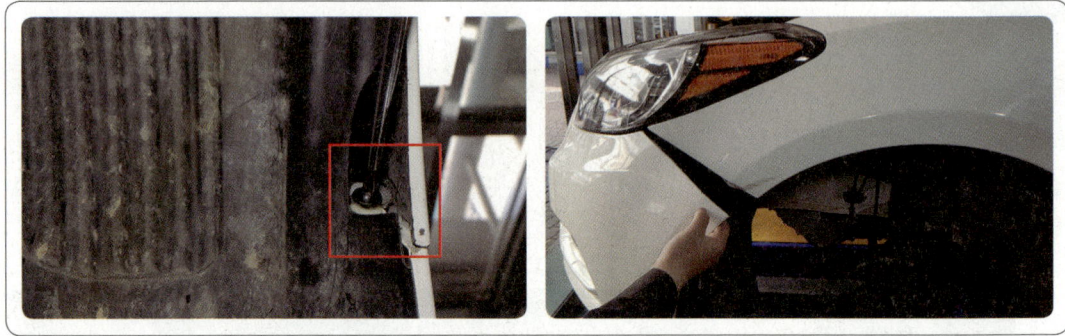

④ 좌우측 잠금 핀을 눌러 좌측 안개등 커넥터와 우측 안개등 커넥터를 탈거한다.

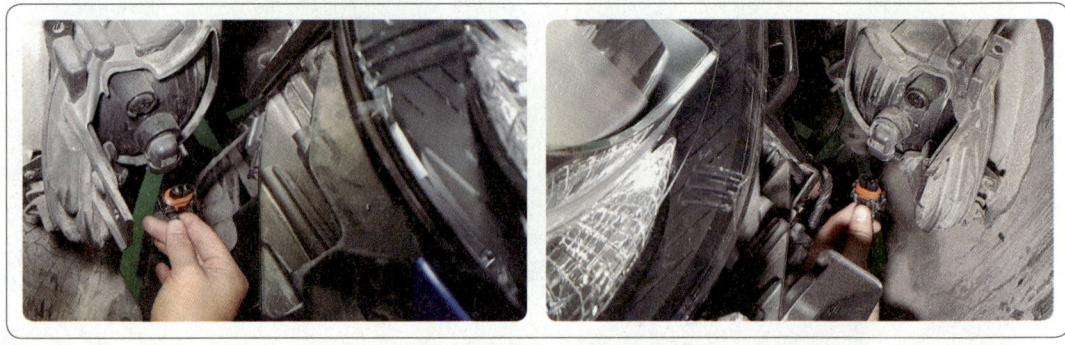

⑤ 프런트 범퍼를 탈거한 후 시험 위원에게 확인받는다.

2. 범퍼 조립
① 조립은 탈거의 역순으로 분리된 부품을 조립한다.

3. 범퍼 탈거(K5 뒤 범퍼)

① 리어 컴비네이션 램프 커버를 탈거한다.
② 좌우 제동등 및 미등 커넥터를 분리한다.

③ 좌우 제동등 및 미등 장착 너트 3개를 탈거한다.
④ 좌우 리어 컴비네이션 램프를 탈거한다.

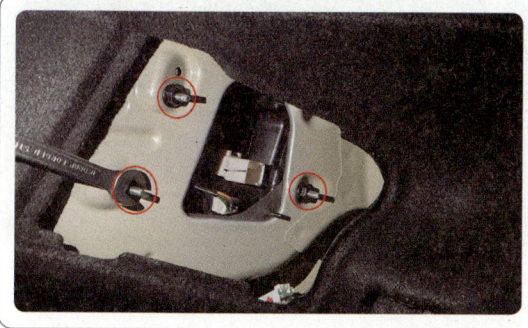

⑤ 좌우 리어 범퍼 상단에 장착 클립 및 스크루를 푼다.

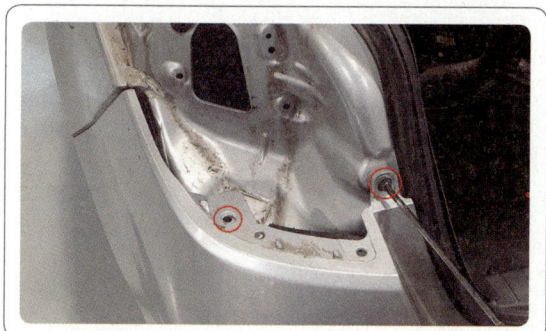

⑥ 좌우 리어 범퍼 사이드 측 클립 및 스크루를 ⊕ 드라이버로 풀어 사이드 측을 분리한다.

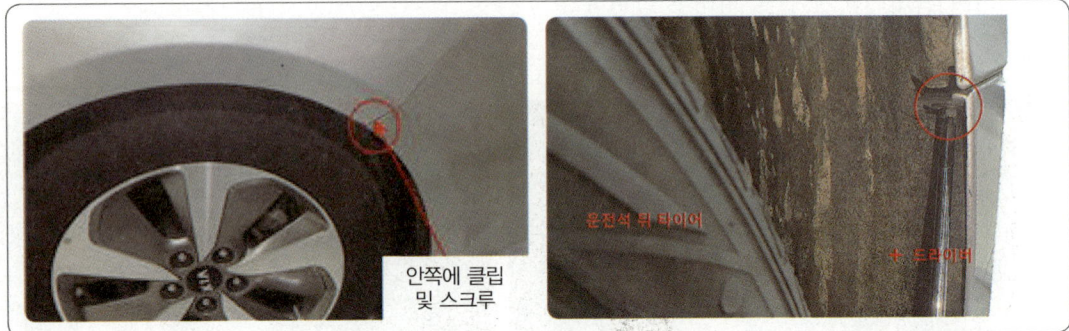

⑦ 작업의 편의성을 위해 웨더 스트립 아래 부위만 탈거한다.
⑧ 리어 범퍼 장착 스크루 및 클립을 풀고 리어 범퍼 어셈블리를 탈거한다.

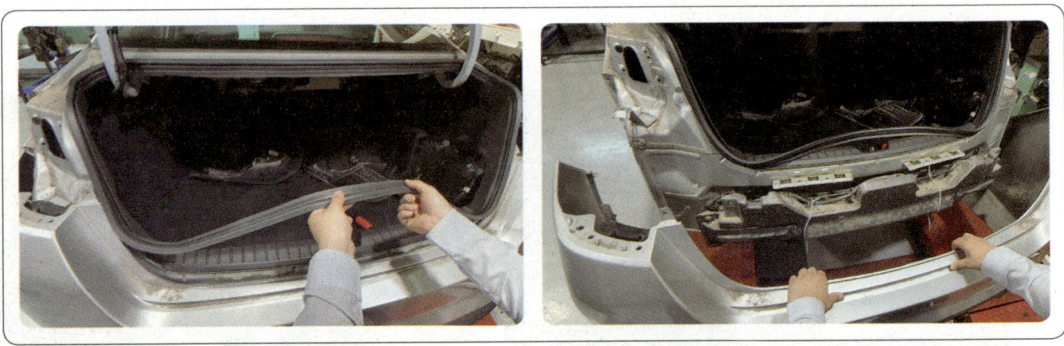

M/T 후진 아이들 기어 탈거 후 조립

1. M/T 후진 아이들 기어 탈거

① 후진 아이들 기어 사이드 커버 고정 볼트를 푼 후 커버를 탈거한다.
② 후진 아이들 기어 고정 볼트를 탈거한다.

③ 고정 볼트를 완전히 탈거하지 말고 마지막에 왼손으로 후진 아이들 기어를 잡고 오른손으로 볼트를 돌려서 탈거해야 아이들 기어가 떨어지지 않는다.
④ 후진 아이들 기어를 탈거한 후 시험 위원에게 확인받는다.

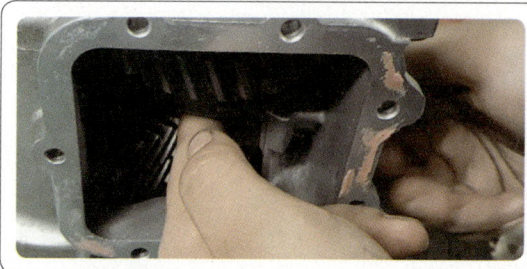

2. M/T 후진 아이들 기어 조립 시 주의사항

① 조립 시 후진 아이들러 기어를 변속기에 밀어 넣은 다음 들어 올려서 홈에 일치시킨다.
② 후진 아이들러 기어에 있는 볼트 홈과 변속기 하우징에 있는 볼트 홈을 일치시킨다.

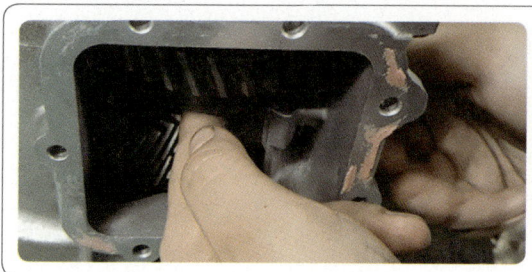
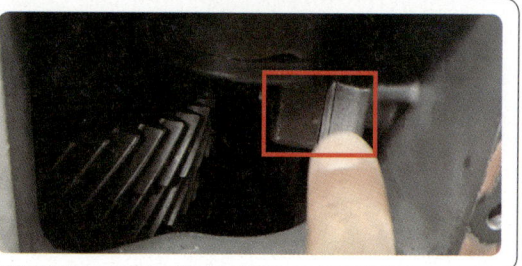

FR식 액슬 축 탈거 후 조립

1. FR식 액슬 축 탈거
① 리어 휠 너트를 느슨하게 푼다. 차량을 안전하고 확실하게 받친 후 뒷쪽을 든다.
② 휠과 타이어를 분리한다.
③ 리어 액슬 하우징에서 액슬 축 고정 너트를 탈거한다.
④ 액슬 축을 탈거한 후 시험 위원에게 확인받는다.

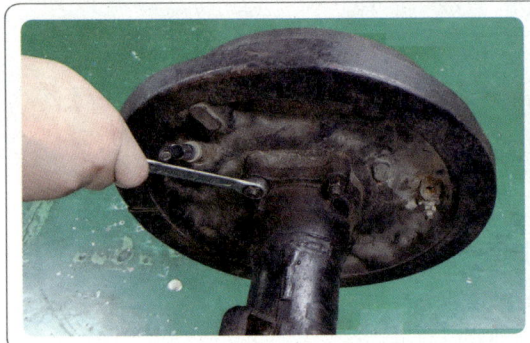 

2. FR식 액슬 축 조립
① 조립은 탈거의 역순으로 분리된 부품을 조립한다.
② 액슬 축 조립 시 라이닝 쪽을 살짝 아래로 눌러서 액슬 축을 삽입하면 쉽게 조립할 수 있다.

9안-1 뒤 쇽업소버 스프링 탈거 후 조립

→ 섀시 1안-1 내용 참조

A/T 오일 필터 및 유온 센서 탈거 후 조립

1. A/T 오일 필터 탈거
① 오일 필터에 맞는 오일 필터 캡을 장착한다.
② 오일 필터를 탈거한다.

③ 탈거된 오일 필터를 시험 위원에게 확인받는다.

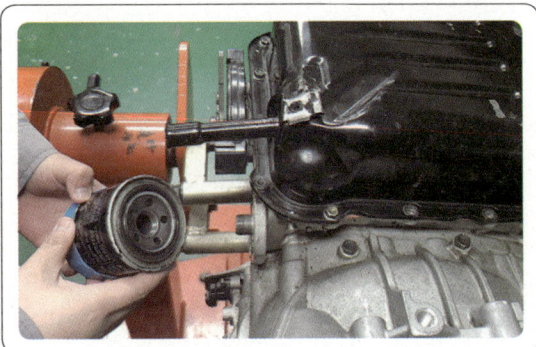

2. 유온 센서 탈거

① 오일 팬을 탈거한다.
② 유온 센서 고정 볼트를 탈거한다.

③ 유온 센서의 커넥터를 엄지손가락으로 눌러서 탈거한다. (공간이 좁아서 유온 센서 커넥터를 탈거하기 전에 할 수가 없기 때문에 유온 센서를 탈거한 다음 작업한다)
④ 탈거된 유온 센서를 시험 위원에게 확인받는다.

3. A/T 오일 필터 및 유온 센서 조립

① 조립은 탈거의 역순으로 분리된 부품을 조립한다.

FR식 추진축 탈거 후 조립

1. FR식 추진축 탈거
① 탈거 전에 올바른 조립을 위해 종감속 기어 연결부와 플랜지 요크에 일치 표시한다.
② 추진축을 탈거한 후 시험 위원에게 확인받는다.

2. FR식 추진축 탈거
① 슬리브 요크에 지정 기어 오일을 도포한다.
② 종감속 기어 연결부와 플랜지 요크의 일치 표시에 맞추어 조립한다.

FR식 차동 기어 탈거 후 조립

1. FR식 차동 기어 탈거

① 사이드 베어링 캡에 좌·우가 바뀌지 않도록 표시를 한다.
② 사이드 베어링 캡을 탈거한다.

일치 표시

③ 차동 기어 케이스를 들어낸다.
④ 링 기어 고정 볼트를 풀고 링 기어를 탈거한다.

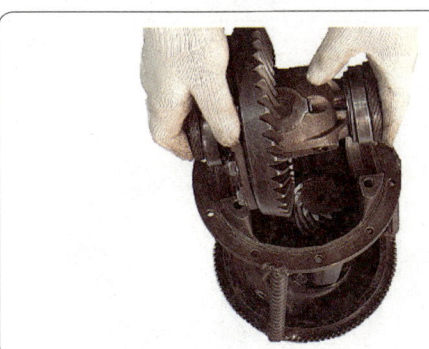

⑤ 분해된 부품을 링 기어와 함께 정렬한다.
⑥ 차동 피니언 축 고정 핀을 핀 펀치를 이용해 빼낸다.

⑦ 차동 피니언 축을 밀어서 빼낸다.
⑧ 피니언 기어를 90° 돌려서 피니언 기어와 사이드 기어 와셔 및 스러스트 스페이서를 빼낸다.

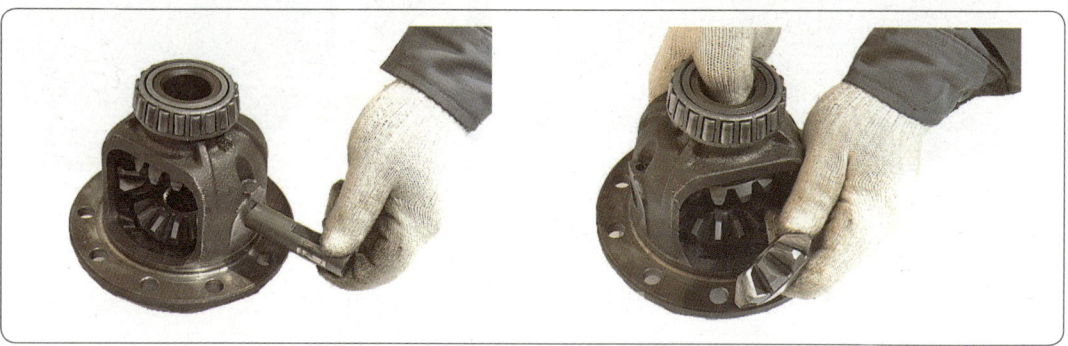

⑨ 분해된 부품을 정렬한 후 시험 위원에게 확인받는다.

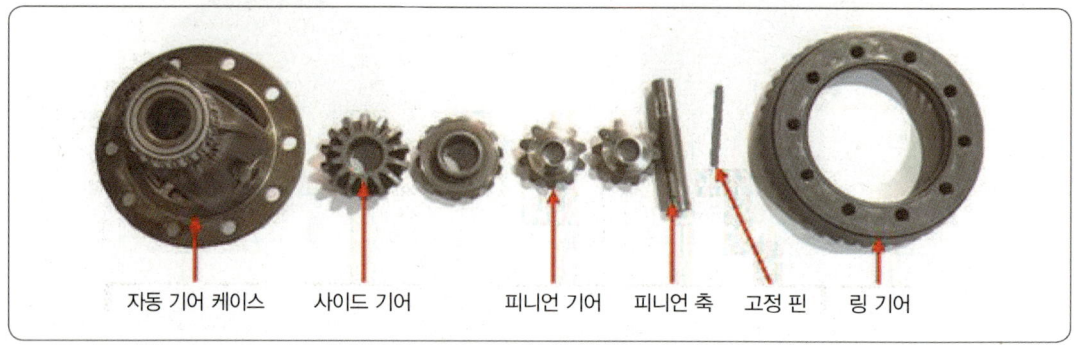

자동 기어 케이스   사이드 기어   피니언 기어   피니언 축   고정 핀   링 기어

2. FR식 차동 기어 조립

① 조립은 탈거의 역순으로 분리된 부품을 조립한다.

A/T 오일 펌프 탈거 후 조립

1. A/T 오일 펌프 탈거

① 컨버터 하우징 고정 볼트를 탈거한다.

② 컨버터 하우징을 탈거 홈에 (−) 드라이버를 대고 하우징을 들어 올린다.
③ 컨버터 하우징을 탈거한다.

④ 오일 펌프 고정 볼트를 탈거한다.
⑤ 오일 펌프 탈거 홈에 (−) 드라이버를 대고 오일 펌프를 들어 올린다.

⑥ 오일 펌프를 탈거한 후 시험 위원에게 확인받는다.

2. A/T 오일 펌프 조립
① 조립은 탈거의 역순으로 분리된 부품을 조립한다.

M/T 후진 아이들 기어 탈거 후 조립

→ 섀시 7안-1 내용 참조

A/T 밸브 보디 탈거 후 조립

1. A/T 밸브 보디 탈거

① 오일 팬을 탈거한다.
② 밸브 보디에서 하네스 커넥터를 탈거한다.

③ 밸브 보디 고정 볼트를 탈거한다. (상부에 색깔이 다른 볼트 4개는 탈거하지 않는다)
④ 밸브 보디 하부에 있는 고정 볼트 6개를 탈거한다. (탈거 시 볼트가 섞이지 않도록 주의)
⑤ 밸브 보디, 개스킷 및 스틸 볼을 탈거한 후 시험 위원에게 확인받는다.

2. A/T 밸브 보디 조립

① 조립은 탈거의 역순으로 분리된 부품을 조립한다.
② 조립 시 스틸 볼을 분실하지 않도록 주의한다.
③ 밸브 보디 고정 볼트를 조립 시 볼트 길이가 다르므로 주의한다.

캐스터 각과 캠버 각 점검

● **캠버 캐스터 게이지 측정 방법**

① 턴테이블의 0점이 맞았는지 핸들 조향을 통해 핸들 직진 상태에서 확인한다.
② 측정 전 타이어 공기압, 바퀴수평, 현가장치 이상 유무, 각 부 체결상태 이상 유무
③ 바퀴의 허브 이물질 제거 후 캠버 캐스터 게이지를 허브에 장착한다.
④ 캠버 측정 : 직진상태(0°) → 기준 수평포 0점(중앙) 확인 → 캠버 눈금을 판독한다.
⑤ 좌측에 있는 기포가 캠버각이며, 측정값은 + 2.4°이다.

  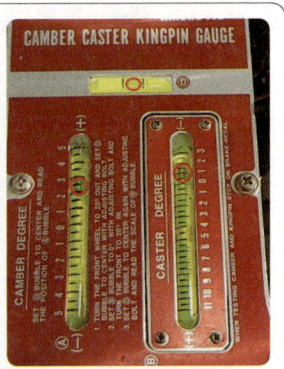

⑥ 캐스터 측정 : 바퀴 직진상태 → 밖으로 20° 회전(좌회전) → 기준 수평포 0점 확인, 캐스터 0점 조정 → 바퀴 직진으로 회전 → 직진상태에서 안쪽으로 20° 회전(우회전, 총 40°움직임) → 기준 수평포 0점 조정 → 눈금판독
⑦ 캐스터 측정값은 + 2°이다.

 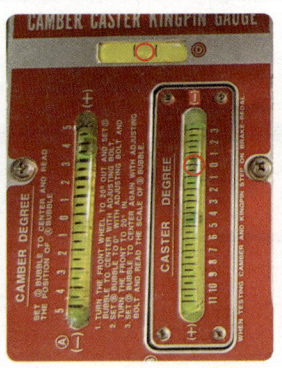 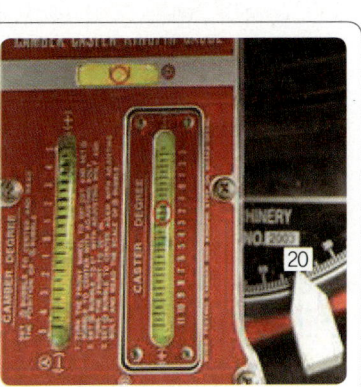

주의사항

① 캠버 캐스터 게이지는 한글 표기=영문 표기=일어 표기 모두 동일한 위치에 있다. 캐스터와 킹핀은 0점 조정이 가능하며 캠버는 불가능하다.
② 캠버 캐스터 게이지 눈금은 캠버, 캐스터는 정(+), 부(-)로 구별, 킹핀은 우측, 좌측으로 구별된다. 각도 1°=60'( 정 1° 30' 등으로 표기한다)

> **참고**
> ● 킹핀 측정 : 직진상태 → 밖으로 20° 회전 → 기준 수평포 0점 확인 → 좌·우 구별 킹핀 0점 확인 → 직진 → 눈금을 판독한다.

휠 얼라인먼트 측정 방법(헤스본 HA-700)

1. 캐스터, 캠버, 토우 측정 방법

① PC의 전원을 켜면 초기 화면이 뜬다. (F1: 작업을 시작함, F2: 작업을 종료하고 PC의 전원을 OFF한다)
② 작업화면(F1: 작업을 시작함, F2: 현재까지 작업된 데이터를 검색함, F3: 환경 설정 화면으로 이동함, F4: 초기 화면으로 이동함)

③ F1을 눌러서 차량 선택(제조회사와 모델을 선택한다. (영문차의 경우 단축 키로 이동이 가능하다. 예를 들어 BMW같은 경우 'B'를 입력하면 해당 회사로 이동한다. F2: 제원 확인, F3: 고객 자료 검색))
④ 고객에 대한 정보를 입력하고 다음(F6)을 눌러서 진행한다. (차량 선택: K5 HEV)

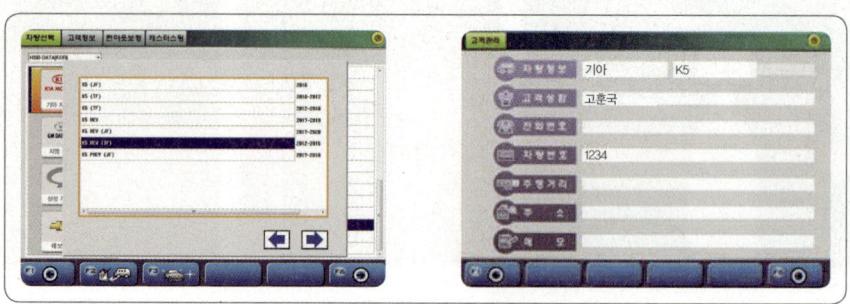

⑤ 보조 리프트를 상승시키고 휠에 센서 4개(전륜 2개, 후륜 2개)를 장착하고 안전고리를 연결한다.
⑥ 얼라인먼트 본체에 있는 2개 선을 전륜 좌측에 1개, 우측에 1개를 연결한 다음 전륜 좌측에서 후륜 좌측으로 연결하고, 전륜 우측에서 후륜 우측으로 센서 선을 연결한다.

⑦ 본체에서 전륜 좌우로 연결하고 센서 4개와 센서 선을 연결한 상태

⑧ 센서 선이 정상적으로 연결이 안 되면 에러 화면이 뜬다.
⑨ 앞뒤 센서가 일직 선상이 아니거나 빛이 가려진 상황일 경우에 에러 화면이 뜬다.

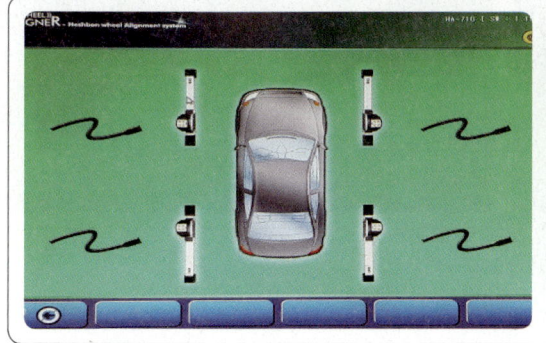
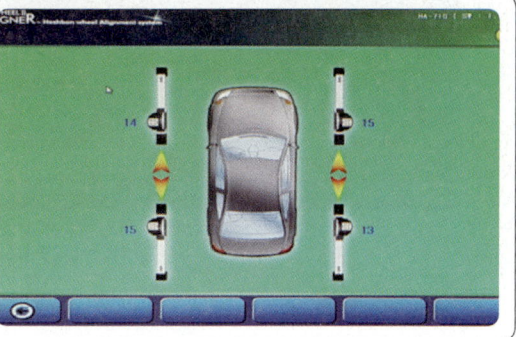

⑩ 런아웃 보정(센서 선 4개를 연결하면 적색 화살표 4개가 뜬다)
⑪ 휠을 잡고 180°(반바퀴) 돌린다.

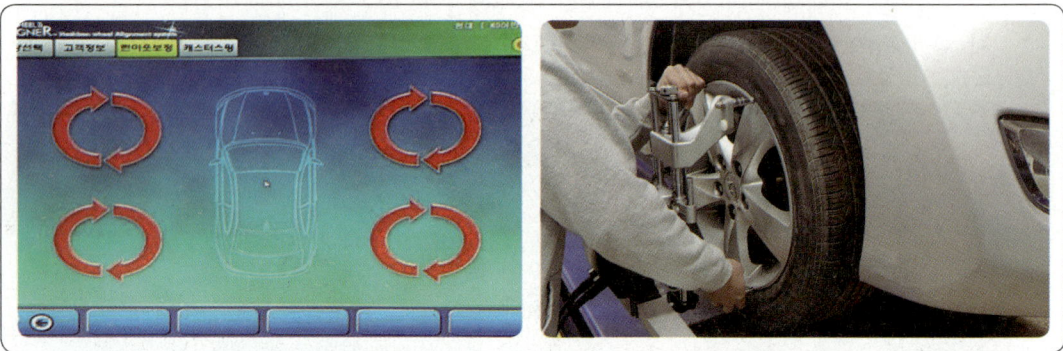

⑫ 센서를 좌우로 돌려서 수평이 맞으면(녹색 점등) 센서의 OK 버튼을 누른다.
⑬ 휠을 다시 180° 돌려서 수평이 맞으면 센서의 락을 바퀴 4개에 동일하게 건다. (전륜인 경우 앞바퀴를 제일 마지막에 락을 한다)

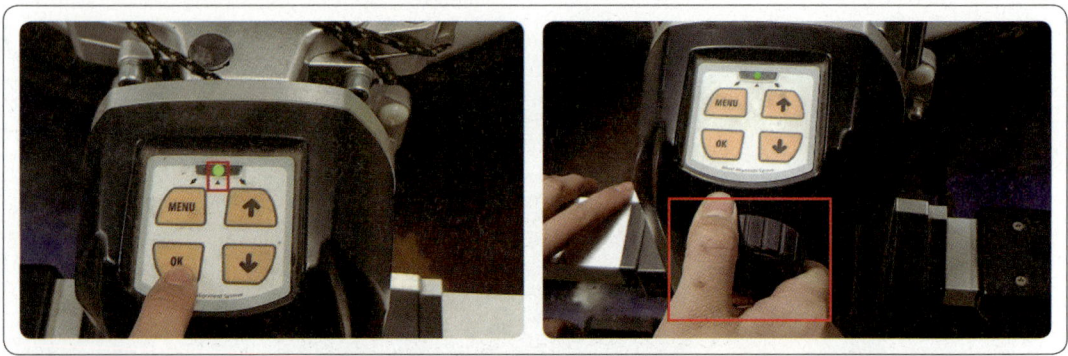

⑬ 런아웃이 완료되었을 때, 적색 화살표가 녹색으로 변환된다.
⑭ 360°(1회전) 런아웃이 완료되면 해당 휠이 전부 녹색으로 바뀐다.

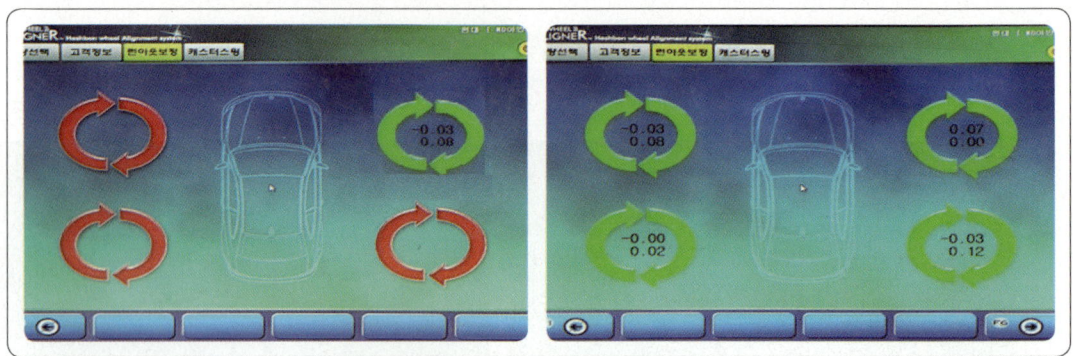

⑮ F6을 눌러 캐스터 스윙으로 넘어간다.
⑯ 시동을 켜고 브레이크 고정대를 장착한다.

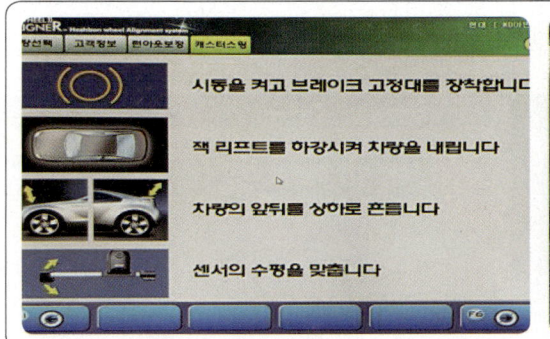 

⑰ 턴테이블을 좌우로 설치하고 고정 핀 2개를 탈거한다.
⑱ 리프트를 하강시켜 차량을 내린 후 센서 수평을 위해 차량의 앞뒤를 상하로 흔들어 준다.

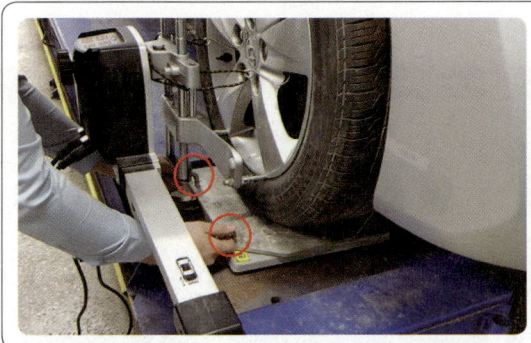 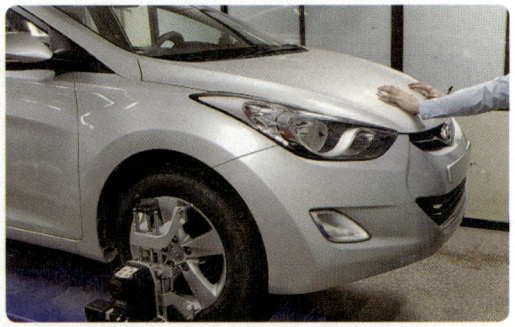

⑲ F6을 눌러 직진조향으로 넘어간다.
⑳ 바퀴를 잡고 좌측으로 돌려서 수평을 맞추고, 우측으로 돌려서 수평을 맞추면 자동으로 OK 화면이 뜨고 다음 작업(좌 스윙)으로 넘어간다.

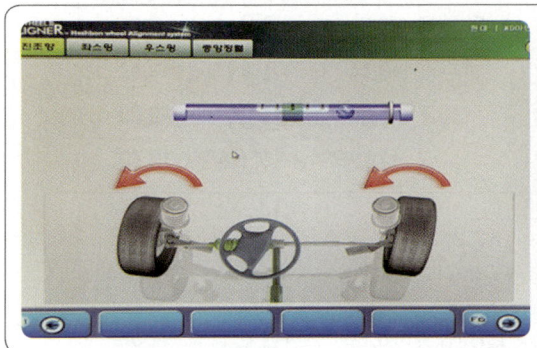 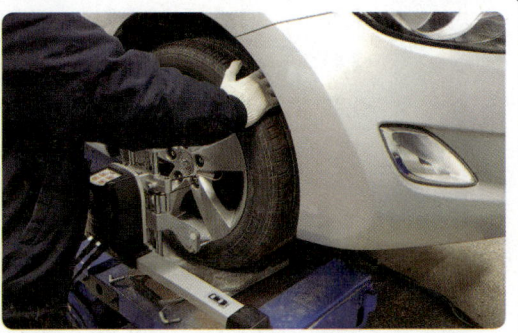

㉑ 바퀴를 잡고 좌측으로 돌려서 수평을 맞추고, 우측으로 돌려서 수평을 맞추면 자동으로 OK 화면이 뜨고 다음 작업(우 스윙)으로 넘어간다.

㉒ 바퀴를 잡고 좌측으로 돌려서 수평을 맞추고, 우측으로 돌려서 수평을 맞추면 자동으로 OK 화면이 뜨고 다음 작업(중앙정렬)으로 넘어간다.

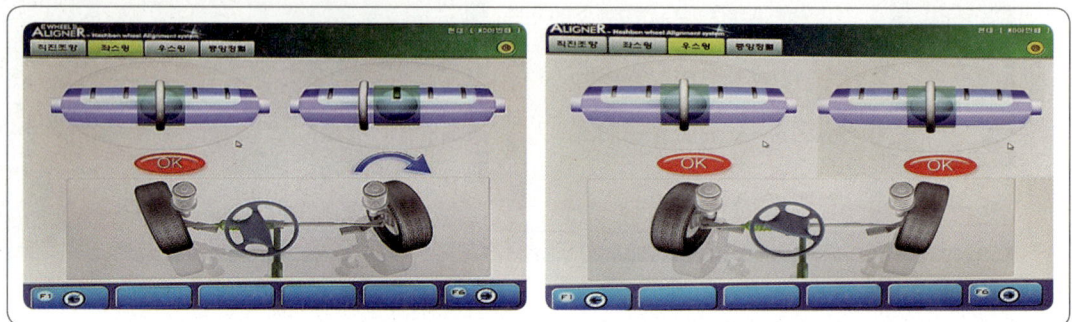

㉓ 바퀴를 잡고 수평을 맞추면 STOP이란 화면이 나온다. 잠시 기다리고 있으면 자동으로 OK 화면이 뜨고 측정값이 출력된다.

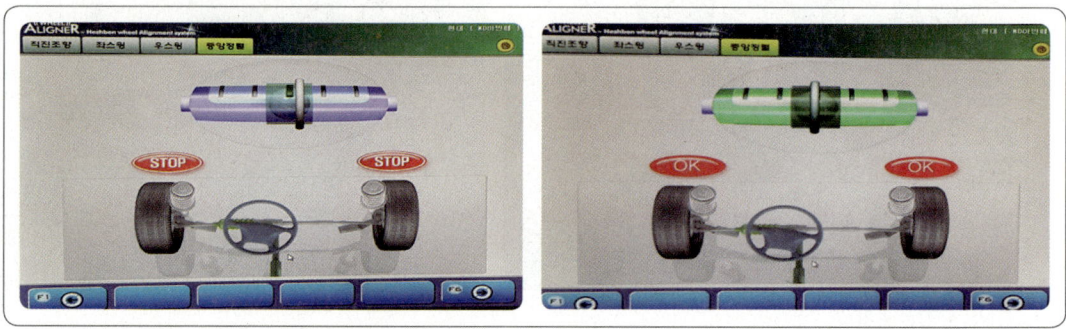

㉔ 측정결과(측정값)가 출력된다.

	좌측전륜					우측전륜		
				셋 백	−0.8mm			
토 우	−0.2mm	+1.4mm	+2.2mm	총토우	−1.5mm	−0.2mm	+0.2mm	+2.2mm
캐스터	+3.44°	+4.34°	+4.44°			+3.44°	+4.11°	+4.44°
캠 버	−1.00°	−0.13°	+0.00°			−1.00°	−0.91°	+0.00°
킹 핀	+12.20°	+12.79°	+13.20°			+12.20°	+12.64°	+13.20°
인클루드각		+12.66°					+11.72°	
	좌측후륜					우측후륜		
토 우	−0.1mm	+1.2mm	+2.3mm	총토우	+1.6mm	−0.1mm	+0.4mm	+2.3mm
캠 버	−1.50°	−0.75°	−0.50°	쓰러스트	+0.4mm	−1.50°	−1.11°	−0.50°
	규정값	측정값	규정값	셋 백	−0.6mm	규정값	측정값	규정값

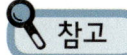
> ● 측정값이 녹색인 경우는 정상이며, 적색은 불량이다.

1. 토우 조정 방법

① 핸들의 중앙(직진상태)을 맞춘다.
② 핸들 고정대를 장착한다.

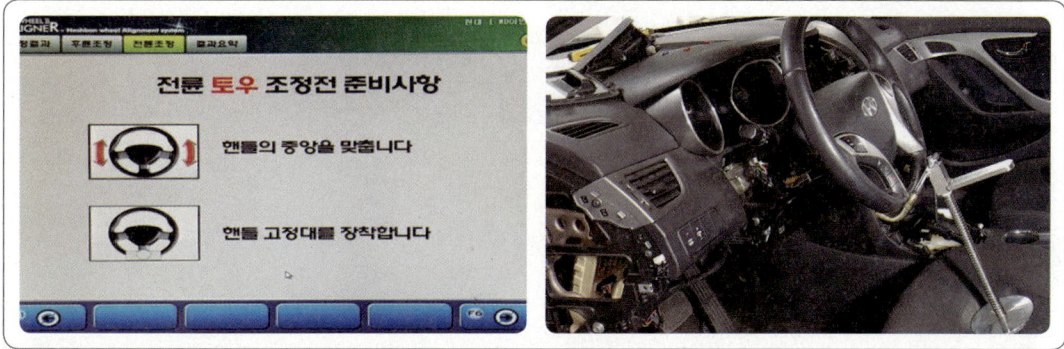

③ 타이로드 엔드 로크 너트를 이완시킨다.
④ 조정 순서는 뒷바퀴 → 앞바퀴 순으로 진행하며, 타이로드를 돌려서 토우를 조정한다.

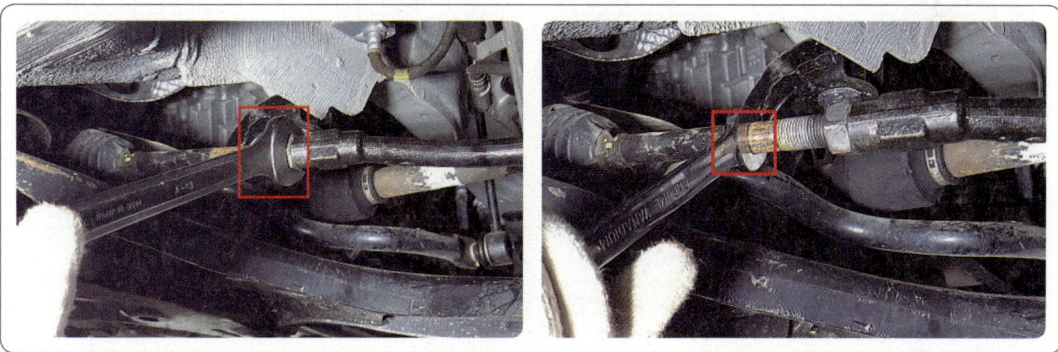

⑤ 조정 시에는 타이로드 엔드 부분의 로크 너트를 이완 후 모니터 화면을 보면서 규정값으로 조정한다.
⑥ 규정값으로 조정한 화면이다.

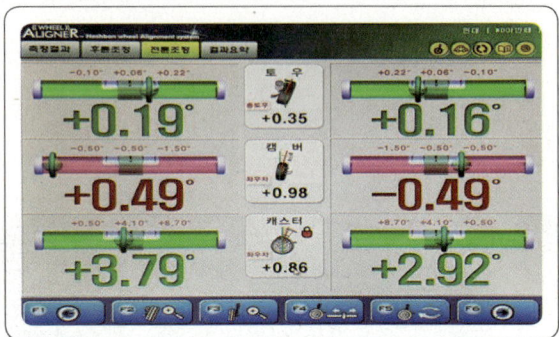

캐스터 및 캠버 규정값

차종	캐스터	캠버	차종	캐스터	캠버
싼타페(CM)	4.5°±0.5°	−0.5°±0.5°	EF 쏘나타	2.7°±1°	0°±0.5°
아반떼	2.35°±0.5°	0.25°±0.75°	NF 쏘나타	4.83°±1°	0°±0.5°
아반떼 XD	2.82°±0.5°	0°±0.5°	그랜저 TG	4.83°±0.75°	0°±0.5°
아반떼 HD	4.32°±0.5°	−0.6°±0.5°	그랜저 HG	4.38°±0.5°	−0.5°±0.5°
그랜저 XG	2.7°±1°	0°±0.5°	K5	3.44~4.44°	−1.00°~0.00°

			비 번호		감독확인	
항 목	① 측정(또는 점검)		② 판정 및 정비(또는 조치) 사항			득 점
	측정값	규정(정비한계)값	판정(□에 "✓"표)	정비 및 조치할 사항		
캐스터 각	4.34°	3.44 ~ 4.44°	☑ 양 호 □ 불 량	정비 및 조치사항 없음		
캠버 각	− 0.13°	−1.00 ~ 0.00°				

정비 및 조치사항

① 양호 시 : 정비 및 조치사항 없음이라고 기록한다.
② 불량 시 ; 스트럿 어셈블리 교환이나 로어 암 교환 후 재점검(재진단)이라고 기록한다. (현재 승용차종의 맥퍼슨 타입은 캠버와 캐스터 조정 불가)

캐스터 각과 캠버 각 점검

➡️ 섀시 1안 – 2 내용 참조

● 캐스터 및 캠버 규정값

차 종	캐스터	캠 버	차 종	캐스터	캠 버
싼타페(CM)	4.5°±0.5°	−0.5°±0.5°	EF 쏘나타	2.7°±1°	0°±0.5°
아반떼	2.35°±0.5°	0.25°±0.75°	NF 쏘나타	4.83°±1°	0°±0.5°
아반떼 XD	2.82°±0.5°	0°±0.5°	그랜저 TG	4.83°±0.75°	0°±0.5°
아반떼 HD	4.32°±0.5°	−0.6°±0.5°	그랜저 HG	4.38°±0.5°	−0.5°±0.5°
그랜저 XG	2.7°±1°	0°±0.5°	K5	3.44~4.44°	−1.00°~0.00°

			비 번호		감독확인	
항 목	① 측정(또는 점검)		② 판정 및 정비(또는 조치) 사항			득 점
	측정값	규정(정비한계)값	판정(□에 "✓"표)	정비 및 조치할 사항		
캐스터 각	3°	2.82°±0.5°	□ 양 호 ☑ 불 량	로어 암 교환 후 재점검(재진단)		
캠버 각	0.8°	0°±0.5°				

● 정비 및 조치사항

① 양호 시 : 정비 및 조치사항 없음이라고 기록한다.
② 불량 시 : 스트럿 어셈블리 교환이나 로어 암 교환 후 재점검(재진단)이라고 기록한다. (현재 승용차종의 맥퍼슨 타입은 캠버와 캐스터 조정 불가)

입력축 엔드 플레이 점검

측정 방법

① 전륜 수동변속기 입력축 엔드 플레이 측정은 입력축에 다이얼 게이지를 설치 후 "0"점을 조정한다.
② (−) 드라이버를 이용하여 5단 기어 하단에 삽입한다.

③ (−) 드라이버를 이용하여 5단 기어를 들어 올린 후 엔드 플레이 측정값을 읽고 답안지에 기록한다. (무리한 힘 금지)

엔드 플레이 규정값

차 종	리어 베어링 엔드 플레이	프런트 베어링 엔드 플레이	비 고
베르나, 아반떼 XD	0.01~0.09mm	0.01~0.12mm	
아반떼 HD, 포르테 프라이드	0.00~0.05mm(L)	0.00~0.05mm(L)	
EF 쏘나타	0.01~0.12mm	0.05mm	L : LOOSE FITTING T : TIGHT FITTING
쏘나타Ⅲ, NF 쏘나타	0.05~0.10mm(T)	0.05~0.10mm(T)	
엘란트라, 쏘나타Ⅱ	0.01~0.12mm	0.01~0.12mm	
그랜저 XG, 뉴카렌스	0.01~0.12L	0.01~0.12L	
투스카니	0.01~0.09L	0.01~0.12L	

항 목	① 측정(또는 점검)		② 판정 및 정비(또는 조치) 사항		득 점
	측정값	규정(정비한계)값	판정(□에 "✓"표)	정비 및 조치할 사항	
엔드 플레이	0.01mm	0.01~0.12mm	☑ 양 호 □ 불 량	정비 및 조치사항 없음	

비 번호   감독확인

정비 및 조치사항

① **양호 시** : 정비 및 조치사항 없음이라고 기록한다.
② **규정값(측정값이 0mm일 때) 이하 시** : 스페이서를 얇은 것으로 교환 후 재점검(재진단)이라고 기록한다.
③ **규정값(측정값이 0.13mm일 때) 이상 시** : 스페이서를 두꺼운 것으로 교환 후 재점검(재진단)이라고 기록한다.

캐스터 각과 캠버 각 점검

● 섀시 1안-2 내용 참조

● 캐스터 및 캠버 규정값

차 종	캐스터	캠 버	차 종	캐스터	캠 버
싼타페(CM)	4.5°±0.5°	−0.5°±0.5°	EF 쏘나타	2.7°±1°	0°±0.5°
아반떼	2.35°±0.5°	0.25°±0.75°	NF 쏘나타	4.83°±1°	0°±0.5°
아반떼 XD	2.82°±0.5°	0°±0.5°	그랜저 TG	4.83°±0.75°	0°±0.5°
아반떼 HD	4.32°±0.5°	−0.6°±0.5°	그랜저 HG	4.38°±0.5°	−0.5°±0.5°
그랜저 XG	2.7°±1°	0°±0.5°	K5	3.44°~4.44°	−1.00°~0.00°

			비 번호		감독확인	
항 목	① 측정(또는 점검)		② 판정 및 정비(또는 조치) 사항			득 점
	측정값	규정(정비한계)값	판정(□에 "✓"표)	정비 및 조치할 사항		
캐스터 각	3°	3.44 ~ 4.44°	✓ 양 호 □ 불 량	정비 및 조치사항 없음		
캠버 각	−0.4°	−1.00 ~ 0.00°				

● 정비 및 조치사항

① 양호 시 : 정비 및 조치사항 없음이라고 기록한다.
② 불량 시 : 스트럿 어셈블리 교환이나 로어 암 교환 후 재점검(재진단)이라고 기록한다. (현재 승용차종의 맥퍼슨 타입은 캠버와 캐스터 조정 불가)

휠 밸런스 점검

● 측정 방법

① 규정 공기압을 확인 후 타이어에 붙어 있는 납, 돌 등의 이물질을 제거한다.
② 초기 화면에서 휠 밸런스기 거리 센서와 폭 센서를 이용하여 거리와 폭을 동시에 측정한다.

▲ 초기 화면

▲ 거리센서를 이용하여 거리 측정

③ 왼손으로 거리 센서를 안쪽 림에 대고 오른손으로 폭 센서를 바깥쪽 림에 대면 부저음이 "삐삐" 소리가 나면서 자동으로 거리와 폭, 타이어 내경이 측정된다. 실제 타이어 수치와는 차이가 있으나 무시하고 자동으로 측정한다. (거리: 113mm, 폭: 3.7inch, 내경: 12inch)

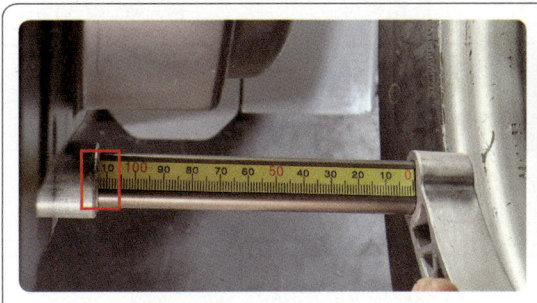
▲ 거리 센서를 이용하여 거리 측정 2

▲ 폭 센서를 이용하여 폭 측정

▲ 동시에 거리와 폭 센서를 이용하여 측정

▲ 거리와 폭, 내경 측정이 끝난 화면(우측 상단)

④ 측정된 화면을 확인 후 휠 가드(휠 덮개)를 내리면 자동으로 회전하고 잠시 후에 측정값이 나오고 회전이 정지된다. (측정값: IN 20g. OUT 10g)

▲ 휠 가드 덮개를 내리면 자동 회전하여 측정

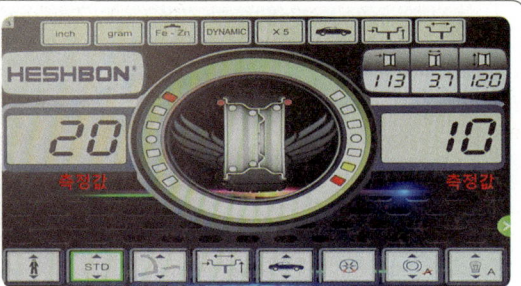
▲ 휠 밸런스 측정값

⑤ 휠 밸런스 측정이 끝나면 자동으로 정지하며, 모니터 화면에 좌측은 IN과 오른쪽은 OUT으로 측정값이 나오면 답안지에 측정값(IN: 20g, OUT: 10g)을 기록한다.

항 목	① 측정(또는 점검)		② 판정 및 정비(또는 조치) 사항		득 점
	측정값	규정(정비한계)값	판정(□에 "✓"표)	정비 및 조치할 사항	
휠 밸런스	IN : 20g OUT : 10g	IN : 0g OUT : 0g	□ 양 호 ☑ 불 량	IN에 20g, OUT에 10g의 웨이트(납)를 휠에 장착하여 조정 후 재점검	

비 번호 | | 감독확인

정비 및 조치사항

① 양쪽이 불량인 경우 : 웨이트(납)를 이용하여 밸런스기에 나온 숫자만큼 웨이트를 휠에 장착하여 조정한다. 측정값이 IN 20g, OUT 10g으로 나온 경우는 IN에 20g, OUT에 10g의 웨이트(납)를 휠에 장착하여 조정 후 재점검(재진단)이라 기록한다.
② 양쪽이 양호인 경우 : 측정값이 IN, OUT 모두 0g으로 나온 경우는 양호로 판정하고, 정비 및 조치사항에는 정비 및 조치사항 없음이라고 기록한다.

주차 브레이크 레버의 클릭 수(노치) 점검

● 측정 방법

① 주차 브레이크 레버 조작을 2~3회 작동시켜 본다.
② 주차 브레이크 레버를 20kgf의 힘으로 당겨 6~8클릭(노치) 수를 확인한다.

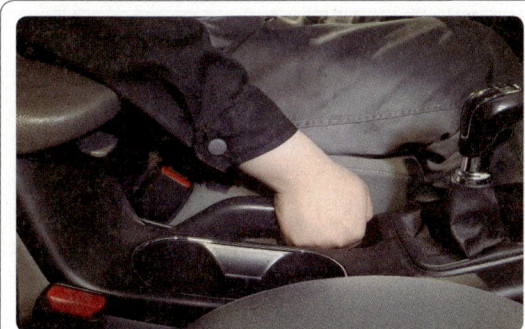
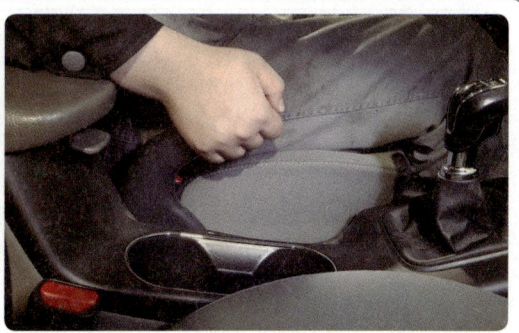

● 주차 브레이크 간극 조정 방법

① 플로우 콘솔박스 고정 볼트를 풀어낸 후 플로우 콘솔을 탈거한다.
② 공기빼기 후 브레이크 페달을 10kgf 이상의 힘으로 20회 작동하고, 케이블 안착을 위해 주차 브레이크 레버를 풀 스트로크까지 3회 이상 작동한다.
③ 주차 브레이크 케이블 장력 조정 너트를 이용하여 주차 브레이크 레버 행정을 20kgf의 힘으로 당겼을 때 6~8 노치가 되도록 조정한다.

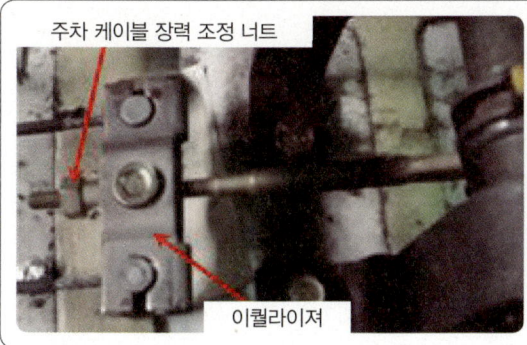
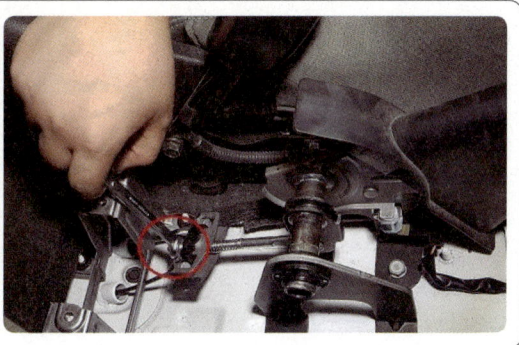

④ 리어 캘리퍼 측 작동 레버와 스터퍼 간극이 좌. 우측 합이 최대 3.0mm 이내가 되도록 조정한다.
⑤ 규정값은 해당 차량의 정비지침서를 참고한다.
⑥ 주차 브레이크 레버를 완전히 풀고, 뒷바퀴가 돌 때 주차 브레이크가 끌리지 않는지 점검한다. 필요시 재조정한다.
⑦ 주차 브레이크 레버가 완전히 당겨질 때 주차 브레이크가 완전히 잠겨야 한다.
⑧ 플로 콘솔을 장착한다.
⑨ 조정 후 주차 브레이크 레버를 풀고, 뒷 바퀴가 회전 시에 주차 브레이크(슈)가 끌리지 않는지 최종 점검한다.

항 목	① 측정(또는 점검)		② 판정 및 정비(또는 조치) 사항		득 점
	측정값 (클릭)	규정(정비한계)값 (클릭)	판정(□에 "✓"표)	정비 및 조치할 사항	
주차 레버 클릭 수(노치)	13클릭 /20kgf	6~8클릭/20kgf	□ 양 호 ☑ 불 량	라이닝 교환 후 재점검	

표 상단: 비 번호 / 감독확인

● 정비 및 조치사항

① 측정값이 규정값보다 높게 나오면 : 주차 브레이크 케이블 장력 조정 너트를 조여서 조정 후 재점검(재진단)이라고 기록한다.
② 측정값이 너무 낮게 나오면 : 주차 브레이크 케이블 장력 조정 너트를 풀어서 조정 후 재점검(재진단)이라고 기록한다.
③ 14클릭 이상일 때 : 라이닝 불량이므로 라이닝 교환 후 재점검(재진단)이라고 기록한다.
④ 규정값 범위에 있으면 : 정비 및 조치사항 없음으로 기록한다.

브레이크 디스크 두께 및 흔들림(런 아웃) 점검

● 측정 방법 : 마모량

① 디스크 두께 규정값은 시험 위원이 제시해 준다.
② 버니어 캘리퍼스나 외측 마이크로미터를 이용하여 디스크의 여러 곳을 점검하여 최대 마멸 값을 측정한다.
③ 마모량 측정값 산출 : 디스크 두께 규정값-디스크 최대 마멸량(두께가 가장 작은 값)

④ 버니어 캘리퍼스를 이용하여 디스크 두께를 측정한다. (시험장용 디스크는 마모가 안 되어 있기 때문에 버니어 캘리퍼스로 측정해도 됨)
⑤ 디스크 두께 측정값은 10.1mm이다.

 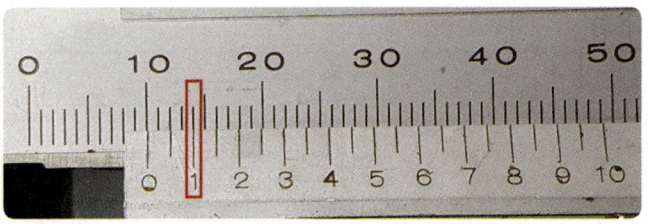

● 측정 방법 : 런 아웃

① 다이얼 게이지를 디스크의 최외각에 장착한다. 스탠드(지지대)는 쇽업소버 스트럿부에 장착한다.
② 측정 전에 다이얼 게이지 "0"점을 맞춘 다음 디스크를 1회전시켜 런 아웃 값을 측정한다.
③ 바늘이 "0"점을 기준으로 좌우로 최대 움직인 값이 디스크 런 아웃 측정값이다.

차종별 규정값

차 종	런 아웃 한곗값	디스크 마모량 규정값	디스크 마모량 한곗값	차 종	런 아웃 한곗값	디스크 마모량 규정값	디스크 마모량 한곗값
K3	0.04mm 이하	23mm	21.4mm	쏘나타 Ⅱ	0.1mm 이하	22mm	20mm
쏘렌토 R	0.03mm 이하	11mm	9.4mm	그랜저 XG	0.03mm 이하	26mm	24.4mm
K5	0.04mm 이하	26mm	24.4mm	베르나	0.03mm 이하	22mm	20mm
쏘나타 Ⅲ	0.1mm 이하	22mm	20mm	아반떼	0.04mm 이하	22mm	20mm
그랜저 TG	0.04mm 이하	28mm	26.4mm	아반떼 XD EF 쏘나타	0.08mm 이하	24mm	22.4mm
i30	0.05mm 이하	26mm	24mm	NF 쏘나타	0.04mm 이하	26mm	24.4mm

			비 번호		감독확인		
항 목	① 측정(또는 점검)		② 판정 및 정비(또는 조치) 사항			득 점	
	측정값	규정(정비한계)값	판정(□에 "✓"표)		정비 및 조치할 사항		
디스크 두께	10.1mm	11mm(9.4mm)	□ 양 호 ✓ 불 량		디스크 교환 후 재점검		
흔들림(런 아웃)	0.06mm	0.03mm 이하					

정비 및 조치사항

① 양호 시 : 정비 및 조치사항 없음이라고 기록한다.
② 둘 중 한 요소라도 불량 시 : 디스크 교환 후 재점검(재진단)이라고 기록한다.

자동변속기의 오일량 점검

측정 방법

① 차동차를 평탄한 곳에 정차시킨 후 주차 브레이크를 채운다.
② 변속기 오일이 정상 온도가 되도록 엔진을 공회전한 후 브레이크 페달을 밟는다.
③ 공회전 상태에서 변속레버를 "P(주차)"에서 "D(주행)"까지 위치별 2~3초간 유지 후 변속레버를 2~3회 왕복시키고 "N(중립)" 또는 "P" 위치에 놓는다.
④ 오일 레벨 게이지를 뽑아서 깨끗이 닦은 다음 다시 장착하여 빼낸 후 오일이 "HOT" 위치에 묻어 있으면 오일량은 정상이다. (오일이 "COLD" 위치에 있으면 부족)
⑤ 오일이 부족하면 규정 오일을 "HOT" 위치에 도달할 때까지 천천히 보충한다.

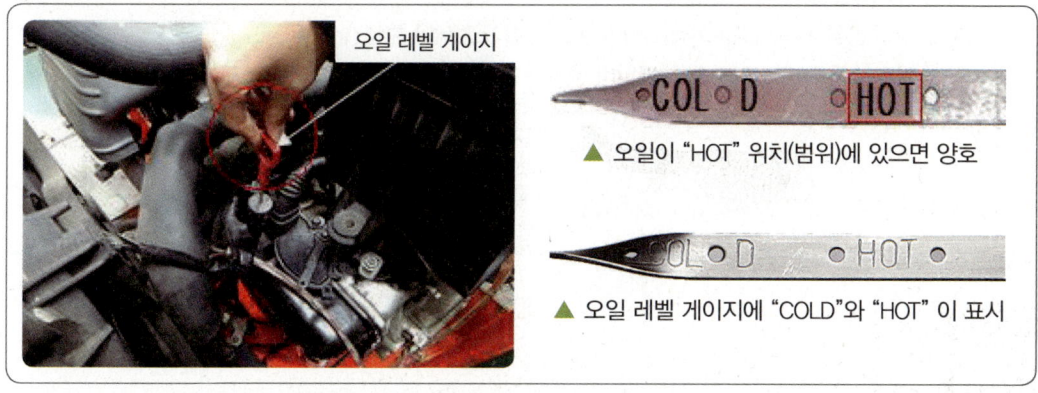

▲ 오일이 "HOT" 위치(범위)에 있으면 양호

▲ 오일 레벨 게이지에 "COLD"와 "HOT" 이 표시

⑥ 오일 레벨 게이지에 인쇄된 "HOT" 글씨와 "COLD" 글씨가 서로 반대쪽에 글씨가 인쇄되어 있는 경우도 있다. 오일량 확인 시 앞뒤로 확인을 해야 한다. (제조회사 별로 표기 방법이 다르기 때문에 해당 차량의 정비지침서를 참고한다)

		비 번호		감독확인	
항 목	① 측정(또는 점검)	② 판정 및 정비(또는 조치) 사항			득 점
		판정(□에 "✓"표)	정비 및 조치할 사항		
오일량	HOT 오일 레벨을 게이지에 그리시오.	✓ 양 호 □ 불 량	정비 및 조치사항 없음		

정비 및 조치사항

① 오일량이 HOT 위치(범위)에 있으면 : 판정은 양호로 체크하고 정비 및 조치사항 란에는 정비 및 조치사항 없음이라고 기록한다.
② 오일량 부족(오일량이 HOT 아래) : 판정은 불량으로 체크하고 정비 및 조치사항 란에는 자동변속기 오일 보충 후 재점검(재진단)이라고 기록한다.
③ 오일량 과다(오일량이 HOT 위치(범위) 밖 : 판정은 불량으로 체크하고 정비 및 조치사항 란에는 자동변속기 오일을 HOT 위치에 맞게 배출 후 재점검(재진단)이라고 기록한다.

> **참고**
>
> **자동변속기 오일상태 점검**
> ❶ 적색의 오일: 오일은 정상이다.
> ❷ 갈색의 오일: 오일이 과열되어 열화된 경우이다.
> ❸ 흑색의 오일: 클러치, 브레이크 디스크가 마멸된 경우이다.
> ❹ 우유색의 오일: 냉각수가 유입된 경우이다.
> ❺ 점도의 경우: 신품의 ATF와 비교하여 점도 변화가 없어야 한다.
> ❻ 이물질의 경우: 다량의 이물질 혼입이 없어야 한다. (기어 및 디스크 마멸)
>
>
> 휴지나 깨끗한 천에 찍어 봤을 때 오일의 색이 탁하면 오일을 교환해야 한다.

종감속 기어 백래시 점검

백래시 측정 방법

① 측정하고자 하는 부위에 이물질 등을 깨끗이 제거한 후에 다이얼 게이지 스핀들을 링 기어 바깥 끝단에 직각으로 설치한다.

② 구동 피니언 기어를 다이얼 게이지가 장착된 면의 반대 방향으로 밀어서 이동시킨 후 게이지 "0"점을 잡는다. (다이얼 게이지 반대쪽으로 이동시킨다)

③ 구동피니언 기어가 못 움직이게 고정시킨 후 링 기어를 다이얼 게이지 쪽으로 잡아 당겨서 백래시를 측정한다.

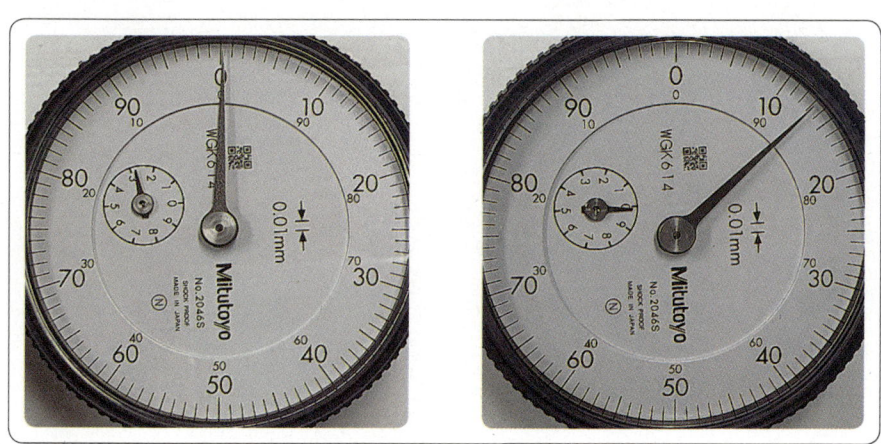

차종별 규정값

차 종	한곗값	차 종	한곗값
갤로퍼, 포터2	0.11~0.16mm	싼타페	0.08~0.13mm
스타렉스, 테라칸	0.11~0.16mm	마이티	0.20~0.28mm
투싼, 스포티지	0.10~0.15mm	그레이스	0.11~0.16mm
봉고3, 쏘렌토	0.09~0.11mm	쏘렌토R, 모하비	0.10~0.15mm

항 목	① 측정(또는 점검)		② 판정 및 정비(또는 조치) 사항		득 점
	측정값	규정(정비한계)값	판정(□에 "✓"표)	정비 및 조치할 사항	
백래시	0.13mm	0.11 ~ 0.16mm	☑ 양 호 □ 불 량	정비 및 조치사항 없음	

비 번호: 감독확인:

정비 및 조치사항

① 양호 시 : 정비 및 조치사항 없음이라고 기록한다.
② 측정값이 규정값 이하 시 : 조정 스크루를 풀어서 조정 후 재점검(재진단)이라고 기록한다.
③ 측정값이 규정값 이상 시 : 조정 스크루를 조여서 조정 후 재점검(재진단)이라고 기록한다.

브레이크 페달의 작동상태 점검

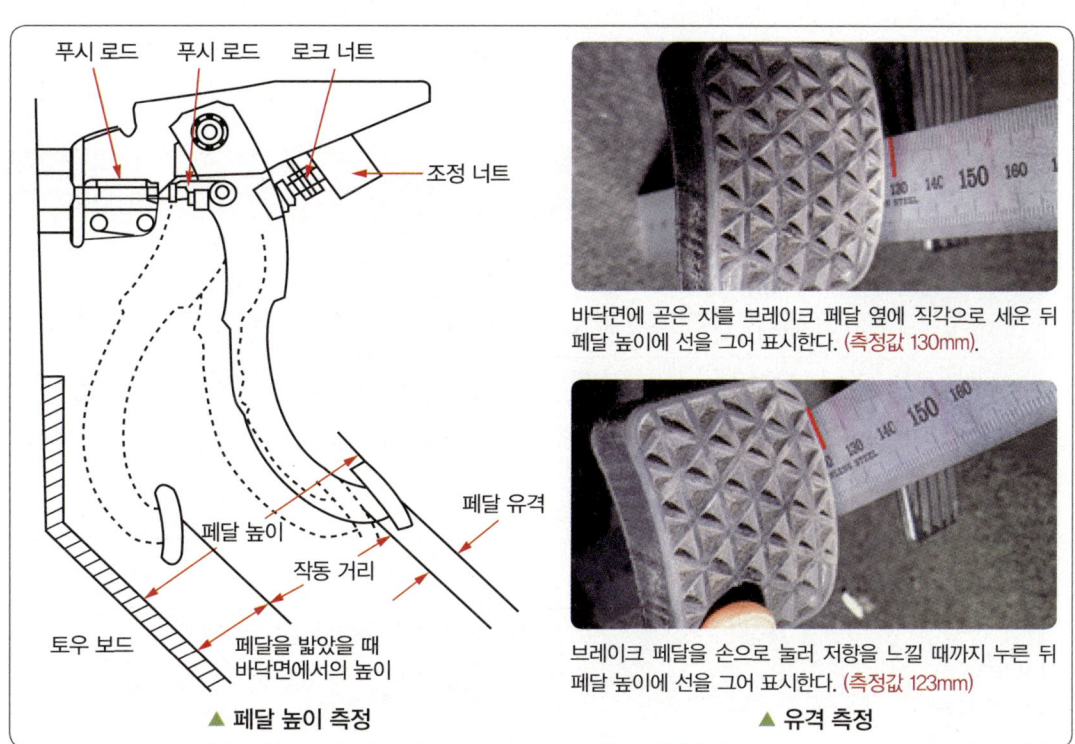

▲ 페달 높이 측정 　　　　　▲ 유격 측정

측정 방법

① 실내에 출고 시 장착된 사일런스 매트를 제외한 별도의 매트는 제거한다.
② 곧은 자(직각자)를 브레이크 페달 옆에 대고 페달 높이를 측정한다.
③ 이 상태에서 손가락으로 가볍게 페달에 힘을 주어 저항이 느껴질 때까지 움직인 거리가 페달 유격이다. (마스터 실린더의 1차 피스톤 컵이 1차 포트 구멍을 막을 때까지의 거리를 페달 유격 또는 자유 간극이라 한다)
④ 시동을 걸고 브레이크 페달을 65kgf 이상의 힘으로 누른다. 보통 시험장에서는 발 또는 손을 사용하여 힘껏 누른 상태에서 브레이크 페달과 바닥 사이의 간격을 측정(작동거리)한다.
⑤ 페달 높이에서 유격을 빼고, 페달이 움직인 거리를 빼면 브레이크 페달 작동거리가 나온다.
　작동거리=(페달 높이−브레이크 유격)−페달을 밟았을 때 바닥면에서의 높이

>  **참고**
> ● 브레이크 페달 유격 점검은 페달에 곧은 자(직각자)를 토우 보드(바닥)와 브레이크 페달의 패드 윗면에 직각이 되도록 설치한 후 브레이크 페달을 손으로 가볍게 눌러 저항을 느낄 때까지의 이동거리(자유간극)를 측정한다.

차량별 규정값

차 종	제한 높이	페달 유격 (자유간극)	차 종	제한 높이	페달 유격 (자유간극)
쏘나타 Ⅲ	177	4~10	아반떼 XD	170	3~8
EF 쏘나타	176	3~8	아반떼 HD	174.3	3~8
NF 쏘나타	184.5	3~8	그랜저 XG	176±0.3	3~8
아베오	130±3	3~10	트랙스	135±0.5	4~10

● 시험장에서 브레이크 페달 높이의 측정값이 규정값처럼 나올 수가 없기 때문에 시험 위원이 페달 높이 측정값 오차범위를 어느 정도 준다.

항 목	① 측정(또는 점검)		② 판정 및 정비(또는 조치) 사항		득 점
	측정값	규정(정비한계)값	판정(□에 "✓"표)	정비 및 조치할 사항	
브레이크 페달 높이	130mm	130±3mm	☑ 양 호 □ 불 량	정비 및 조치사항 없음	
브레이크 페달 유격	7mm	3~10mm			

비 번호: / 감독확인:

정비 및 조치사항

① 양호 시 : 정비 및 조치사항 없음이라고 기록한다.
② 불량 시 : 푸시로드의 길이로 유격 조정 후 재점검(재진단)이라고 기록한다.

토(toe) 점검

참고

❶ 시험장에서 제시되는 규정값 중에서 +3 ~ -3과 같이 주어지는 경우에는 토인을 (+), 토아웃을 (-)으로 답안지 측정값 란에 반드시 표기해야 한다.

❷ 휠 얼라인먼트기기로 측정한 토우
  ㉮ 전륜 토인 규정값 : 좌 -0.8mm ~ 우 +0.8mm
  ㉯ 전륜 측정값 : + 6.3mm(토인일 경우 (+)기호, 토아웃일 경우 (-) 기호)

	좌측전륜					우측전륜		
토우	-0.2mm	+1.4mm	+2.2mm	셋 백	-0.8mm	-0.2mm	+0.2mm	+2.2mm
캐스터	+3.44°	+4.34°	+4.44°	총토우	-1.5mm	+3.44°	+4.11°	+4.44°
캠버	-1.00°	-0.13°	+0.00°			-1.00°	-0.91°	+0.00°
킹 핀	+12.20°	+12.79°	+13.20°			+12.20°	+12.64°	+13.20°
인클루드각		+12.66°					+11.72°	
	좌측후륜					우측후륜		
토우	-0.1mm	+1.2mm	+2.3mm	총토우	+1.6mm	-0.1mm	+0.4mm	+2.3mm
캠버	-1.50°	-0.75°	-0.50°	쓰러스트	+0.4mm	-1.50°	-1.11°	-0.50°
	규정값	측정값	규정값	셋 백	-0.6mm	규정값	측정값	규정값

차량별 규정값

차 종	규정값	차 종	규정값	차 종	규정값
베르나	0±3mm	EF 쏘나타	0±2mm	그랜드 카니발	0±2mm
아반떼	0±3mm	그랜저 XG	0±2mm	옵티마	3.6±3.8mm
NF 쏘나타	0±2mm	그랜저 TG	0±2mm	쏘렌토	2.6±2.5mm
에쿠스	0±3mm	아반떼 XD	0±2mm	K5	-0.2~2.2mm

항목	① 측정(또는 점검)		② 판정 및 정비(또는 조치) 사항		득 점
	측정값	규정(정비한계)값	판정(□에 "✓"표)	정비 및 조치할 사항	
토(toe)	1.4mm	0±3mm	☑ 양 호 □ 불 량	정비 및 조치사항 없음	

비 번호 　　　 감독확인

● 정비 및 조치사항

① 양호 시 : 정비 및 조치사항 없음이라고 기록한다.
② 불량 시 : 양쪽 타이로드를 돌려서 조정 후 재점검(재진단)이라고 기록한다.

클러치 페달 유격 점검

측정 방법

▶ 섀시 10안 2 브레이크 페달 유격 측정과 같은 방법임

① 클러치 페달 유격 점검은 페달에 곧은 자(직각자)를 토우 보드(바닥)와 클러치 페달의 패드 윗면에 직각이 되도록 설치한 후 클러치 페달을 손으로 가볍게 눌러 저항을 느낄 때까지의 이동거리(자유간극)를 측정한다.

바닥면에 곧은 자를 브레이크 페달 옆에 직각으로 세운 뒤 페달 높이에 선을 그어 표시한다. (측정값 155mm)
▲ 클러치 페달 높이 표시(적색선)

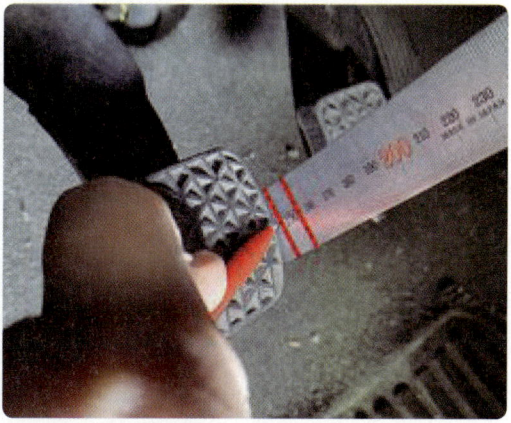

클러치 페달을 손으로 눌러 저항을 느낄 때까지 누른 뒤 페달 높이에 선을 그어 표시한다. (측정값 138mm)
▲ 클러치 페달 유격 측정(적색 윗선과 아랫선 사이)

차량별 규정값

차 종	제한 높이	페달 유격 (자유간극)	차 종	제한 높이	페달 유격 (자유간극)
베르나	182.87	6~13	아반떼	190.1	6~13
i30	176	6~13	아반떼 XD	166.9	6~13
EF 쏘나타	180.5	6~13	아반떼 HD	182.8	6~13
K5, YF 쏘나타	216	6~13	그랜저 XG	180.5	6~13
아베오	155	8~15	트랙스	151	8~15

			비 번호		감독확인	
항 목	① 측정(또는 점검)		② 판정 및 정비(또는 조치) 사항			득 점
	측정값	규정(정비한계)값	판정(□에 "✓"표)	정비 및 조치할 사항		
클러치 페달 유격	17mm	8~15mm	□ 양 호 ✓ 불 량	푸시로드의 길이로 유격 조정 후 재점검(재진단)		

정비 및 조치사항

① 양호 시 : 정비 및 조치사항 없음이라고 기록한다.
② 페달 유격 불량 시 : 푸시로드의 길이로 유격 조정 후 재점검(재진단)이라고 기록한다.

사이드슬립 점검

● 측정 전 준비 상태

① 차량 공차 상태 및 운전자 1인 탑승한다. (규정 공기압 상태를 확인한다)
② 답판 고정레버 및 타이어의 이물질 제거한다.
③ 측정 전 답판 작동에 따른 테스터기 이상 유무를 확인한다.
④ 답판 통과 시 핸들 조작 금지(직진유지), 브레이크 작동 금지. 차량진입속도는 3~5km/h
⑤ 답안작성 시 : 인 / 아웃 및 단위 mm/m 기재는 필수 사항이다. (단위 미기재시 0점 처리함. 규정값 : ±5mm/m이내)

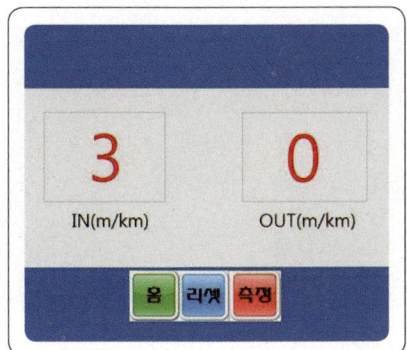

항목	① 측정(또는 점검)		② 판정 및 정비(또는 조치) 사항		득 점
	측정값	기준값	판정(□에 "✓"표)	정비 및 조치할 사항	
사이드 슬립	IN 3m/km	IN 5m/km ~ OUT 5m/km	☑ 양 호 □ 불 량	정비 및 조치사항 없음	

비 번호 / 감독확인

● 정비 및 조치사항

① 양호 시 : 정비 및 조치사항 없음이라고 기록한다.
② 불량 시 : 양쪽의 타이로드를 돌려서 조정 후 재점검(재진단)이라고 기록한다.

톤 휠 간극 점검

측정 방법

① 지정된 톤 휠 부위를 깨끗한 헝겊 등으로 닦아내고, 톤 휠을 회전시키면서 육안으로 이상 유무 점검을 실시한다. (톤 휠 및 폴피스 부위 파손, 이물질 오염 등을 점검한다)
② 측정하는 바퀴를 바깥으로 최대한 돌려서 톤 휠 부와 센서 감응부(폴피스)에 수직에 가깝게 움직여서 그 사이를 디그니스(필러) 게이지로 측정한다.
③ 톤 휠 간극 측정값은 좌측이 1.05mm이고, 우측이 0.75mm이다. 답안지에 기록할 때 좌우가 바뀌지 않도록 주의한다.

톤 휠 간극 규정값

차 종	프론트(mm)	리어(mm)	차 종	프론트(mm)	리어(mm)
아반떼, 아반떼 XD	0.2~1.3	0.2~1.3	베르나	0.2~2.0	0.2~2.0
아반떼 HD, i30	0.4~1.0	0.2~0.8	엑센트	0.4~1.0	0.4~1.0
쏘나타	0.2~1.3	0.2~1.2	그랜저	0.3~0.9	0.3~0.9
쏘나타 Ⅱ	0.2~1.3	0.2~0.7	그랜저 HG	0.4~1.5	0.4~1.5
EF 쏘나타	0.2~1.1	0.2~0.7	옵티마	0.2~1.1	0.2~1.1
NF 쏘나타, K3 그랜저 TG, K7	0.4~1.0	0.4~1.0	K5, i40	0.4~1.5	0.4~1.0
YF 쏘나타	0.4~1.2	0.4~1.0	싼타페 CM	0.4~1.0	0.15~1.5
투싼, 스포티지	0.5~1.5	0.5~1.5	쏘렌토 R	0.4~1.5	0.4~1.0

항목	① 측정(또는 점검)			② 판정 및 정비(또는 조치) 사항		득 점
	측정값		규정(정비한계)값	판정(□에 "✓"표)	정비 및 조치할 사항	
톤 휠 간 극	✓ 앞축 □ 뒤축	좌 : 1.05mm 우 : 0.75mm	0.2~1.3mm	✓ 양 호 □ 불 량	정비 및 조치사항 없음	

비 번호 / 감독확인

정비 및 조치사항

① 양호 시 : 비 및 조치사항 없음이라고 기록한다.
② 측정값이 불량 시(클 경우) : 휠 스피드 센서를 안쪽으로 조정 후 재점검(재진단)이라고 기록한다.
③ 측정값이 불량 시(작을 경우) : 휠 스피드 센서를 바깥쪽으로 조정 후 재점검(재진단)이라고 기록한다.

자동변속기 오일량 점검

● ▶ 섀시 8안 – 2 내용 참조

항 목	① 측정(또는 점검)	② 판정 및 정비(또는 조치) 사항		득 점
		판정(□에 "✓"표)	정비 및 조치할 사항	
오일량	▨▨▯│││HOT 오일 레벨을 게이지에 그리시오.	□ 양 호 ☑ 불 량	자동변속기 오일 보충 후 재점검(재진단)	

비 번호 / 감독확인

● 정비 및 조치사항

① 오일량이 HOT 위치(범위)에 있으면 : 판정은 양호로 체크하고 정비 및 조치사항 란에는 정비 및 조치사항 없음이라고 기록한다.
② 오일량 부족(오일량이 HOT 아래) : 판정은 불량으로 체크하고 정비 및 조치사항 란에는 자동변속기 오일 보충 후 재점검(재진단)이라고 기록한다.
③ 오일량 과다(오일량이 HOT 위치(범위) 밖 : 판정은 불량으로 체크하고 정비 및 조치사항 란에는 자동변속기 오일을 HOT 위치에 맞게 배출 후 재점검(재진단)이라고 기록한다.

ABS 브레이크 패드 탈거 후 조립

1. ABS 브레이크 패드 탈거
① 휠 너트를 완전히 풀고 타이어를 탈거한다.
② 캘리퍼 하단에 있는 고정 볼트를 탈거한다.

③ 캘리퍼 보디를 위로 들어 올려 움직이지 못하도록 와이어로 고정하거나 손으로 잡는다.
④ 브레이크 패드를 탈거한다.

⑤ 탈거된 브레이크 패드를 시험 위원에게 확인받는다.

2. ABS 브레이크 패드 조립
① 조립은 탈거의 역순으로 분리된 부품을 조립한다.
② 신품으로 조립 시 캘리퍼의 피스톤을 특수 공구를 사용하여 안으로 밀어 넣어야만 브레이크 패드가 조립이 된다.

브레이크 라이닝 탈거 후 조립

1. 브레이크 라이닝 탈거(드럼식)
① 드럼과 허브 베어링을 탈거한다.
② 자동 조정 스프링을 탈거한다.

③ 자동 조정 레버를 탈거한다.
④ 실린더 엔드 슈 스프링을 탈거한다. (스프링 장력이 크기 때문에 오른손으로 플라이어를 잡고, 왼손으로 라이닝을 잡고 왼손 엄지 손가락은 플라이어를 밀어 주어 탈거한다)

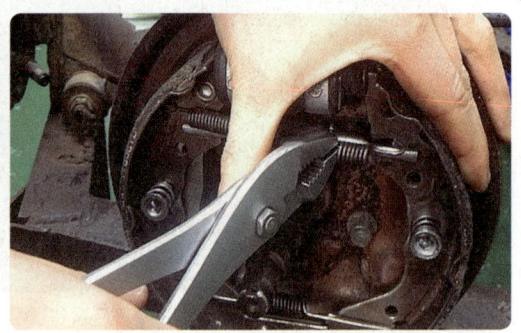

⑤ 조정 스트러트 길이를 최대한 줄여서 탈거한다.
⑥ 리턴 스프링을 탈거한다.

⑤ 조정 스트러트 길이를 최대한 줄여서 탈거한다.
⑥ 리턴 스프링을 탈거한다.

⑦ 컵 와셔 및 슈 홀드 다운 스프링을 탈거한다.
⑧ 전진 라이닝 어셈블리를 탈거한다.

⑨ 컵 와셔 및 슈 홀드 다운 스프링을 탈거한다.
⑩ 후진 라이닝 어셈블리를 탈거 후 시험 위원의 확인을 받는다. (섀시 12안은 여기까지 작업한다)

⑪ 휠 실린더를 고정 볼트를 탈거한다. (섀시 9안, 14안 휠 실린더 교환 작업이다)
⑫ 휠 실린더를 탈거한다.

2. 브레이크 라이닝 조립(드럼식)

① 조립은 탈거의 역순으로 분리된 부품을 조립한다.
② 조립이 완료되면 자동 조정 레버를 들어 올린 후 조정 스트러트를 (−)드라이버로 간극을 조정한다.

> **주의**
> ❶ 탈거 전에 간극 조정 스트러트를 최소한으로 줄인 후 리턴 스프링을 분리하면 손쉽게 작업이 가능하다.
> ❷ 핸드 브레이크 레버 조작을 통해 총 행정의 60~70% 내 주차 브레이킹 조작이 되게 조정 스트러트를 (−) 드라이버로 조정한다.
> ❸ 허브 베어링을 탈거하는 방식은 조립 시 허브 베어링의 이상 유무(그리스 주입) 및 허브 너트의 규정 토크를 준수하여 체결한다.
> ❹ 분해 및 조립이 완료되면 시험 위원에게 확인받는다.

클러치 릴리스 실린더 탈거 후 조립, 공기빼기 작업

1. 클러치 릴리스 실린더 탈거

① 스냅링을 탈거한다.
② 클레비스 핀을 탈거한다.

③ 유니온 볼트와 클러치 호스를 탈거한다.

④ 클러치 릴리스 실린더 장착 볼트를 탈거한다.
⑤ 클러치 릴리스 실린더를 탈거한 후 시험 위원에게 확인받는다.

2. 클러치 릴리스 실린더 조립
① 조립은 탈거의 역순으로 분리된 부품을 조립한다.

3. 공기빼기 작업
① 2인이 1조로 공기빼기 작업을 실시한다.
② 클러치 마스터 실린더에 오일을 보충한다.
③ 클러치 릴리스 실린더가 변속기 아래에 장착되어 있는 경우에는 리프트를 이용하여 자동차를 들어 올린다.
④ 클러치 릴리스 실린더에서 블리더 캡을 탈거한다.
⑤ 블리더 스크루에 투명 호스를 연결하고 반대쪽은 용기에 넣는다.
⑥ 보조자가 클러치 페달을 여러 차례 천천히 작동시켜 압력이 가해지면 클러치 페달을 밟은 상태를 유지시킨다.
⑦ 보조자가 클러치 페달을 밟고 있는 상태에서 블리더 스크루를 잠시 풀어 공기를 제거한 뒤 재빨리 다시 조인다.
⑧ 마스터 실린더에 오일을 보충하고 ⑥~⑧ 항을 반복하여 클러치 오일에서 공기의 거품이 없어질 때까지 반복하여 실시한다.

브레이크 캘리퍼 탈거 후 조립, 공기 빼기 작업

1. 브레이크 캘리퍼 탈거

① 휠 너트를 완전히 풀고 타이어를 탈거한다.
② 브레이크 호스 중간 부분에 바이스 플라이어로 브레이크액이 새지 않도록 물려준다.

③ 캘리퍼 어셈블리에서 브레이크 호스 연결 볼트 풀고 호스를 탈거한다. 바닥에는 브레이크 액이 떨어질 수 있으므로 사전에 천이나 오일 통을 준비한다.
④ 캘리퍼 고정 볼트(상, 하) 2개를 탈거한다.

⑤ 캘리퍼를 탈거한 후 시험 위원에게 확인받는다.
⑥ 브레이크 패드를 탈거한다. (이 작업은 생략해도 된다)

2. 브레이크 캘리퍼 조립
① 조립은 탈거의 역순으로 분리된 부품을 조립한다.

3. 공기빼기 작업
① 브레이크액이 흐르는 것을 방지하기 위해 마스터 실린더 밑에 천이나 깔개를 깔고 작업한다.
② 마스터 실린더 리저버 탱크 'MAX' 라인까지 브레이크액을 채운다.
③ 보조자는 브레이크 부스터 내의 잔압을 제거하기 위해, 시동을 끄고 브레이크 페달을 수 차례 반복하여 펌핑한 다음 페달을 밟은 상태를 유지한다.
④ 보조자가 브레이크 페달을 밟고 있는 상태에서 블리더 스크루에 투명 호스를 연결한 다음 블리드 스크루를 잠시 풀어 공기를 제거한 뒤 재빨리 다시 조인다.
⑤ 기포가 완전히 제거될 때까지 위 절차를 반복한다.
⑥ 공기빼기 작업은 동반석 리어 우측에서 제일 먼저 시작한다.
⑦ 다음으로 운전석 프런트 좌측에서 공기빼기 작업을 실시한다.

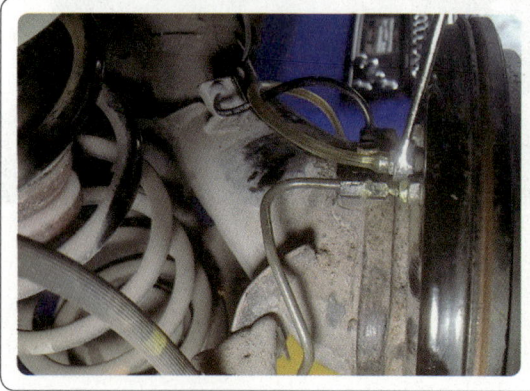

⑧ 다음으로 운전석 리어 좌측에서 공기빼기 작업을 실시한다.
⑨ 마지막으로 동반석 프런트 우측 순서로 공기빼기 작업을 실시한다.

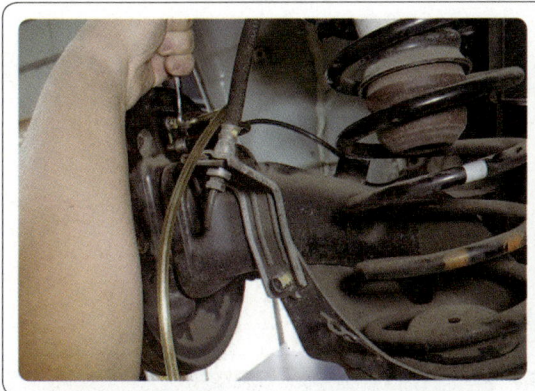 

⑩ 공기빼기 작업이 완료되면 리저버 표면에 표시된 'MAX' 라인까지 브레이크액을 채운다.

 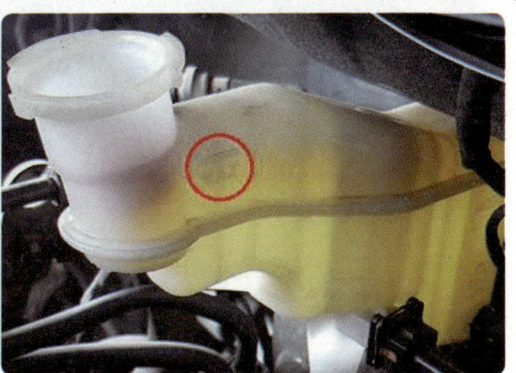

타이로드 엔드 탈거 후 조립

1. 타이로드 엔드 탈거

① 휠 너트를 완전히 풀고 타이어를 탈거한다.
② 타이로드 엔드 로크 너트를 이완시킨다.
③ 타이로드 엔드 볼 조인트에 있는 분할 핀을 탈거한 다음 너트를 탈거한다.

④ 특수 공구를 사용하여 너클에서 타이로드 엔드 볼 조인트를 탈거한다.
⑤ 타이로드 엔드를 탈거한 후 시험 위원에게 확인받는다.

2. 타이로드 엔드 조립

① 조립은 탈거의 역순으로 분리된 부품을 조립한다.

파워 스티어링 오일 펌프 탈거 후 조립, 공기빼기 작업

1. 파워 스티어링 오일 펌프 탈거

① 파워 스티어링 "V" 벨트 텐션 조정 볼트를 이완시킨다.
② 파워 스티어링 오일 펌프 후면 하단에 있는 고정 볼트를 이완시킨다.

③ 파워 스티어링 오일 펌프 풀리로 부터 "V" 벨트를 탈거한다.
④ 파워 스티어링 오일 펌프 고정 볼트를 탈거한다.

⑤ 파워 스티어링 오일 펌프 후면 하단에 있는 고정 볼트를 탈거한다.
⑥ 파워 스티어링 오일 펌프를 탈거한 후 시험 위원에게 확인받는다.

2. 파워 스티어링 오일 펌프 조립

① 조립은 탈거의 역순으로 분리된 부품을 조립한다.
② 파워 스티어링 오일 펌프 고정 볼트를 가체결한 후 벨트를 장착한다.
③ 대 드라이버를 이용하여 파워 스티어링 오일 펌프의 장력을 맞추고 고정 볼트를 조인다.

3. 공기빼기 작업

① 시동이 걸리지 않게 점화 케이블을 분리한다.
② 크랭킹하지 않은 상태에서 핸들을 좌, 우측으로 완전히 5~6회 정도 회전시켜 파이프 내 오일을 채운다. (이때 공기가 약간 빠진다)
③ 기동 전동기를 주기적으로 15초~20초 정도 작동시키면서 핸들을 좌, 우측으로 완전히 5~6회 정도 회전시킨다.
  ㉮ 공기빼기 작업 중 오일 탱크에 오일이 부족하지 않게 오일을 공급한다.
  ㉯ 차량이 공회전 상태에서 공기빼기 작업을 하면 공기가 오일 내에서 분해되므로 크랭킹하면서 작업을 행해야 한다.
④ 점화 케이블을 연결하여 엔진을 시동하여 공회전시킨다.
⑤ 오일 리저버에 공기 방울이 없어질 때까지 핸들을 좌, 우측으로 돌린다.
⑥ 오일이 탁하지 않은가와 오일 수준이 규정치 내에 있는지 확인한다.

타이로드 엔드 탈거 후 조립

● 섀시 5안 - 3 내용 참조

브레이크 캘리퍼 탈거 후 조립, 공기빼기 작업

● 섀시 4안-3 내용 참조

휠 실린더 탈거 후 조립, 공기빼기 작업

▶ 섀시 2안-3, 섀시 4안-3 내용 참조

파워 스티어링 오일 펌프 탈거 후 조립, 공기빼기 작업

> 섀시 6안 – 3 내용 참조

브레이크 마스터 실린더 탈거 후 조립, 공기빼기 작업

1. 브레이크 마스터 실린더 탈거

① 배터리를 탈거한다.
② ECM 커넥터 레버 2개를 양 옆에서 가운데로 모은 다음 위로 들어 올려 커넥터를 탈거한다.

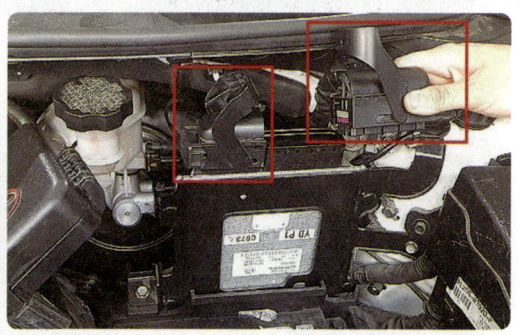

③ ECM 고정 볼트 3개를 탈거한 후 ECM을 탈거한다.
④ 브레이크액 레벨 센서 커넥터를 탈거한다.

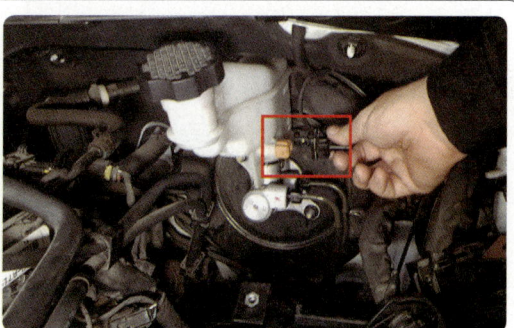

⑤ 플레어 너트를 풀고 마스터 실린더에서 튜브를 탈거한다.
⑥ 마스터 실린더 고정 너트를 탈거한다.

⑦ 마스터 실린더를 탈거한 후 시험 위원에게 확인받는다.

2. 브레이크 마스터 실린더 조립
① 조립은 탈거의 역순으로 분리된 부품을 조립한다.

브레이크 라이닝 탈거 후 조립

➡ 섀시 2안-3 내용 참조

13안 3. ABS 브레이크 패드 탈거 후 조립

→ 섀시 1안-3 내용 참조

휠 실린더 탈거 후 조립, 공기빼기 작업

 섀시 2안-3, 섀시 4안-3 내용 참조

클러치 릴리스 실린더 탈거 후 조립, 공기빼기 작업

> 섀시 3안-3 내용 참조

4 인히비터 스위치와 변속 선택 레버 위치 점검

● 측정 방법

① 선택 레버를 위로 밀어 "P" 위치로 놓았을 때 기동 전동기가 작동하면 "P" 위치는 정확한 것이고, 같은 방법으로 선택 레버를 "N" 위치로 놓았을 때 기동 전동기가 작동하면 "N" 위치이다.
② 기동 전동기가 "P" 및 "N" 위치에서만 작동하고 나머지 위치에서 작동하지 않으면 메뉴얼 컨트롤 케이블은 정확히 조정된 것이다.
③ 선택 레버를 "P" 위치부터 차례로 각 레인지 별로 움직여 보며, 인히비터 스위치 이상 유무를 멀티 테스터기를 이용하여 통전 시험을 하여 점검할 수 있다.

▲ 선택 레버를 "N" 위치로 변속

▲ 매뉴얼 컨트롤 레버 구멍과 인히비터 스위치 구멍 일치

▲ 인히비터 스위치 고정 볼트와 컨트롤 케이블 조정 너트

변속선택 레버와 인히비터 스위치 점검 및 조정 방법

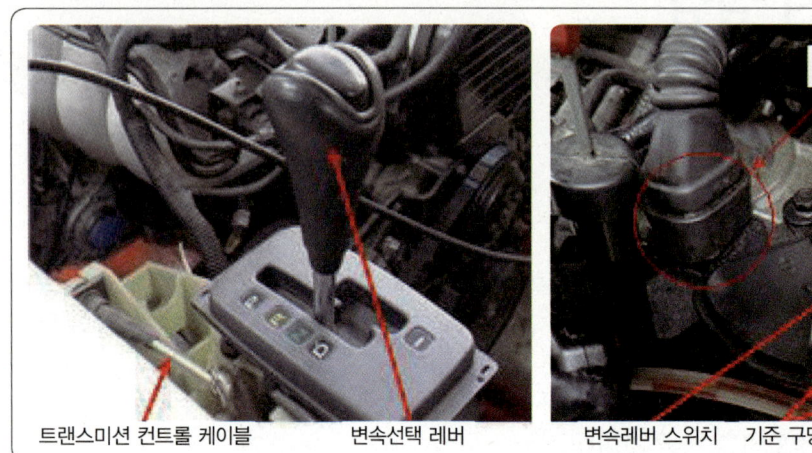

트랜스미션 컨트롤 케이블   변속선택 레버   변속레버 스위치   기준 구멍   컨트롤 케이블 조정 너트

① 선택 레버를 "N" 위치에 놓고 변속기에 있는 매뉴얼 컨트롤 레버 구멍과 인히비터 스위치에 있는 기준 구멍이 일치하는지를 확인한다.
② 기준 구멍이 서로 일치하지 않으면 트랜스미션 컨트롤 케이블과 매뉴얼 컨트롤 레버 결합부의 조정 너트를 풀고 케이블과 레버를 분리한다.
③ 매뉴얼 컨트롤 레버를 "N" 위치로 둔다.
④ 인히비터 스위치 고정 볼트를 풀고 매뉴얼 컨트롤 레버 선단의 구멍과 인히비터 스위치의 플랜지부 구멍이 일치되도록 인히비터 스위치를 좌우로 돌려서 조정한다.
⑤ 인히비터 스위치 고정 볼트 및 컨트롤 케이블 조정 너트를 규정 토크로 조인다.

항 목	① 측정(또는 점검)		② 판정 및 정비(또는 조치) 사항		득 점
	점검 위치	내용 및 상태	판정(□에 "✓"표)	정비 및 조치할 사항	
변속 선택레버	N 위치	인히비터 스위치와 변속선택레버 위치가 서로 일치하지 않음(불일치)	□ 양 호 ☑ 불 량	인히비터 N 위치에 놓고 변속선택레버를 N 위치에 놓고 변속 케이블로 조정	
인히비터 스위치	R 위치				

비 번호 / 감독확인

정비 및 조치사항

① **양호 시** : 정비 및 조치사항 없음
② **불량 시** : 인히비터 N 위치에 놓고 변속선택 레버를 N 위치에 놓고 변속 케이블로 조정한다.

진단기(스캐너)로 자동변속기 점검

측정 방법

① 자기진단 항목으로 접속되지 않는 경우
　㉮ 점화 스위치가 "ON" 상태인지 확인하고 실내 및 엔진룸부에 자동변속기 계통의 퓨즈가 제대로 장착되어 있는지 확인한다.
　㉯ 만일 퓨즈가 없거나 단선되어 있는 경우는 그 자체가 불량 요소이다.
② 자기진단 항목으로 접속하여 고장항목이 나온 경우 고장항목을 답안지에 있는 이상부위 란에 기록한 후 해당 고장항목을 찾아 내용 및 상태를 점검하여 기록한다. (커넥터 탈거나 센서가 단선되었는지를 확인한다)

자기진단 순서

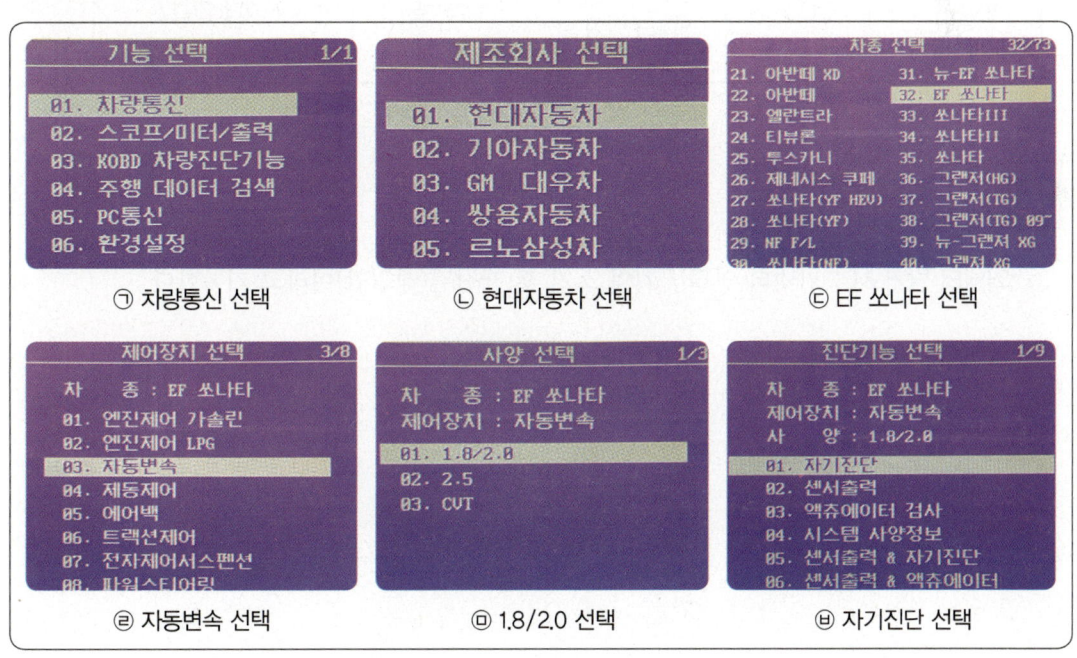

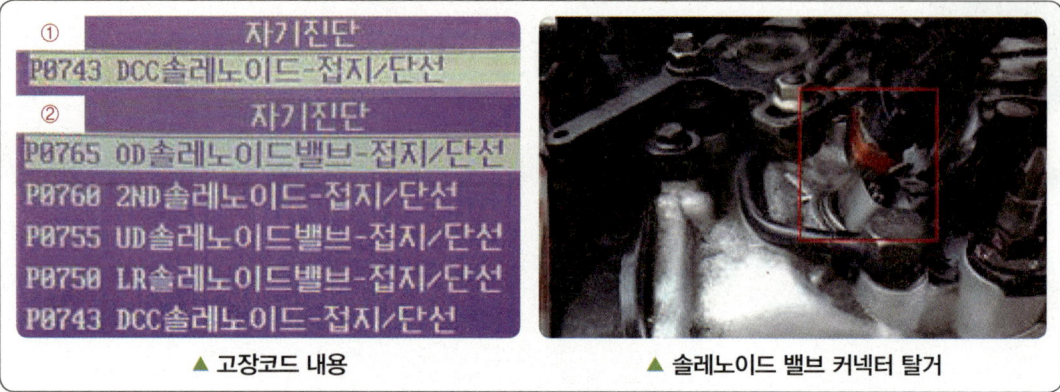

▲ 고장코드 내용　　　　　▲ 솔레노이드 밸브 커넥터 탈거

① 자기진단기 화면에 "DCC솔레노이드 - 접지/단선"이라고 고장 항목이 뜨면 답안지 이상 부위에는 "DCC 솔레노이드"만 쓴다. 내용 및 상태에도 "접지/단선"이라고 쓰지 말고 "커넥터 탈거"라고 쓴다.
② 솔레노이드 밸브 커넥터 탈거 시 고장 항목이 5개가 뜨는 경우가 있다(시험 위원에게 질문하여 1개만 답안지에 기록하도록 한다).

			비 번호		감독확인	
항 목	① 측정(또는 점검)		② 판정 및 정비(또는 조치) 사항			득 점
	이상 부위	내용 및 상태	판정(□에 "✓"표)	정비 및 조치할 사항		
변속기 자기진단	DCC 솔레노이드	커넥터 탈거	□ 양 호 ☑ 불 량	커넥터 연결 / 기억 소거 후 재점검		

정비 및 조치사항

① 커넥터 탈거 시 : 커넥터 연결 / 기억 소거 후 재점검(재진단)이라고 기록한다.

진단기(스캐너)로 전자제어 현가장치(ECS) 점검

● 섀시 10안 - 4 내용 참조

● 측정 방법

① 자기진단기로 점검하여 고장항목이 나온 경우는 고장항목을 기록 후 해당 센서의 상태(커넥터 탈거나 단선)를 확인하여 이상 부위 및 내용 및 상태를 기록한 후 판정과 정비 및 조치사항을 작성한다.

● 자기진단 순서

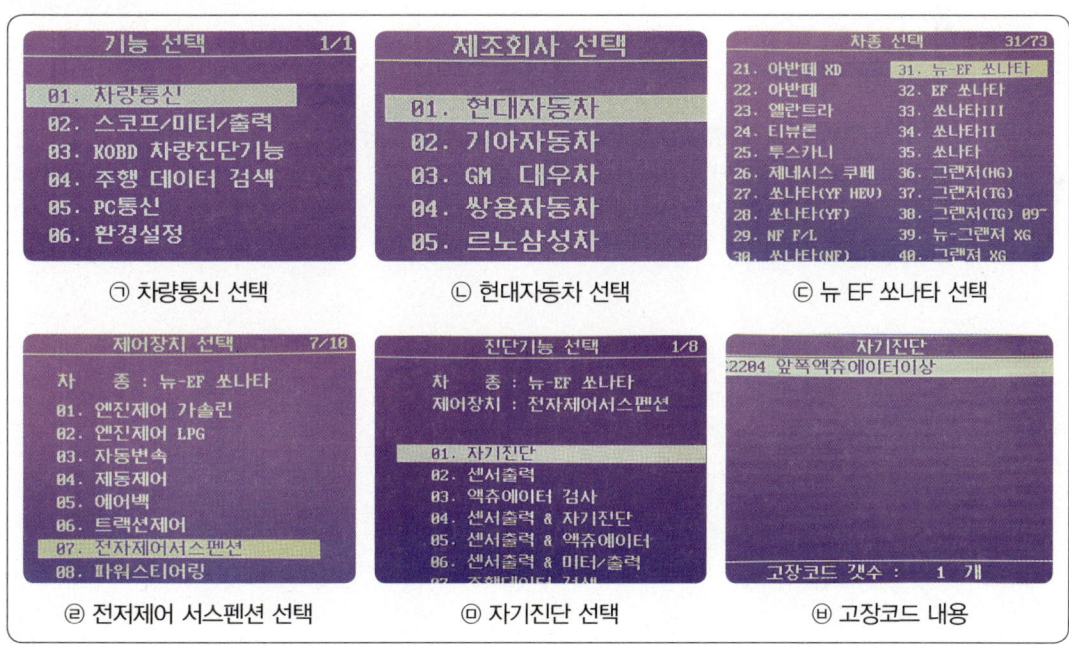

㉠ 차량통신 선택 ㉡ 현대자동차 선택 ㉢ 뉴 EF 쏘나타 선택
㉣ 전저제어 서스펜션 선택 ㉤ 자기진단 선택 ㉥ 고장코드 내용

▲ 앞 좌측 액츄에이터 커넥터 탈거

- 자기진단기 화면에 "앞쪽 액츄에이터 이상"이라고 고장항목이 뜨면 답안지 이상 부위에는 "앞쪽 액츄에이터"로 쓰지 말고 앞의 좌측인지 우측인지를 반드시 구분해서 기록한다.
- 또한, 자기진단기 화면에 "앞쪽 액츄에이터 이상"이라고 고장항목이 뜨면 이상 부위에 "앞 좌측 액츄에이터 이상"이라고 쓰지 말고 "이상"은 삭제할 것

항 목	① 측정(또는 점검)		② 판정 및 정비(또는 조치) 사항		득 점
			비 번호	감독확인	
	이상 부위	내용 및 상태	판정(□에 "✓"표)	정비 및 조치할 사항	
자기진단	앞 좌측 액츄에이터	커넥터 탈거	□ 양 호 ☑ 불 량	커넥터 연결 / 기억 소거 후 재점검	

● 정비 및 조치사항

① 이상 부위에 "앞 좌측 액츄에이터"라고 쓰고, 내용 및 상태에는 커넥터 탈거, 판정에는 불량, 정비 및 조치할 사항에는 커넥터 연결 / 기억 소거 후 재점검(재진단)이라고 기록한다.

진단기(스캐너)로 전자제어 제동장치(ABS) 점검

측정 방법

① 자기진단 항목으로 진단되지 않는 경우
 ㉮ 점화 스위치가 "ON" 상태인지 확인하고, 실내 및 엔진룸부에 ABS 계통의 퓨즈가 제대로 장착되어 있는지 확인한다.
② 자기진단항목으로 진단하였으나 고장항목이 없는 경우
 ㉮ 시험 위원에게 고장요소를 직접 찾아야 하는지를 문의한다. 만약 시험 위원이 측정한 내용대로 기록하라고 하면 이상부위는 "없음", 내용 및 상태는 정상으로 한다.
③ 자기진단항목으로 진단하여 고장이 나온 경우는 서비스데이터 및 직접 확인 점검 후 규정값과 측정값 등을 참조하여 상태를 판단한 후 정비 및 조치사항을 기록한다.

자기진단 순서

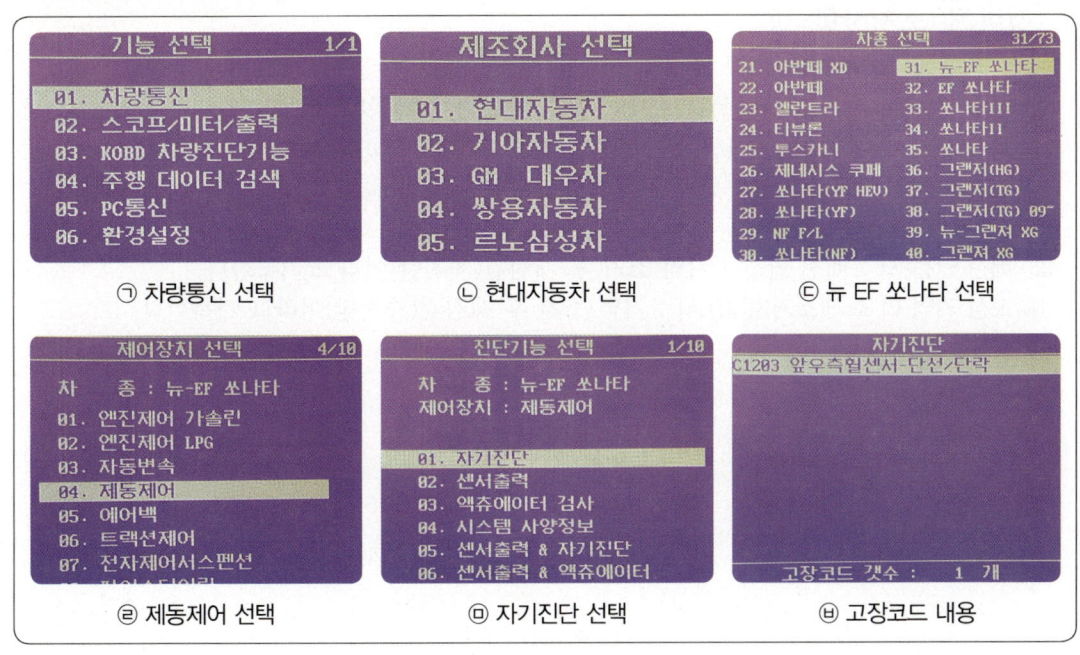

㉠ 차량통신 선택   ㉡ 현대자동차 선택   ㉢ 뉴 EF 쏘나타 선택
㉣ 제동제어 선택   ㉤ 자기진단 선택   ㉥ 고장코드 내용

- 자기진단기 화면에 "앞 우측 휠 센서 – 단선/단락"이라고 고장항목이 뜨면 답안지 이상 부위에는 "앞 우측 휠 센서"만 쓴다. 내용 및 상태에도 단선/단락을 쓰지 말 것(오답 처리함)
- 휠 센서(휠 스피드 센서)

▲ 앞 우측 휠 센서 커넥터 탈거

			비 번호		감독확인	
항 목	① 측정(또는 점검)		② 판정 및 정비(또는 조치) 사항			득 점
	이상 부위	내용 및 상태	판정(□에 "√"표)	정비 및 조치할 사항		
ABS 자기진단	앞 우측 휠 센서	커넥터 탈거	□ 양 호 ☑ 불 량	커넥터 연결 / 기억 소거 후 재점검		

● 정비 및 조치사항

① 시험 위원이 미리 고장항목을 만들어 놓기 때문에 수검자는 자기진단기로 측정하여 고장항목을 찾아 기록한 다음 배선이 단선인지 커넥터가 탈거되었는지를 점검한다.
② 커넥터 탈거(빠짐) 시 : 커넥터 연결(체결, 결합) / 기억 소거 후 재점검(재진단)이라고 기록한다.
③ 배선 단선 시 : 배선 연결 / 기억 소거 후 재점검(재진단)이라고 기록한다.
④ 고장 기억 미 소거(소거 불량) 시 : 기억 소거 후 재점검(재진단)이라고 기록한다.

진단기(스캐너)로 자동변속기 점검

> 섀시 2안-4 내용 참조

자기진단 순서

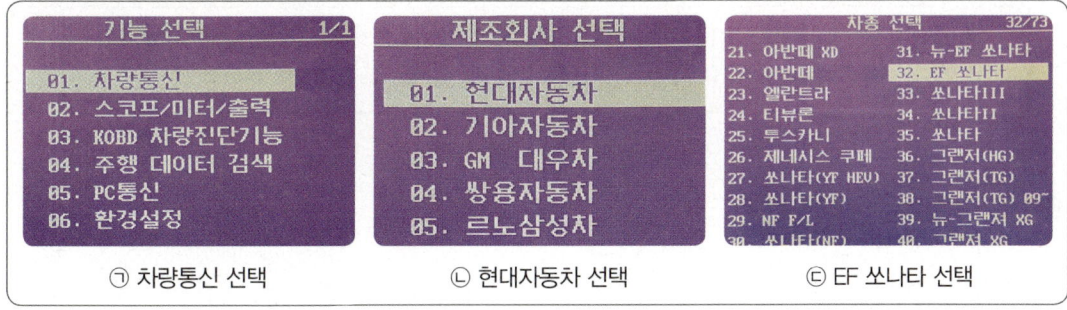

㉠ 차량통신 선택   ㉡ 현대자동차 선택   ㉢ EF 쏘나타 선택

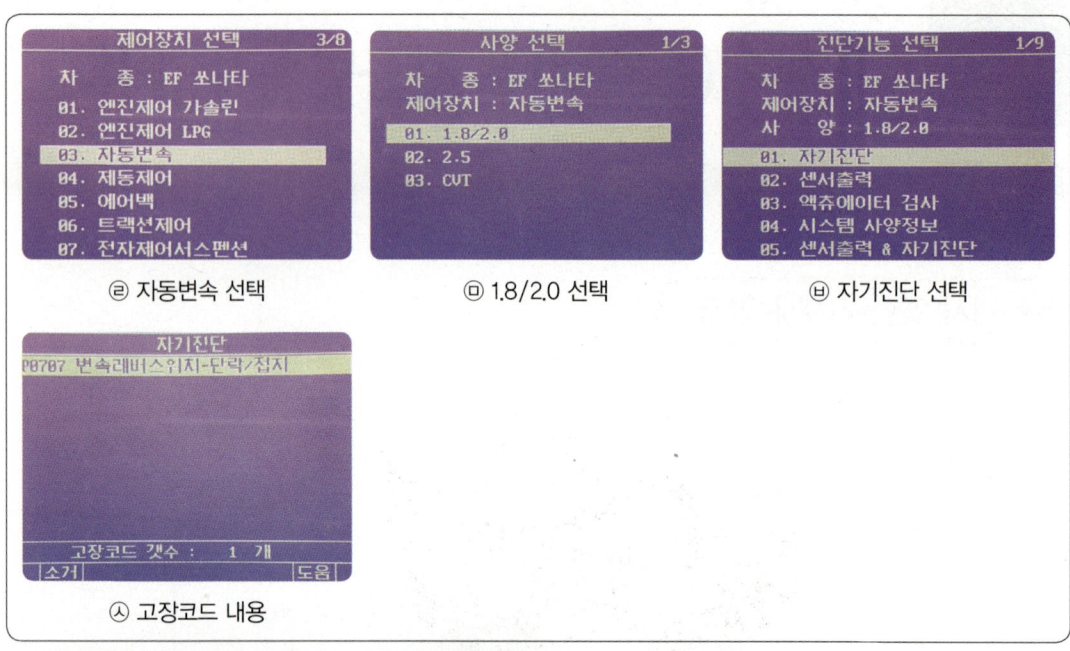

ⓔ 자동변속 선택

ⓓ 1.8/2.0 선택

ⓗ 자기진단 선택

ⓐ 고장코드 내용

▲ 변속레버 스위치 커넥터 탈거

● 자기진단기 화면에 "변속레버 스위치 – 단락 / 접지"라고 고장항목이 뜨면 답안지 이상 부위에는 "변속레버 스위치"만 쓴다. 내용 및 상태에도 단락 / 접지를 쓰지 말 것(오답 처리함)

● 변속레버 스위치(인히비터 스위치)

	비 번호		감독확인	
항 목	① 측정(또는 점검)		② 판정 및 정비(또는 조치) 사항		득 점
	이상 부위	내용 및 상태	판정(□에 "✓"표)	정비 및 조치할 사항	
변속기 자기진단	변속레버 스위치	커넥터 탈거	□ 양 호 ☑ 불 량	커넥터 연결 / 기억 소거 후 재점검(재진단)	

정비 및 조치사항

① 커넥터가 탈거일 경우 : 커넥터 탈거 → 커넥터 연결 / 기억 소거 후 재점검(재진단)

진단기(스캐너)로 자동변속기 점검

➡ 섀시 2안-4 내용 참조

● 측정 방법

자기진단기(스캐너)를 이용하여 TCU 계통의 이상 유무를 점검한다.
① 자기진단 항목으로 진단되지 않는 경우
  ㉮ 점화 스위치가 "ON" 상태인지 확인하고, 실내 및 엔진룸부에 자동변속기 계통의 퓨즈가 제대로 장착되어 있는지 확인한다.
② 자기진단 항목으로 접속하여 고장항목이 나온 경우 고장항목을 답안지에 있는 이상부위 란에 기록한 후 해당 고장항목을 찾아 내용 및 상태를 점검하여 기록한다. (커넥터 탈거나 센서가 단선되었는지를 확인한)

● 자기진단 순서

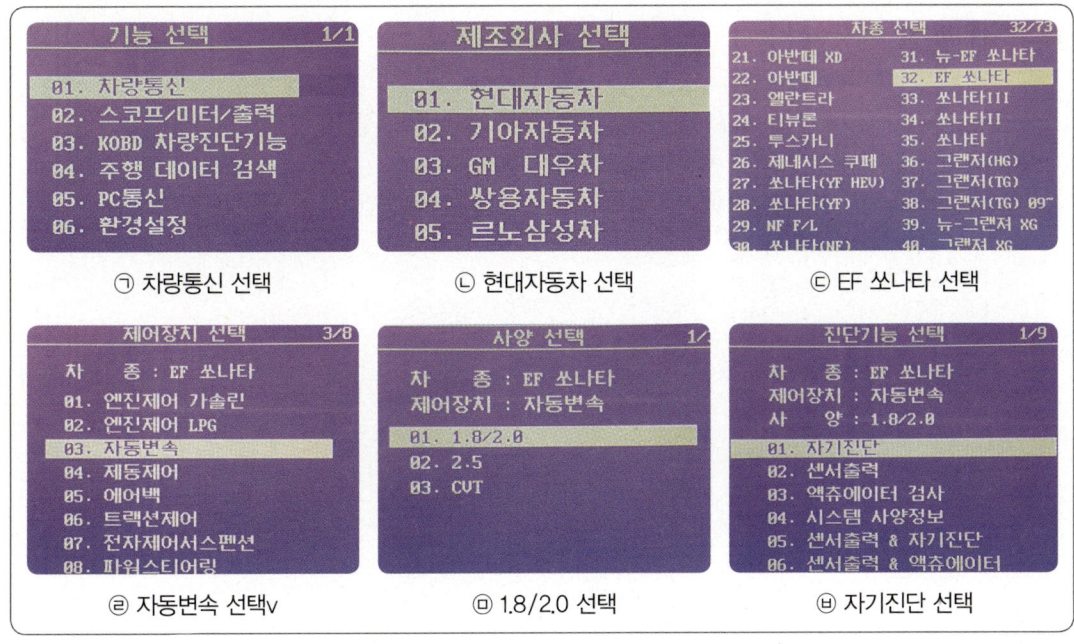

㉠ 차량통신 선택 ㉡ 현대자동차 선택 ㉢ EF 쏘나타 선택
㉣ 자동변속 선택v ㉤ 1.8/2.0 선택 ㉥ 자기진단 선택

▲ 고장코드 내용　　　　　　　　▲ 솔레노이드 밸브 커넥터 탈거

① 자기진단기 화면에 "DCC 솔레노이드 – 접지 / 단선"이라고 고장항목이 뜨면 답안지 이상 부위에는 "DCC 솔레노이드"만 쓴다. 내용 및 상태에도 "접지 / 단선"이라고 쓰지 말고 "커넥터 탈거"라고 쓴다.
② 솔레노이드 밸브 커넥터 탈거 시 고장항목이 5개가 뜨는 경우가 있다. (시험 위원에게 질문하여 1개만 답안지에 기록하도록 한다)

			비 번호		감독확인	
항 목	① 측정(또는 점검)		② 판정 및 정비(또는 조치) 사항			득 점
	이상 부위	내용 및 상태	판정(□에 "✓"표)	정비 및 조치할 사항		
변속기 자기진단	OD 솔레노이드 밸브	커넥터 탈거	□ 양 호 ☑ 불 량	커넥터 연결 / 기억 소거 후 재점검		

🔵 정비 및 조치사항

① 이상 부위에는 OD 솔레노이드 밸브라고 기록하고, 판정은 불량으로 한다.
② 내용 및 상태에는 커넥터 탈거라고 기록한다.
③ 정비 및 조치사항에는 커넥터 연결 / 기억 소거 후 재점검(재진단)이라고 기록한다.

자동변속기 오일 압력 점검

측정 방법

① 정비지침서를 시험장에서 제공 시에는 지침서를 참조하여 자동변속기의 작동조건을 형성하고, 그에 따른 유압점검을 시행한다.
② 시험장에서는 시험 위원이 지정된 선택 레인지에서 유압을 점검하도록 한다.

오일 압력 불량

- 3, 4속 시만 유압 이상
  ① 레귤레이터 밸브 불량
  ② 스위치 밸브 불량

- UD압만 유압 이상
  ① 언더 드라이브 솔레노이드 밸브 불량
  ② 오일씰(K, L, M) 불량
  ③ 언더 드라이브 프레셔 컨트롤 밸브 불량
  ④ 각 체크볼 이상
  ⑤ 각 오리피스 막힘
  ⑥ 밸브 보디 장착 불량

- REV압만 유압이상
  ① 오일씰(A, B, C) 불량
  ② 각 체크볼 이상
  ③ 각 오리피스 막힘
  ④ 밸브 보디 장착 불량

- OD압만 유압 이상
  ① 오일씰(D, E, F) 불량
  ② 오버 드라이브 솔레노이드 밸브 불량
  ③ 로우&리버스 솔레노이드 밸브 불량
  ④ 오버 드라이브 프레셔 컨트롤 밸브 불량
  ⑤ 각 체크볼 이상
  ⑥ 각 오리피스 막힘
  ⑦ 밸브 보디 장착 불량

- LR압만 유압 이상
  ① 오일씰 불량
  ② 로우&리버스 솔레노이드 밸브 불량
  ③ 로우&리버스 프레셔 컨트롤 밸브 불량
  ④ 스위치 밸브 불량
  ⑤ 페일 세이프 밸브 A 불량
  ⑥ 각 체크볼 이상
  ⑦ 각 오리피스 막힘
  ⑧ 밸브 보디 장착 불량

- 2ND압만 유압 이상
  - ① 오일씰 불량
  - ② 세컨드 솔레노이드 밸브 불량
  - ③ 세컨드 프레셔 컨트롤 밸브 불량
  - ④ 페일 세이프 밸브 B 불량
  - ⑤ 각 오리피스 막힘
  - ⑥ 밸브 보디 장착 불량

- DR압만 유압 이상
  - ① 오일쿨러 막힘
  - ② 오일씰 불량
  - ③ 댐퍼 클러치 컨트롤 밸브 불량
  - ④ 토크 컨버터 프레셔 컨트롤 밸브 불량
  - ⑤ 각 오리피스 막힘
  - ⑥ 밸브 보디 장착 불량
  - ⑦ 댐퍼 클러치 컨트롤 솔레노이드 밸브 불량

자동변속기 유압 점검 관련

① 오일 압력 점검 조건 형성
  ㉮ ATF(자동변속기 전용 오일) 온도가 80℃±10℃ 유지되게 충분히 워밍업한다.
  ㉯ 타이어가 회전할 수 있도록 리프트 업 상태로 한다.
  ㉰ 특수 공구 오일 압력 게이지를 각 어댑터와 함께 점검부에 장착(오일 누유 주의)
  ㉱ 기준 유압표를 참조하며, 조건을 맞추어 유압을 점검한다.

② 기준 유압표에 따라 유압점검

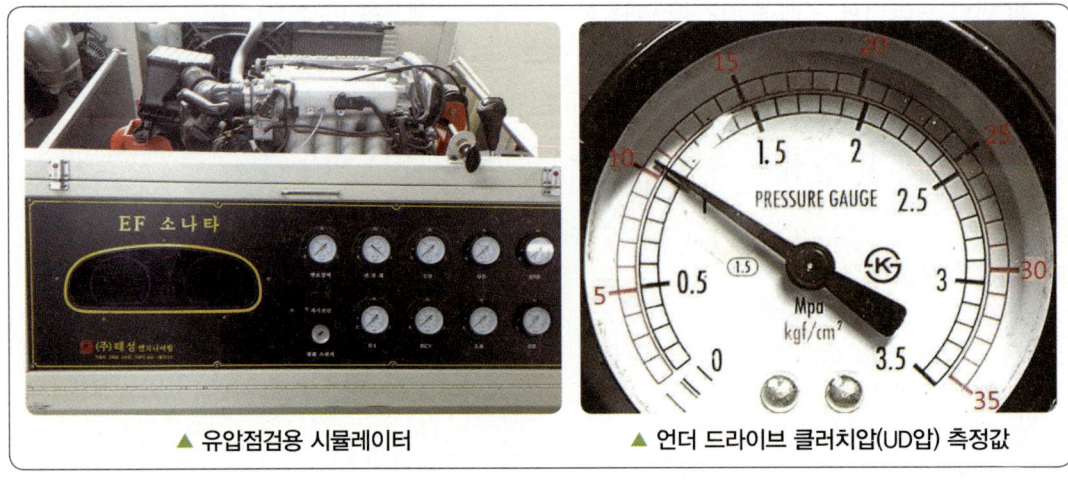

▲ 유압점검용 시뮬레이터 ▲ 언더 드라이브 클러치압(UD압) 측정값

③ 기준 유압표 참조(EF 쏘나타)

차 종			제작일자					
선택레버 위치	변속단 위치	엔진 회전수 (rpm)	언더드라이브 클러치압 (UD압)	리버스 클러치압 (REV압)	오버드라이브 클러치압 (OD압)	로우&리버스브 레이크압 (LR압)	세컨드 브레이크압 (2ND압)	토크 컨버터압 (DR압)
P	중립	2,500				3.2~4.0		5.1~7.1
R	후진	2,500		13.5~17.5		13.5~17.5		5.1~7.1
N	중립	2,500				3.2~4.0		5.1~7.1
D	1속	2,500	10.4~10.6			10.4~10.5		5.1~7.1
D	2속	2,500	10.4~10.6				10.4~10.6	5.1~7.1
D	3속	2,500	6.0~7.0		6.0~7.0			4.6~6.6
D	4속	2,500			6.0~7.0		6.0~7.0	4.6~6.6

④ 기준 유압표 참조(NF 쏘나타)

차 종			제작일자						
선택레버 위치	변속단 위치	엔진 회전수 (rpm)	언더드라이브 클러치압 (UD압)	리버스 클러치압 (REV압)	오버드라이브클 러치압 (OD압)	로우&리버스브 레이크압 (LR압)	세컨드브레이크 압 (2ND압)	댐퍼클러치 공급압 (DA압)	댐퍼클러치 해방압 (DR압)
P	중립	2,500				2.7~3.5			
R	후진	2,500		13.0~18.0		13.0~18.0			
N	중립	2,500				2.7~3.5			
D	1속	2,500	10.3~10.7			10.3~10.7			
D	2속	2,500	4.8±0.4				10.3~10.7		
D	3속	2,500	4.8±0.4		4.8±0.4			7.5 이상	0~0.1
D	4속	2,500			4.8±0.4		8.0~9.0	7.5 이상	0~0.1

항목	① 측정(또는 점검)		② 판정 및 정비(또는 조치) 사항		득 점
	측정값	규정값	판정(□에 "✓"표)	정비 및 조치할 사항	
(언더 드라이브 클러치압의) 오일 압력	10.5kgf/cm²	10.4~10.6 kgf/cm²	☑ 양 호 □ 불 량	정비 및 조치사항 없음	

비 번호 / 감독확인

정비 및 조치사항

① 오일 압력이 불량 시 : 언더 드라이브 솔레노이드 밸브 교환 또는 오일씰 교환 후 재점검(재진단)이라고 기록한다.
② 압력이 양호 시 : 정비 및 조치사항 없음이라고 기록한다.

인히비터 스위치와 변속선택 레버 위치 점검

● 섀시 1안-4 내용 참조

● 측정 방법

① 선택레버를 "N" 위치에 놓고 변속기에 있는 매뉴얼 컨트롤 레버 구멍과 인히비터 스위치에 있는 기준 구멍이 일치하는지를 확인한다.
② 기준 구멍이 서로 일치하지 않으면 트랜스미션 컨트롤 케이블과 매뉴얼 컨트롤 레버 결합부의 조정 너트를 풀고 케이블과 레버를 분리한다.
③ 매뉴얼 컨트롤 레버를 "N" 위치로 둔다.
④ 인히비터 스위치 고정 볼트를 풀고 매뉴얼 컨트롤 레버 선단의 구멍과 인히비터 스위치의 플랜지부 구멍이 일치되도록 인히비터 스위치를 좌우로 돌려서 조정한다.
⑤ 인히비터 스위치 고정 볼트 및 컨트롤 케이블 조정 너트를 규정 토크로 조인다.

			비 번호		감독확인	
항 목	① 측정(또는 점검)		② 판정 및 정비(또는 조치) 사항			득 점
	점검 위치	내용 및 상태	판정(□에 "✓"표)	정비 및 조치할 사항		
인히비터 스위치	N 위치	인히비터 스위치와 변속선택 레버 위치가 일치함	☑ 양 호 □ 불 량	정비 및 조치사항 없음		
변속 선택레버	N 위치					

진단기(스캐너)로 ABS 장치 점검

> 섀시 4안-4 내용 참조

항목	① 측정(또는 점검)		② 판정 및 정비(또는 조치) 사항		득점
	이상 부위	내용 및 상태	판정(□에 "✓"표)	정비 및 조치할 사항	
ABS 자기진단	앞 좌측 휠 센서	커넥터 탈거	□ 양 호 ☑ 불 량	커넥터 연결/ 기억 소거 후 재점검	

비 번호 / 감독확인

> 정비 및 조치사항

① 시험 위원이 미리 고장항목을 만들어 놓기 때문에 수검자는 자기진단기로 측정하여 고장항목을 찾아 기록한 다음 배선이 단선인지 커넥터가 탈거되었는지를 살핀다.
② 커넥터 탈거 시 : 커넥터 연결 / 기억 소거 후 재점검(재진단)이라고 기록한다.
③ 배선 단선 시 : 배선 연결 / 기억 소거 후 재점검(재진단)이라고 기록한다.
④ 고장 기억 미 소거(소거 불량) 시 : 기억 소거 후 재점검(재진단)이라고 기록한다.

진단기(스캐너)로 전자제어 현가장치(ECS) 점검

 섀시 4안-4 내용 참조

 자기진단 순서

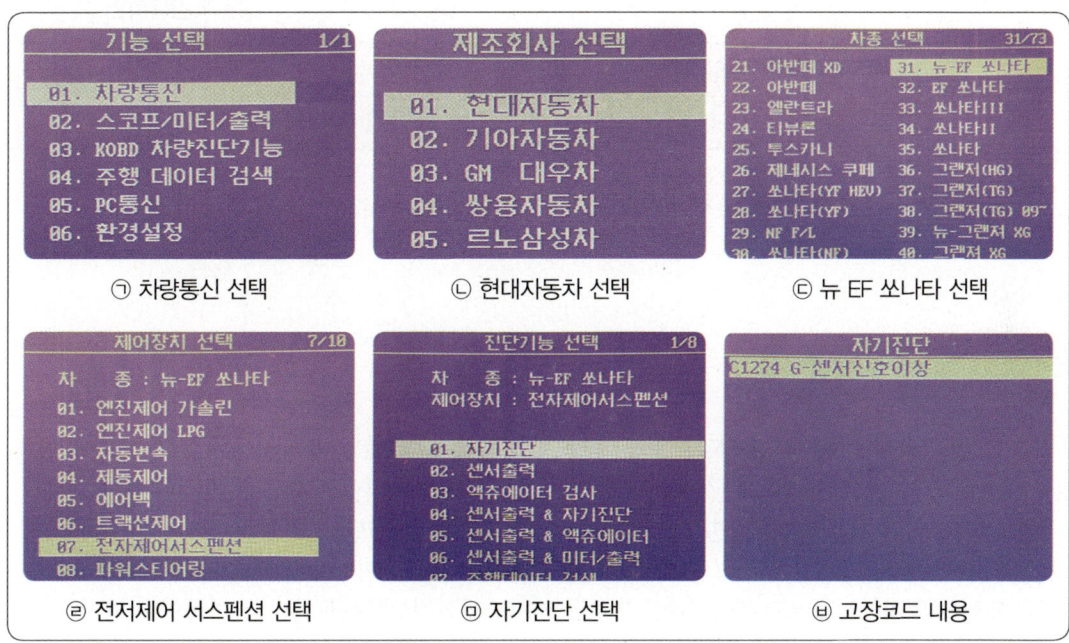

ⓐ 차량통신 선택   ⓑ 현대자동차 선택   ⓒ 뉴 EF 쏘나타 선택

ⓓ 전저제어 서스펜션 선택   ⓔ 자기진단 선택   ⓕ 고장코드 내용

▲ G 센서 커넥터 탈거

- 자기진단기 화면에 "G 센서 신호 이상"이라고 고장 항목이 뜨면 답안지 이상 부위에는 "G 센서"만 기록한다. ("G 센서 신호 이상"이라고 기록하면 오답 처리함)
- 내용 및 상태에는 "커넥터 탈거"라고 기록한다.

항 목	① 측정(또는 점검)		② 판정 및 정비(또는 조치) 사항		득 점
	이상 부위	내용 및 상태	판정(□에 "✓"표)	정비 및 조치할 사항	
자기진단	G 센서	커넥터 탈거	□ 양 호 ☑ 불 량	커넥터 연결/ 기억 소거 후 재점검	

비 번호 　　　　감독확인

● **정비 및 조치사항**

① 시험 위원이 미리 고장항목을 만들어 놓기 때문에 수검자는 자기진단기로 측정하여 고장 항목을 찾아 기록한 다음 배선이 단선인지 커넥터가 탈거되었는지를 살핀다.
② 커넥터 탈거 시 : 커넥터 연결 / 기억 소거 후 재점검(재진단)이라고 기록한다.
③ 배선 단선 시 : 배선 연결 / 기억 소거 후 재점검(재진단)이라고 기록한다.
④ 고장 기억 미 소거(소거 불량) 시 : 기억 소거 후 재점검(재진단)이라고 기록한다.

진단기(스캐너)로 자동변속기 점검

● 섀시 2안 - 4 내용 참조

● 측정 방법

① 자기진단 항목으로 접속되지 않는 경우
  ㉮ 점화 스위치가 "ON" 상태인지 확인하고, 실내 및 엔진룸부에 자동변속기 계통의 퓨즈가 제대로 장착되어 있는지 확인한다.
  ㉯ 만일 퓨즈가 없거나, 단선되어 있는 경우는 그 자체가 불량 요소이다.
② 자기진단 항목으로 접속하여 고장항목이 나온 경우 고장항목을 답안지에 있는 이상부위 란에 기록한 후 해당 고장항목을 찾아 내용 및 상태를 점검하여 기록한다. (커넥터 탈거나 센서가 단선되었는지를 확인한다)

			비 번호		감독확인	
항 목	① 측정(또는 점검)		② 판정 및 정비(또는 조치) 사항			득 점
	이상 부위	내용 및 상태	판정(□에 "✓"표)	정비 및 조치할 사항		
변속기 자기진단	UD솔레노이드 밸브	커넥터 탈거	□ 양 호 ✓ 불 량	커넥터 연결/ 기억 소거 후 재점검		

진단기(스캐너)로 ABS 장치 점검

● 섀시 4안 - 4 내용 참조

● 측정 시 유의사항

▲ 앞바퀴 휠 스피드 센서(휠 센서)

▲ 톤휠 간극

① 자기진단기에서 고장항목 및 서비스데이터(센서 출력)에서 바퀴의 실제 속도 변화와 스캐너 상의 오차범위를 확인하여 이상 유무를 판독한다.
② 자기진단기에서 고장항목이 휠 스피드 센서로 출력될 수도 있고, 차종에 따라 휠 센서로 출력되는 경우도 있다. (자기진단기에 출력된 센서 이름으로 답안지에 기록한다)
③ 답안지에 이상부위를 기록할 때 앞·뒤, 좌·우를 구분해서 기록해야 한다.

			비 번호		감독확인	
항 목	① 측정(또는 점검)		② 판정 및 정비(또는 조치) 사항			득 점
	이상 부위	내용 및 상태	판정(□에 "✓"표)	정비 및 조치할 사항		
ABS 자기진단	뒤 우측 휠 스피드센서	커넥터 탈거	□ 양 호 ☑ 불 량	커넥터 연결/ 기억 소거 후 재점검		

정비 및 조치사항

① 시험 위원이 미리 고장항목을 만들어 놓기 때문에 수검자는 자기진단기로 측정하여 고장항목을 찾아 기록한 다음 배선이 단선인지 커넥터가 탈거되었는지를 살핀다.
② 커넥터 탈거 시 : 커넥터 연결(체결, 결합) / 기억 소거 후 재점검(재진단)이라고 기록한다.
③ 배선 단선 시 : 배선 연결 / 기억 소거 후 재점검(재진단)이라고 기록한다.
④ 고장 기억 미 소거(소거 불량) 시 : 기억 소거 후 재점검(재진단)이라고 기록한다.

자동변속기 오일 압력 점검

▶ 섀시 7안 – 4 내용 참조

항 목	① 측정(또는 점검)		② 판정 및 정비(또는 조치) 사항		득 점
	측정값	규정값	판정(□에 "✓"표)	정비 및 조치할 사항	
(리버스 클러치압의) 오일 압력	15kgf/cm²	13.5 ~ 17.5 kgf/cm²	☑ 양 호 □ 불 량	정비 및 조치사항 없음	

비 번호 / 감독확인

① 불량 시 : 오일 씰 불량이므로 오일 씰 교환 후 재점검(재진단)이라고 기록한다.

진단기(스캐너)로 자동변속기 점검

→ 섀시 2안 - 4 내용 참조

항 목	① 측정(또는 점검)		② 판정 및 정비(또는 조치) 사항		득 점
	이상 부위	내용 및 상태	판정(□에 "✓"표)	정비 및 조치할 사항	
변속기 자기진단	댐퍼 클러치 컨트롤 솔레노이드 밸브(DCCSV)	커넥터 탈거	□ 양 호 ✓ 불 량	커넥터 연결/ 기억 소거 후 재점검	

비 번호 | | 감독확인 |

● 정비 및 조치사항

① 시험 위원이 미리 고장항목을 만들어 놓기 때문에 수검자는 자기진단기로 측정하여 고장항목을 찾아 기록한 다음 배선이 단선인지 커넥터가 탈거되었는지를 살핀다.
② 커넥터 탈거 시 : 커넥터 연결(체결, 결합) / 기억 소거 후 재점검(재진단)이라고 기록한다.
③ 배선 단선 시 : 배선 연결 / 기억 소거 후 재점검(재진단)이라고 기록한다.
④ 고장 기억 미 소거(소거 불량) 시 : 기억 소거 후 재점검(재진단)이라고 기록한다.

진단기(스캐너)로 전자제어 현가장치(ECS) 점검

● 섀시 3안 – 4 내용 참조

항 목	① 측정(또는 점검)		② 판정 및 정비(또는 조치) 사항		득 점
	이상 부위	내용 및 상태	판정(□에 "✓"표)	정비 및 조치할 사항	
자기진단	앞 좌측 차고 센서	커넥터 탈거	□ 양 호 ✓ 불 량	커넥터 연결 / 기억 소거 후 재점검	

비 번호 / 감독확인

● 정비 및 조치사항

① 시험 위원이 미리 고장항목을 만들어 놓기 때문에 수검자는 자기진단기로 측정하여 고장항목을 찾아 기록한 다음 배선이 단선인지 커넥터가 탈거되었는지를 살핀다.
② 커넥터 탈거 시 : 커넥터 연결(체결, 결합) / 기억 소거 후 재점검(재진단)이라고 기록한다.
③ 배선 단선 시 : 배선 연결 / 기억 소거 후 재점검(재진단)이라고 기록한다.
④ 고장 기억 미 소거(소거 불량) 시 : 기억 소거 후 재점검(재진단)이라고 기록한다.

제동력 측정

▶ 섀시 1안, 3안, 5안, 7안, 9안, 11안, 13안, 15안 동일한 작업

측정 전 유의사항

① 타이어 공기압을 포함한 측정 전 준비 상태를 확인한다.
② 해당 축중은 보통 시험 위원이 제시하여 준다.
③ 수검자가 필요시 차량에 탑승한 관리원에게 브레이크 작동/해제 등의 신호를 지시한다.
④ 브레이크 페달 조작력에 따른 제동력 값이 차이 날 수 있으므로 측정 시 주의한다.
⑤ 측정값 란에는 해당 제동력 값과 단위(kgf)를 기록한다.
⑥ 기준값에서 편차는 "8% 이내", 앞 합은 "50% 이상", 뒤 합은 "20% 이상"이라고 쓴다.
⑦ 산출근거에는 측정한 값을 기준으로 편차와 합의 계산식을 기록한다.

차종별 축중 값

차 종	전 축중	후 축중	차 종	전 축중	후 축중
K3(1.6)	955kgf	710kgf	EF 쏘나타(2.0)	1020kgf	790kgf
포르테하이브리드(1.6)	880kgf	745kgf	그랜저 HG(3.3)	1095kgf	865kgf
아반떼MD(1.6)	845kgf	670kgf	투싼(2.0)	1065kgf	810kgf
쏘렌토R(2.0)	1185kgf	1075kgf	트랙스(1.4)	1065kgf	995kgf
K5(2.0)	950kgf	825kgf	스포티지(2.0)	1085kgf	820kgf

측정 방법 1

① 차량을 서서히 진입시켜 측정 바퀴가 리프트 중앙에 오도록 한다.
② 변속기를 중립에 위치시키고, 엔진은 공회전 상태를 유지한다.

③ 본체 우측 측면 하단에 있는 전원 스위치를 ON시킨다. 제동력 초기 화면이 뜬다.
④ 본체 우측에 있는 AXLE LOAD 버튼을 누른 다음 축중 값을 입력한다. (예 955kg)

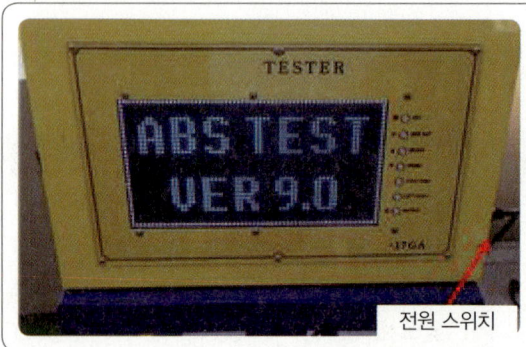 

전원 스위치

⑤ 축중 값 입력이 끝나면 ESC 버튼을 눌러서 빠져나온다.
⑥ BRAKE 버튼을 눌러서 제동력 측정을 시작한다. 이때 롤러가 자동으로 돌아간다.

 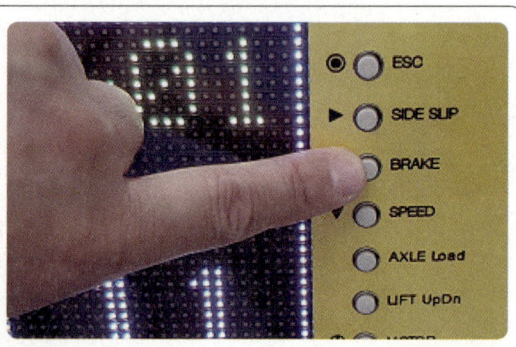

⑦ 롤러가 돌아갈 때 운전자는 브레이크 페달을 서서히 최대로 밟는다. 주차 브레이크일 경우에는 클릭 수를 증가시키며 레버를 잡아당긴다.
⑧ 측정값이 나오면 ESC 버튼을 눌러서 빠져나온다.

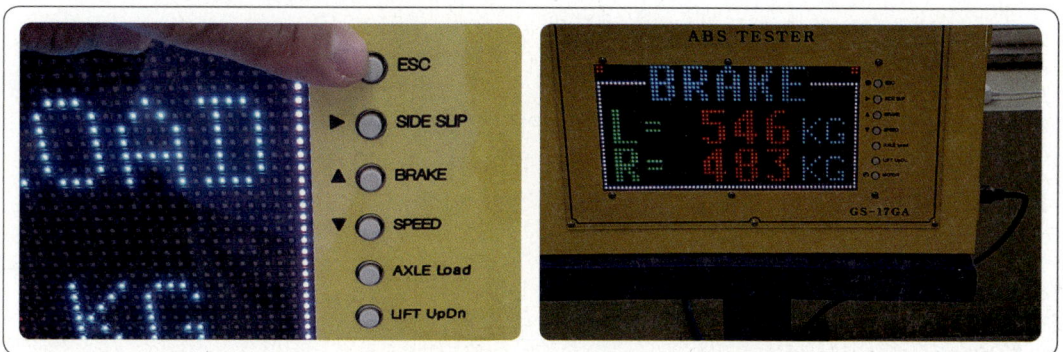

⑨ 계기판의 값을 좌, 우로 구분하여 판독하고 기록한다.

측정 방법 2

① 초기 화면에서 해당 축중(전륜 또는 후륜)을 선택하고 우측 하단에 있는 상시 판정을 눌러서 최대 판정으로 바꾼 후 측정을 선택한다. 이때 해당 축중 값은 미리 설정되어 있어 수검자가 입력할 필요가 없다.
② 측정을 선택하면 화면에 측정된 제동력이 뜬다. 이 값을 보고 답안지에 있는 측정값 좌·우에 제동력 값을 기록한 후 제동력 편차와 합을 산출한다. 측정이 끝나면 리셋을 선택한다.

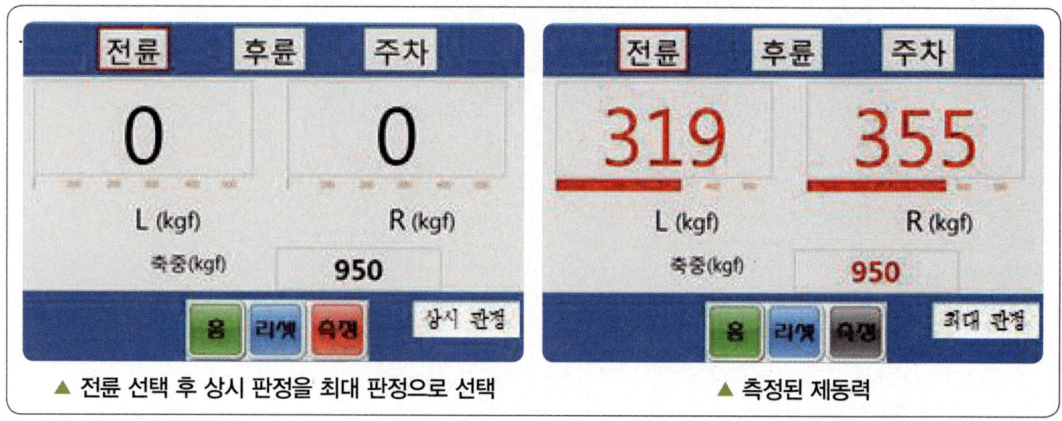

▲ 전륜 선택 후 상시 판정을 최대 판정으로 선택　　　　▲ 측정된 제동력

● **계산근거**

→ 제동력 편차 = $\dfrac{\text{큰 제동력} - \text{작은 제동력}}{\text{해당 축중}} \times 100 = \dfrac{355-319}{950} \times 100 = 3.7\%$

→ 제동력 합 = $\dfrac{\text{좌측 제동력} - \text{우측 제동력}}{\text{해당 축중}} \times 100 = \dfrac{355+319}{950} \times 100 = 70.9\%$

● 판정 : 편차 및 합이 모두 기준값 내에 있어야만 양호로 판정한다.
　　　　편차 및 합 둘 중 하나라도 기준값을 벗어나면 불량으로 판정한다.
● 기준 : 앞 – 축중의 50% 이상, 뒤 – 축중의 20% 이상, 좌우 편차 – 축중의 8% 이내

섀시 5. 제동력 측정		자동차 번호 :		비 번호		감독확인	
항 목	① 측정(또는 점검)			② 판정 및 정비(또는 조치) 사항			득 점
	구분	측정값	기준값 (□에 "✓"표)	산출근거		판정 (□에 "✓"표)	
제동력 위치 (□에 "✓"표) ☑ 앞 □ 뒤	좌	319kgf	☑ 앞　축 중의 □ 뒤	편차	$\dfrac{355-319}{950} \times 100$ $= 3.7\%$	☑ 양 호 □ 불 량	
	우	355kgf	제동력 편차　8% 이내 제동력 합　50% 이상	합	$\dfrac{355+319}{950} \times 100$ $= 70.9\%$		

최소 회전반경 측정

▶ 섀시 2안, 4안, 6안, 8안, 10안, 12안, 14안 동일한 작업

측정 방법

① 타이어 공기압을 포함한 측정 전 준비 상태를 숙지한다.
② 측정할 차량의 앞, 뒷바퀴에 턴테이블을 설치한다.
③ 줄자를 사용하여 앞바퀴 중심과 뒷바퀴 중심 간의 축거(m)를 측정한다.
④ 바퀴의 접지면 중심과 킹핀과의 거리(r)는 시험 위원이 임의의 값을 제시한다.
⑤ 최대 조향각 표기는 최 외측 바퀴를 표시하며, 그때 턴테이블 각도를 기록한다.
  ㉮ 회전 방향이 우측일 경우 ⇨ 좌측 바퀴 최대 회전 각도(조향각)를 측정한다.
  ㉯ 회전 방향이 좌측일 경우 ⇨ 우측 바퀴 최대 회전 각도(조향각)를 측정한다.

▲ 차량 바퀴에 턴테이블을 설치(4개)

▲ 0점 조정

▲ 우회전 시 바깥쪽 앞바퀴 조향각(좌측)

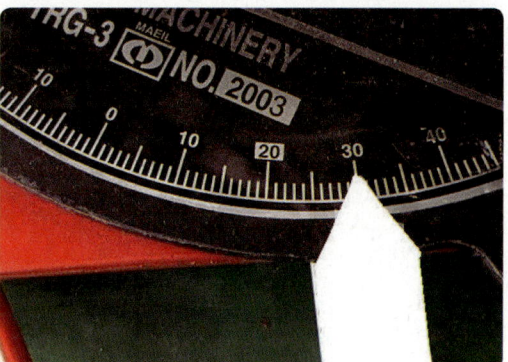
▲ 최대 조향각(최대 회전각도)

⑥ 바퀴를 직진 상태로 원위치시켜 놓는다.
⑦ 기준값 : 12m 이하
⑧ 공식 : 최소 회전반경(R) = $\dfrac{L}{\sin\alpha}$ + r

    L : 축거(m)
    R : 최소 회전반경
    sinα : 바깥쪽 앞바퀴의 조향각
    r : 바퀴 접지면 중심과 킹핀 중심과의 거리(m)

차종별 축간거리 및 조향각 기준값(mm)

차 종	축거	조향각		회전반경	차 종	축거	조향각		회전반경
		내측	외측				내측	외측	
엘란트라	2,500	37°	30°30′	5,100	쏘나타 Ⅲ	2,700	39°67′	32°21′	5,100
EF 쏘나타	2,700	39.70°±2′	32.40°±2′	5,000	아반떼	2,550	39°17′	39°27′	5,100
그랜저	2,745	37°	30°30′	5,700	아반떼 XD	2,610	40.1°±2′	32°45′	4,550

답안지 작성 예 : 우회전 조향 시

● 우회전 조향 시 최소 회전반경은?
- 축거 2.5m
- 좌측 바퀴 최대 조향각 30°＝0.5
- 우측 바퀴 최대 조향각 31°
- 킹핀 옵셋 거리(r) : 시험 위원이 수검자에게 임의로 값을 준다. (예 20cm)

샤시 5. 최소 회전반경 측정		자동차 번호 :			비 번호		감독확인	
항 목	① 측정(또는 점검)				② 산출근거 및 판정		득 점	
	최대 조향 시 각도		기준값 (최소회전반경)	측정값 (최소회전반경)	산출근거	판정 (□에 "✓"표)		
	좌측바퀴	우측바퀴						
회전방향 (□에 "✓"표) □ 좌 ✓ 우	30°	31°	12m 이하	5.2m	$\dfrac{2.5}{0.5}$ + 0.2 = 5.2m	✓ 양 호 □ 불 량		

● 판정 : 기준값 이내의 측정값은 양호로 판정하며, 기준값을 초과한 경우에는 불량으로 판정한다.

Craftsman Motor Vehicles Maintenance

전 기

자동차정비기능사 답안 작성법 요약표

과목	전 기			
안	① 교환 / 작동	② 점검 / 측정	③ 회로 점검	④ 공통 검사
1안	윈드 실드 와이퍼 모터	크랭킹시 부하시험(전류소모)	미등 / 번호등	전조등
2안	발전기, 충전 전압	점화코일 1, 2차 저항	전조등	경음기(혼)
3안	DOHC 점화 플러그, 고압 케이블	발전기 충전 전류/전압	와이퍼	전조등
4안	기동 모터(기동 전동기)	메인 컨트롤 릴레이	방향 지시등	경음기(혼)
5안	에어컨 냉매 회수 후 재충전	ISC 밸브 듀티 값(열림 코일)	경음기(혼)	전조등
6안	다기능 스위치 (콤비네이션 S/W)	축전지 비중, 용량시험기 전압	기동/점화	경음기(혼)
7안	경음기, 릴레이	에어컨 라인압력 및 작동상태	전동 팬	전조등
8안	윈도 레귤레이터 (파워 윈도 모터)	급속 충전 후 비중, 전압	충전	경음기(혼)
9안	전조등(헤드 라이트)	발전기 출력 전류, 전압	에어컨	경음기(혼)
10안	에어컨 필터(실내 필터)/ 블로어 모터 작동	인젝터 코일 저항	점화	전조등
11안	라디에이터 전동 팬	크랭킹 전압 강하	제동등/미등	전조등
12안	발전기	스텝 모터 저항	실내등/열선	경음기(혼)
13안	블로어 모터	스텝 모터 저항	방향 지시등	전조등
14안	에어컨 벨트	메인 컨트롤 릴레이	와이퍼	경음기(혼)
15안	계기판(클러스터)	점화코일 1, 2차 저항	파워 윈도	전조등

● 회로 점검(실 차량에서 전기 회로 추적 및 불량 요소 확인 후 답안지에 기록한다)

와이퍼 모터 탈거 후 조립

1. 와이퍼 모터 탈거
① 와이퍼 캡(와이퍼 암 장착 너트 커버)을 분리한 후 와이퍼 암 장착 너트를 푼다.
② 윈드 쉴드 와이퍼 암과 블레이드를 탈거한다.

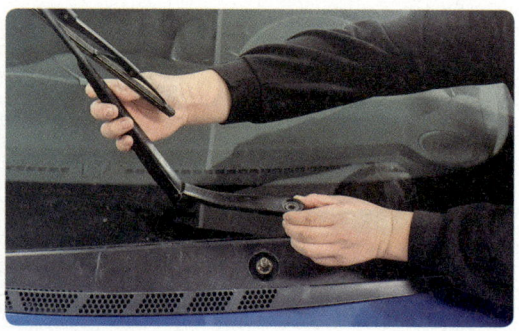

③ 카울 탑 커버에 연결된 워셔 호스를 분리한다.
④ 리무버를 이용하여 카울 탑 장착 리테이너 4개를 푼다.

⑤ 카울 탑 커버를 탈거한다.
⑥ 와이퍼 모터와 링크 어셈블리 장착 볼트 2개를 풀고 탈거한다. (와이퍼 모터가 장착된 상태에서는 공간이 좁아 커넥터를 탈거하기가 어렵기 때문에 작업 순서가 바뀜)

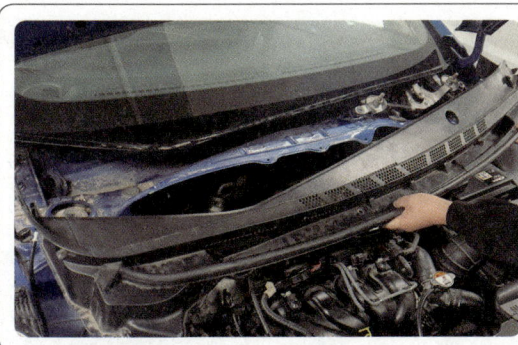 

⑦ 와이퍼 모터 커넥터를 탈거한다.
⑧ 와이퍼 모터를 탈거한다.

⑨ 탈거된 와이퍼 모터를 시험 위원에게 확인받는다.

2. 와이퍼 모터 조립
① 조립은 탈거의 역순으로 분리된 부품을 조립한다.
② 조립 시 와이퍼 암 블레이드의 정지 위치가 규정 위치에 오도록 와이퍼 암을 장착한다.

발전기 및 벨트 탈거 후 조립

1. 발전기 및 벨트 탈거

① 발전기 장착 볼트 2개를 느슨하게 살짝 풀어 준다. (상하 볼트를 3회전 정도)

② 드라이브 벨트 장력 조절 볼트를 풀어 장력을 해제한다.

장력 조정 볼트를 위로 들어 준다.

발전기를 위로 밀어 주고 벨트를 탈거

③ 드라이브 벨트를 탈거한다. (탈거 전에 벨트의 위치를 잘 파악해야 조립 시 조립이 안 되는 경우를 예방)
④ 상단에 있는 발전기 장착 볼트 1개를 탈거한다. (추락방지)

⑤ 하단에 있는 발전기 장착 볼트 1개를 탈거한다.
⑥ 탈거한 발전기 벨트와 발전기를 시험 위원에게 확인을 받는다.

2. 발전기 및 벨트 조립

① 조립은 탈거의 역순으로 분리된 부품을 조립한다.
② 장력 조정 볼트를 우측으로 돌려서 장력을 조정한다.
③ 발전기 장착 볼트 2개를 규정 토크로 상단부터 조인 다음 하단 볼트를 조여서 발전기를 고정시킨다.

DOHC 점화 플러그 및 고압 케이블 탈거 후 조립

1. 점화 플러그 및 고압 케이블 탈거
① 점화코일 쪽에 연결된 고압 케이블을 분리시킨다.
② 점화 플러그에서 고압 케이블을 분리한다. (고압 케이블을 빼낼 때 케이블을 잡고 빼면 케이블이 끊어질 수 있기 때문에 케이블 캡을 잡고 당겨야 한다)
③ 점화 플러그 렌치를 점화 플러그 구멍에 삽입한다.

④ 점화 플러그 렌치를 이용하여 점화 플러그를 탈거한다.
⑤ 탈거된 점화 플러그를 시험 위원에게 확인받는다.

2. 점화 플러그 및 고압 케이블 조립
① 조립은 탈거의 역순으로 분리된 부품을 조립한다.
② 점화코일 쪽에 연결된 고압 케이블 장착 시 고압 케이블 번호가 바뀌지 않도록 주의한다.

기동 모터(기동 전동기) 탈거 후 조립

1. 기동 모터(기동 전동기) 탈거
① 기동 전동기 ST 단자 커넥터를 탈거한다.
② 배터리 B 단자를 탈거한다.

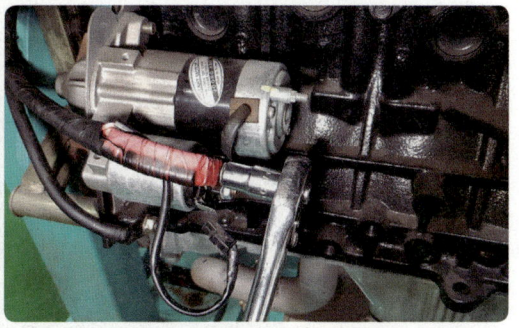

③ 기동 전동기 고정 볼트를 탈거한다.
④ 기동 전동기를 탈거한 후 시험 위원에게 확인받는다.

2. 기동 모터(기공 전동기) 조립
① 조립은 탈거의 역순으로 분리된 부품을 조립한다.

5안 1. 에어컨 냉매 회수 후 재충전

1. 에어컨 냉매 충전기 명칭

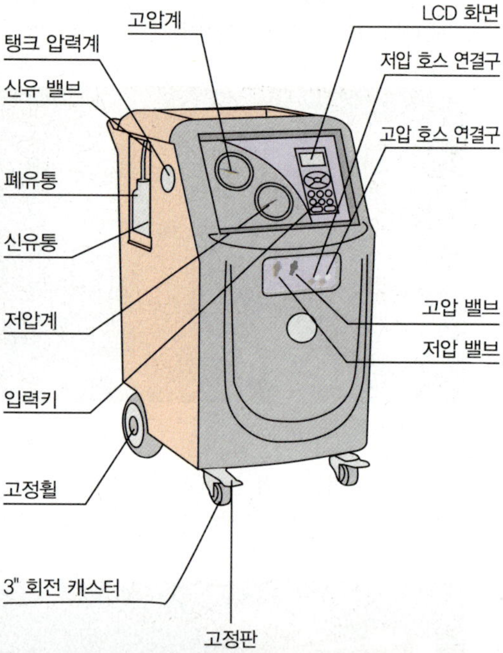

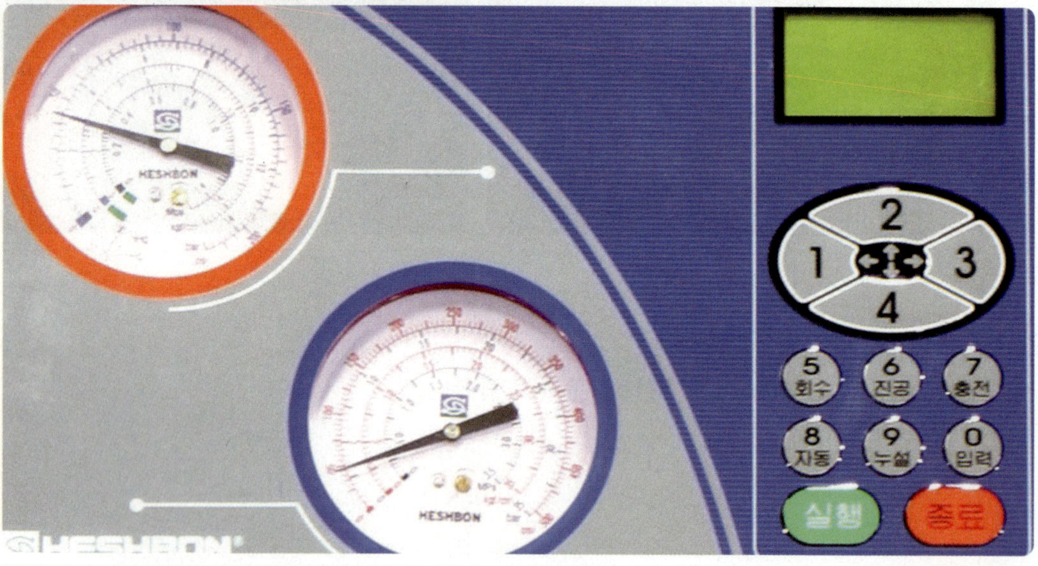

2. 에어컨 냉매 회수 후 재충전 방법

① 차량 에어컨 서비스 니플에 원형 구멍의 중심을 일치시키고 삽입한다. 삽입이 되면 퀵 커넥터에 표시된 방향으로 부드럽게 돌려 움직이지 않을 때까지 돌려 고정한다.

② 고압(적색)과 저압(청색)의 서비스 니플의 크기는 서로 다르므로 커넥터의 크기를 확인하고 저압 퀵 커넥터와 고압 퀵 커넥터를 연결한다.

③ 자동인 경우는 LCD 화면에서 지시하는 대로 조작하면 작업이 진행된다.

④ 반자동으로 사용할 경우에는 아래 내용을 참고한다.

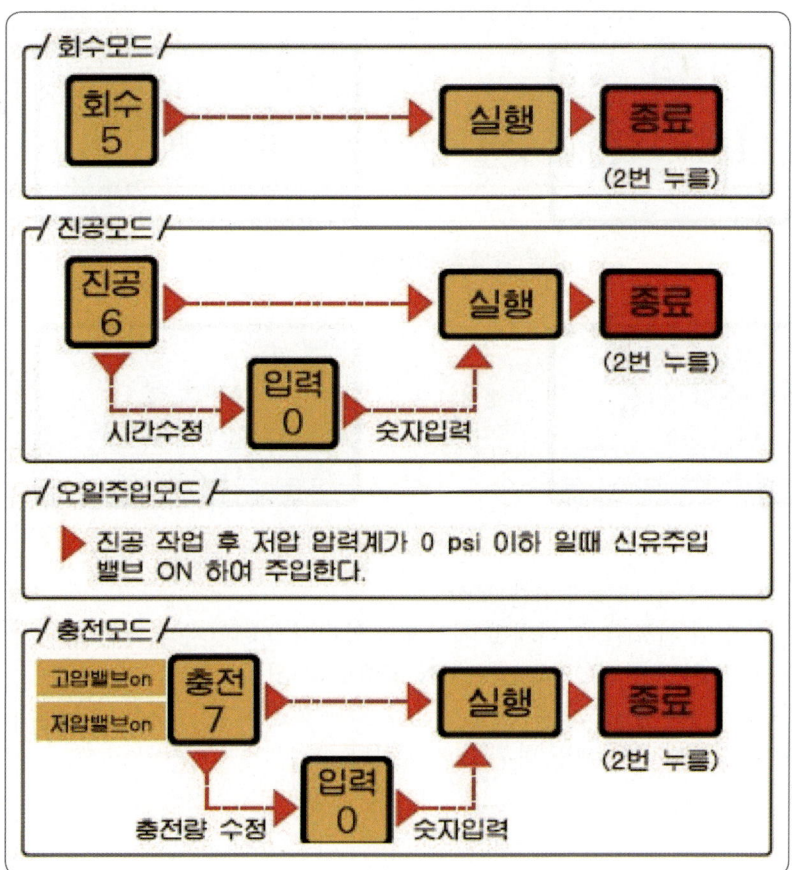

⑤ 회수 순서 : 회수 버튼(5번) → 실행 버튼 → 종료 버튼의 순서로 한다.

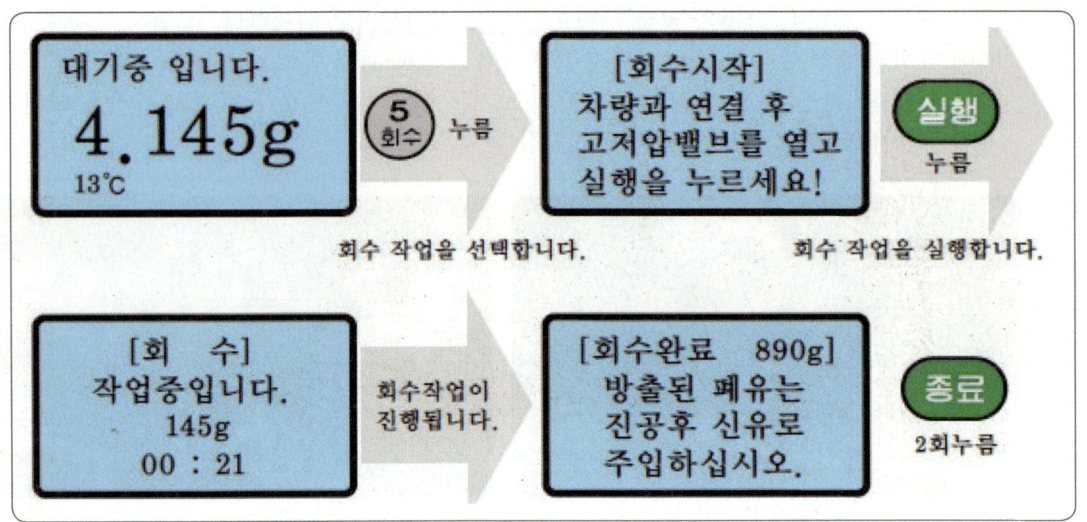

⑥ 진공 순서 : 진공 버튼(6번) → 실행 버튼 → 종료 버튼의 순서로 한다.
　　　　　15분~30분 정도(자동 또는 수동 입력 설정)

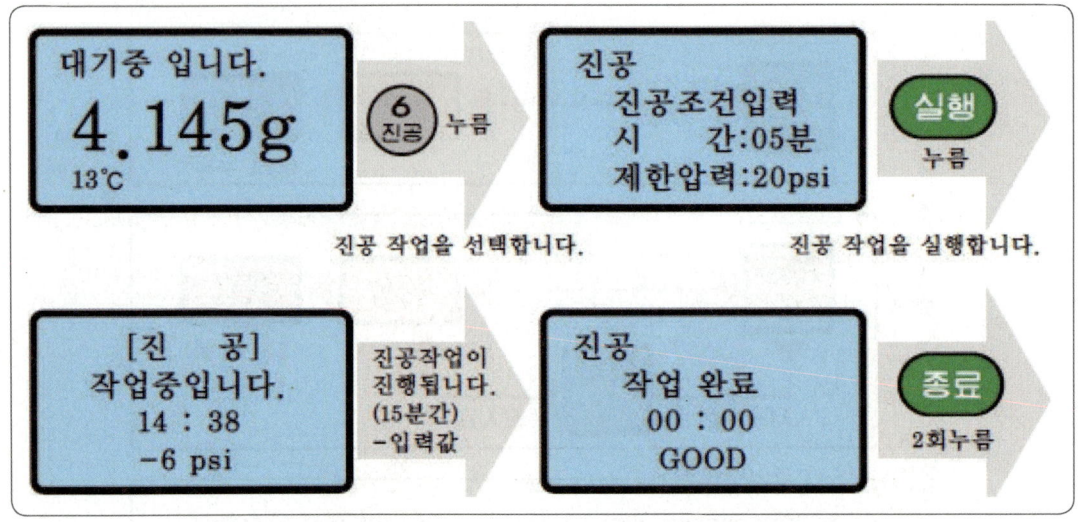

⑦ 오일 주입 : 냉동유 배출에 따른 보상
　㉮ 진공 작업이 완료된 후 디지털 저압계의 압력이 0psi인지를 확인한다.
　㉯ 진공 작업 완료 후 고/저압 밸브 ON 상태로 한다.
　㉰ 신유 주입 밸브를 ON으로 한다.
　㉱ 신유 오일통에 오일(30g 전후)을 주입한다.

⑧ 충전 : 차량별 냉매주입 규정량을 확인한 후 규정량을 충전한다.
  ㉮ 충전 순서 : 충전 용량입력(보통 600g~900g) → 실행(고압, 저압 동시충전)

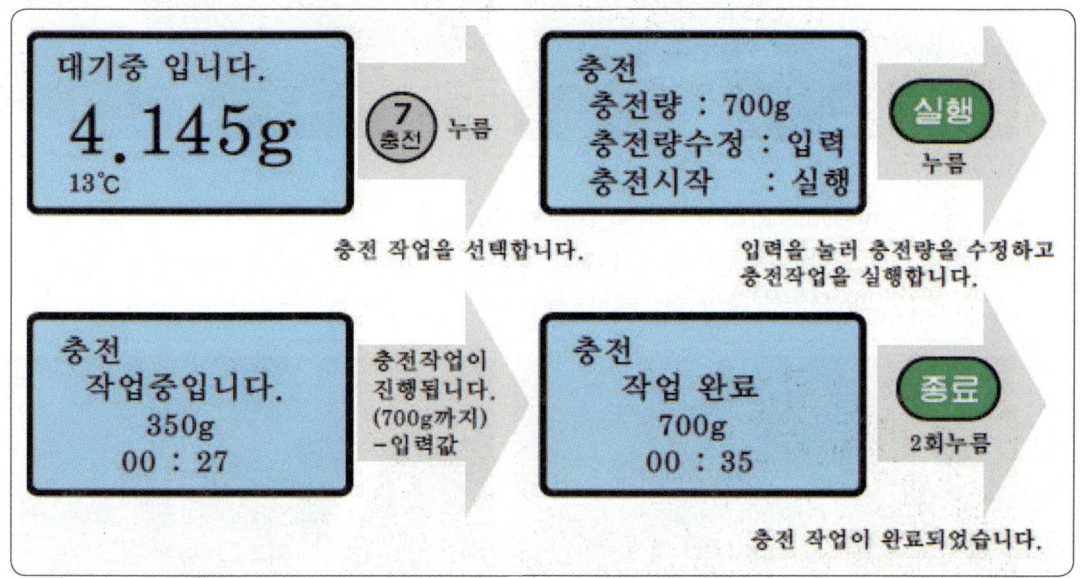

3. 작동상태 확인

① 충전이 완료되면 시동을 걸어서 에어컨 압력과 작동 상태를 점검한다.
② 영상 5℃ 이상, 엔진 워밍업 후 실내 도어 모두 닫힌 상태, 블로어(블로워) 모터 4단 작동한다.
③ 콘덴서 팬 정상, 에어컨 컴프레셔 마그네틱 스위치 등 정상 시 엔진 회전수 2,400rpm 이상에서 점검을 해야 한다.

다기능 스위치(콤비네이션 S/W) 탈거 후 조립

1. 다기능 스위치(콤비네이션 S/W) 탈거

① 조향 핸들 뒤 좌측과 우측에 있는 에어백 모듈의 육각 고정 볼트 2개를 육각 렌지를 이용하여 탈거한다.

② (-) 드라이버를 이용하여 에어백 모듈을 탈거한다.
③ 와이어 클립(노랑색)을 잡아당겨서 풀고, 에어백 모듈 커넥터 잠금 핀을 뺀 후 커넥터를 분리하여 에어백 모듈을 조향 핸들에서 분리한다.

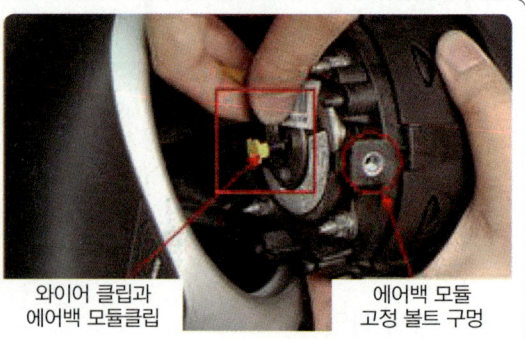

와이어 클립과
에어백 모듈클립

에어백 모듈
고정 볼트 구멍

④ 조향 핸들 고정 너트를 탈거한다.
⑤ 조향 핸들을 탈거할 때 핸들 뒤쪽에 있는 커넥터를 조심해서 탈거한다.

⑥ 조향 컬럼 틸트를 작업하기 편하게 최대한 아래로 내린다.
⑦ 조향 핸들 컬럼 커버 고정 나사를 푼 후 커버를 분리한다.

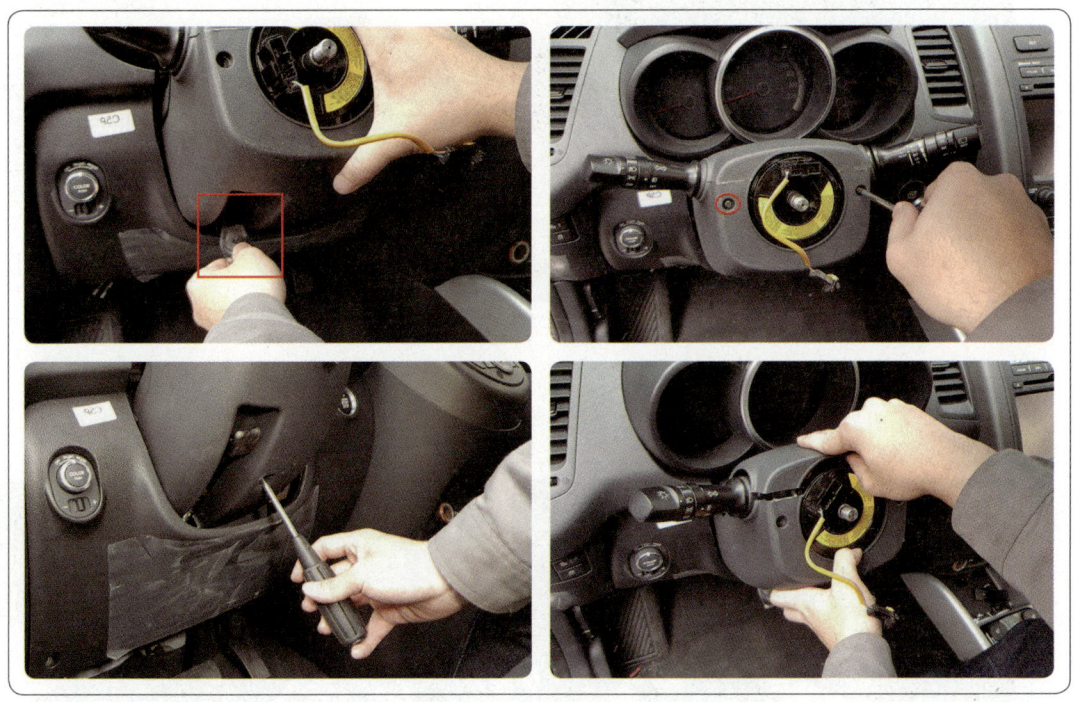

⑧ 클록 스프링 커넥터와 스티어링 휠 리모컨 스위치 커넥터를 클록 스프링에서 분리한다.

⑨ 클록 스프링 좌우 2개와 클록 스프링 중앙 1개의 잠금장치를 분리한 후 클록 스프링을 탈거한다.

⑩ 다기능 스위치 커넥터를 탈거한다.
⑪ 다기능 스위치 고정 나사 2개를 푼다.

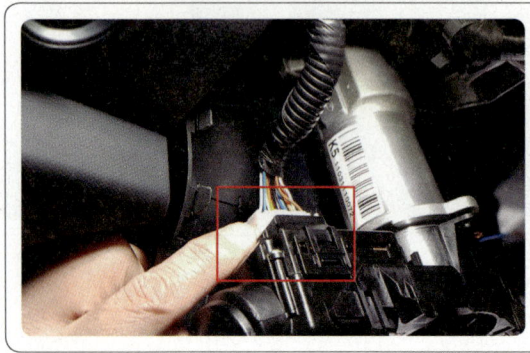

⑫ 다기능 스위치를 탈거한다.

⑬ 다기능 스위치를 시험 위원에게 확인받는다.

2. 다기능 스위치(콤비네이션 S/W) 조립
① 조립은 탈거의 역순으로 분리된 부품을 조립한다.
② 클록 스프링을 위치시키고 정렬 마크를 일치시켜 중심 위치를 맞춘다. 중심 위치는 시계 방향으로 클록 스프링을 멈출 때까지 돌린 후 다시 반대 방향으로 약 2.0 회전시켜서 정렬 마크(▶◀)를 일치시킨다.

경음기 및 릴레이 탈거 후 조립

1. 경음기 및 릴레이 탈거

① 라디에이터 앞에 있는 경음기 커넥터를 탈거한다.
② 경음기 고정 볼트를 탈거한다.

③ 경음기를 탈거한다.
④ 엔진 룸 운전석 쪽에 있는 퓨즈 및 릴레이 박스에서 경음기 릴레이를 탈거한다.

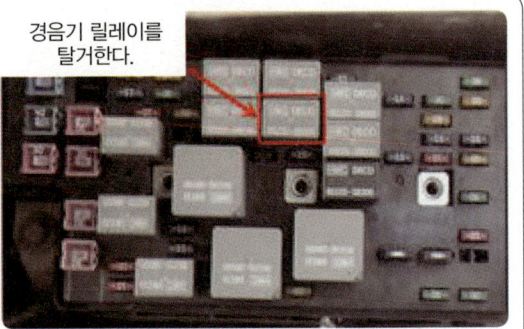

경음기 릴레이를 탈거한다.

⑤ 탈거한 경음기와 경음기 릴레이를 시험 위원에게 확인받는다.

2. 경음기 및 릴레이 조립

① 조립은 탈거의 역순으로 분리된 부품을 조립한다.

윈도우 레귤레이터(파워 윈도우 모터) 탈거 후 조립

1. 윈도우 레귤레이터(파워 윈도우 모터) 탈거

① 도어 트림을 탈거 후 유리를 아래 사진의 위치까지 내린 후 고정 볼트를 탈거한다.
② 유리를 탈거한다.

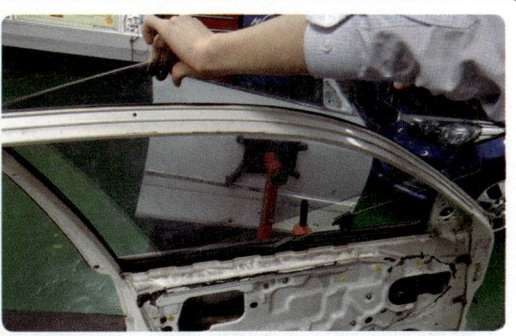

③ 윈도우 레귤레이터(파워 윈도우 모터) 커넥터를 분리 후 모터 고정 볼트 3개를 탈거한다.
④ 유리 가이드 레일 고정 볼트 상하 4개를 탈거한다.

⑤ 윈도우 레귤레이터(파워 윈도우 모터) 어셈블리를 옆으로 기울여서 탈거한다.

⑥ 윈도우 레귤레이터(파워 윈도우 모터) 탈거 작업이 완료된 상태

⑦ 윈도우 레귤레이터(파워 윈도우 모터) 어셈블리를 시험 위원에게 확인받는다.

2. 윈도우 레귤레이터(파워 윈도우 모터) 조립
① 조립은 탈거의 역순으로 분리된 부품을 조립한다.

전조등(헤드 라이트) 탈거 후 조립

1. 전조등(헤드 라이트) 탈거

① 전조등 커넥터를 탈거한다.
② 전조등 및 방향지시등 하부 장착 볼트 1개를 탈거한다.

③ 전조등 및 방향지시등 상부 장착 볼트 2개를 탈거한다.
④ 방향 지시등 커넥터를 탈거한다.

⑤ 전조등을 탈거한다.

⑥ 전조등을 시험 위원에게 확인받는다.

2. 전조등(헤드 라이트) 조립
① 조립은 탈거의 역순으로 분리된 부품을 조립한다.

에어컨 필터(실내 필터) 탈거 후 조립, 블로어 모터 작동상태

1. 에어컨 필터(실내 필터) 탈거

① 동승석에 있는 글로브 박스 열림 버튼을 눌러서 연다.
② 글로브 박스 양쪽에 있는 스토퍼(고정핀)를 돌려서 탈거한다.

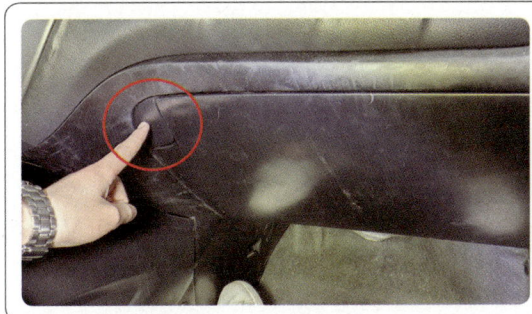
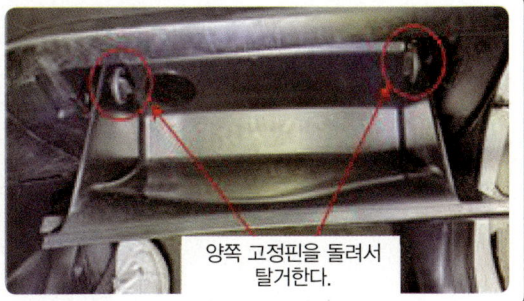

양쪽 고정핀을 돌려서 탈거한다.

③ 글러브 박스에서 에어 댐퍼를 분리한다.

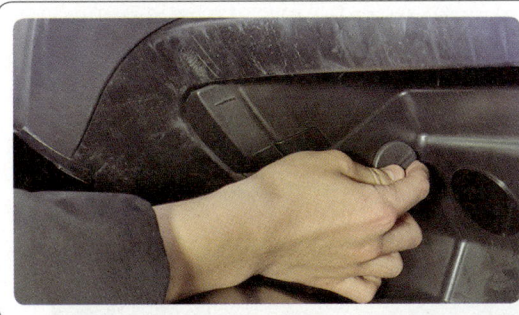
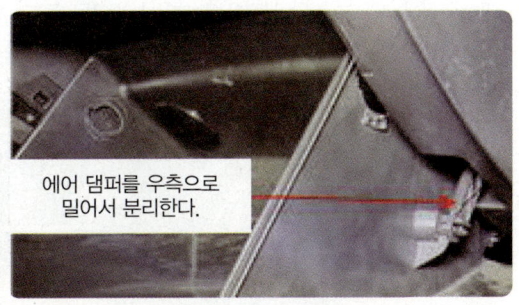

에어 댐퍼를 우측으로 밀어서 분리한다.

④ 양쪽에 있는 에어컨 에어 필터 커버의 노브를 눌러 탈거한다.

양쪽에 있는 노브를 화살표 방향으로 눌러서 분리한다.

⑤ 에어컨 필터를 탈거한다. 탈거 시 에어컨 필터 화살표(아래) 방향을 확인한다.

⑥ 에어컨 필터를 시험 위원에게 확인받는다.

2. 에어컨 필터(실내 필터) 조립
① 조립은 탈거의 역순으로 분리된 부품을 조립한다.
② 에어컨 필터 교환 시 필터의 상하 방향이 바르게 장착되도록 주의한다. 화살표 방향이 아래로 향하게 장착한다.

3. 블로어 모터 작동상태
① 엔진 시동을 걸어 에어컨 스위치를 눌러서 ON 상태로 한다.
② 송풍속도 조절 버튼을 눌러서 송풍 속도(강약 조절)가 조절이 되는지를 확인한다.
③ 정상적으로 송풍 속도가 조절이 되면 블로어 모터는 정상 작동상태이다.

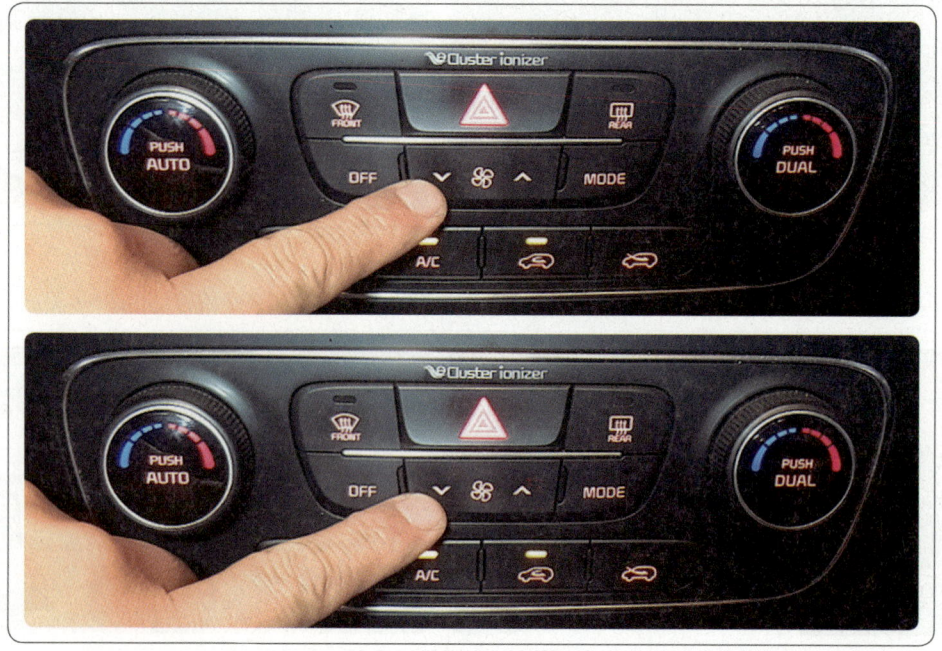

라디에이터 전동 팬 탈거 후 조립

1. 라디에이터 전동 팬 탈거
① 냉각수를 배출하고 라디에이터 상부 호스를 잡고 있는 스트랩을 탈거한다.

② 좌측에 전동 팬 커넥터를 탈거한다.
③ 우측에 에어컨 콘덴서 팬 커넥터를 탈거한다.

④ 전동 팬과 에어컨 콘덴서 고정 볼트 3개를 탈거한다.

⑤ 에어컨 콘덴서 팬을 탈거한다.
⑥ 전동 팬을 탈거한다.

⑦ 전동 팬을 시험 위원에게 확인받는다.

2. 라디에이터 전동 팬 조립
① 조립은 탈거의 역순으로 분리된 부품을 조립한다.
② 조립이 완료되면 부동액을 주입한다.

발전기 탈거 후 조립

 전기 2안-1 내용 참조

블로어 모터 탈거 후 조립

1. 블로어 모터 탈거

① 블루어 모터 커넥터 오른쪽 측면을 눌러서 탈거한다.

 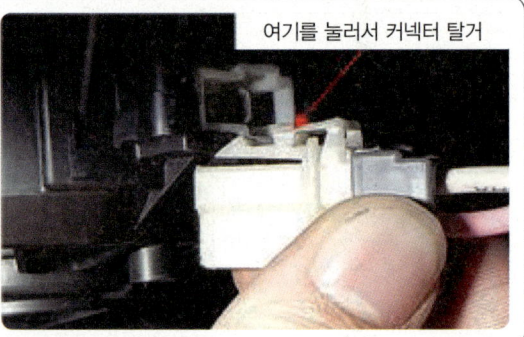

여기를 눌러서 커넥터 탈거

② 블로어 모터 고정 나사 3개를 탈거한다.
③ 블로어 모터를 탈거한다.

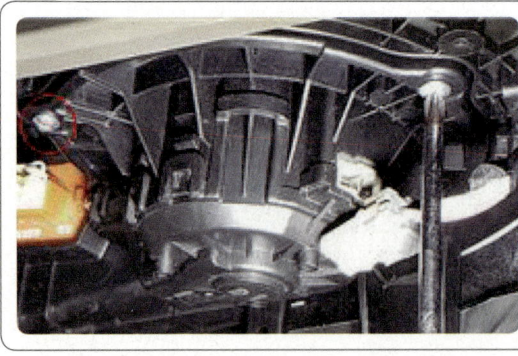 

④ 블로어 모터를 시험 위원에게 확인받는다.

2. 블로어 모터 조립

① 조립은 탈거의 역순으로 분리된 부품을 조립한다.

에어컨 벨트 탈거 후 조립

 전기 2안-1 내용 참조

- 발전기 벨트와 같이 원 벨트로 되어 있기 때문에 작업이 같다

계기판(클러스터) 탈거 후 조립

1. 계기판(클러스터) 탈거-기아 쏘울

① 조향 핸들 뒤 좌측과 우측에 있는 에어백 모듈의 육각 고정 볼트를 육각 렌지를 이용하여 탈거한다.

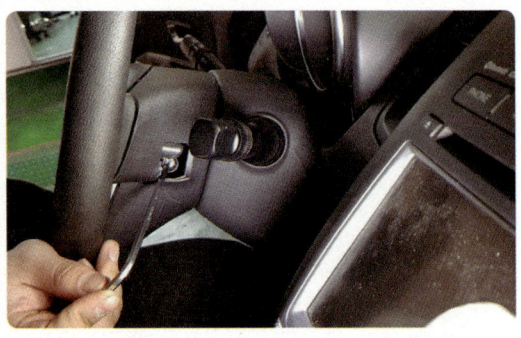

② (−) 드라이버를 이용하여 에어백 모듈을 탈거한다.
③ 와이어 클립(노랑색)을 잡아당겨서 풀고, 에어백 모듈 커넥터 잠금 핀을 뺀 후 커넥터를 분리하여 에어백 모듈을 조향 핸들에서 분리한다.

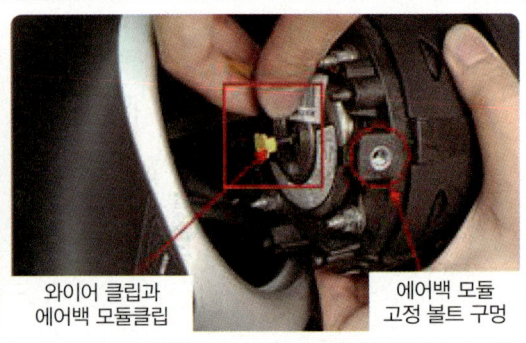

와이어 클립과 에어백 모듈클립 | 에어백 모듈 고정 볼트 구멍

④ 조향 핸들 고정 너트를 탈거한다.
⑤ 조향 핸들을 탈거할 때 핸들 뒤쪽에 있는 커넥터를 조심해서 탈거한다.

⑥ 조향 컬럼 틸트를 작업하기 편하게 최대한 아래로 내린다.
⑦ 조향 핸들 컬럼 커버 고정 나사를 푼 후 커버를 분리한다.

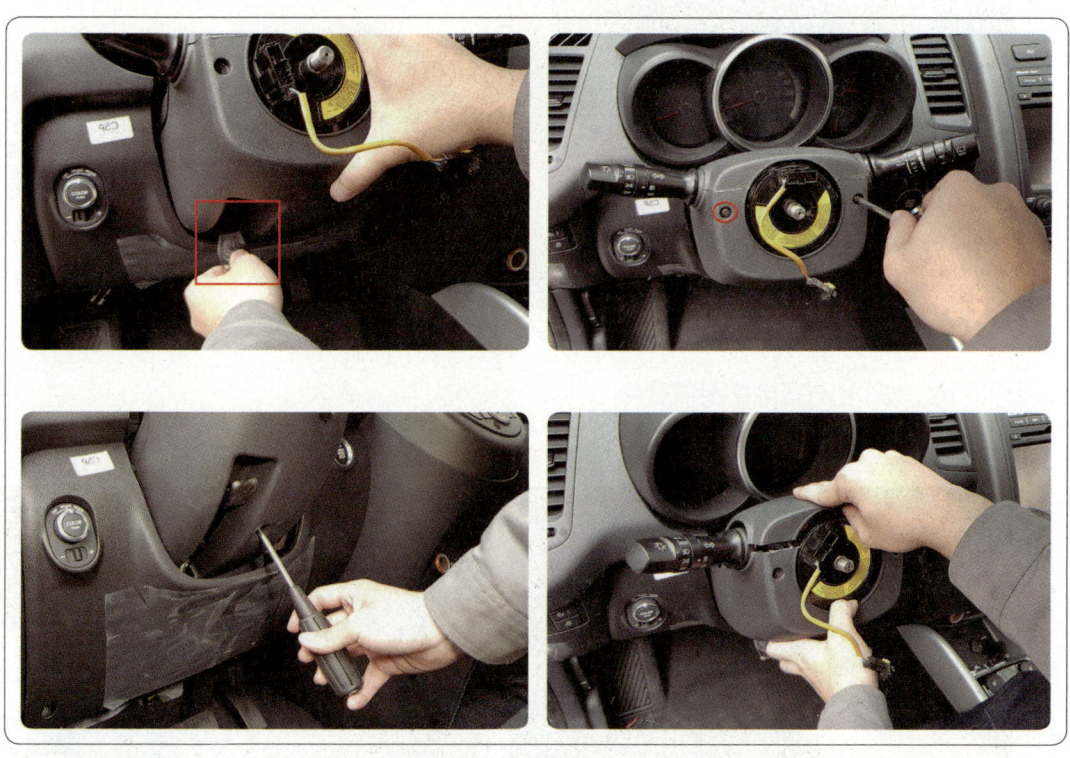

⑧ 클록 스프링 커넥터와 스티어링 휠 리모컨 스위치 커넥터를 클록 스프링에서 분리한다.

⑨ 클록 스프링 좌우 2개와 클록 스프링 중앙 1개의 잠금장치를 분리한 후 클록 스프링을 탈거한다.

손톱으로 좌우에 있는 잠금장치를 아래로 당긴다.

클록 스프링 좌우에 2개의 잠금장치는 손으로 눌러서 탈거하고 클록 스프링 중앙에 1개는 손으로 들어서 탈거한다.

⑩ 다기능 스위치 커넥터를 탈거한다.
⑪ 다기능 스위치 고정 나사 2개를 푼다.

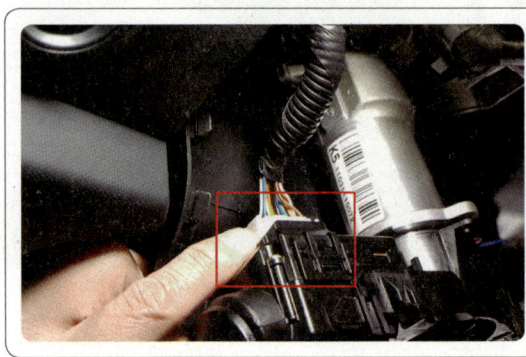 

⑫ 다기능 스위치를 탈거한다. (정비 지침서에는 ⑫까지 순서대로 작업하라고 되어 있지만 ⑬부터 해도 계기판을 탈거할 수 있다)
⑬ 계기판 커버를 두 손으로 잡고 위로 재끼면 계기판 커버가 탈거된다.

⑭ 계기판 커버를 탈거한다.
⑮ 계기판 고정 나사 4개를 탈거한다.

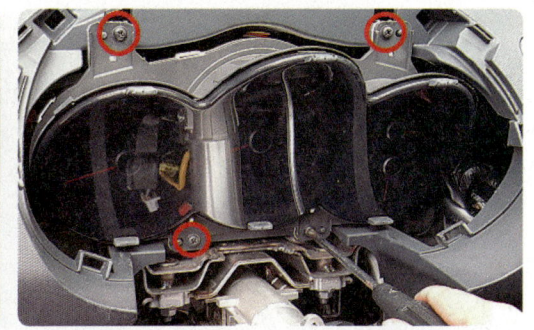

⑯ 계기판 커넥터를 탈거한다.
⑰ 계기판을 탈거한다.

⑱ 계기판을 시험 위원에게 확인받는다.

2. 계기판(클러스터) 탈거-현대 뉴EF쏘나타

① 조향 컬럼 틸트를 작업하기 편하게 최대한 아래로 내린 다음 계기판 커버 케이스 고정 나사 3개를 탈거한다.

② (-) 드라이버를 이용하여 계기판 커버 케이스를 탈거한다.

③ 조향 핸들 컬럼 커버(상부, 하부)를 손으로 벌려서 탈거한다.

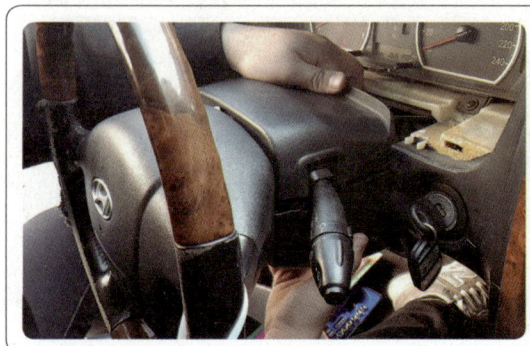 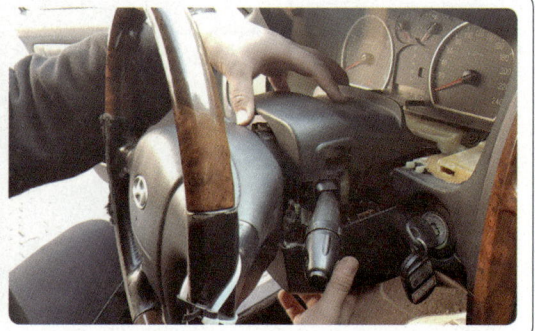

④ 계기판 고정 나사 4개를 탈거한다.

⑤ 계기판을 탈거할 때 뒤쪽에 있는 커넥터 2개를 탈거한다.
⑥ 계기판을 탈거한다.

⑦ 계기판을 시험 위원에게 확인받는다.

3. 계기판(클러스터) 조립
① 조립은 탈거의 역순으로 분리된 부품을 조립한다.

시동 모터의 크랭킹 부하시험

측정 방법

① 자동차가 시동이 걸리지 않도록 점화코일이나 CKP(CAS) 커넥터 등을 탈거한다.
② 소모 전류 측정 전에 후크 메터 레인지를 600A에 놓고 후크 메터를 배터리 단자에서 기동 전동기 "B" 단자로 가는 배선에 연결한다.
③ 측정 전에 반드시 REL 버튼을 눌러서 전류 0점 조정을 한다. 측정 시 배터리 ⊕ 단자 가까운 쪽에서 측정하고, 화살표 방향에 맞게 측정한다. 역극성이면 화면에 ⊖가 표시된다.

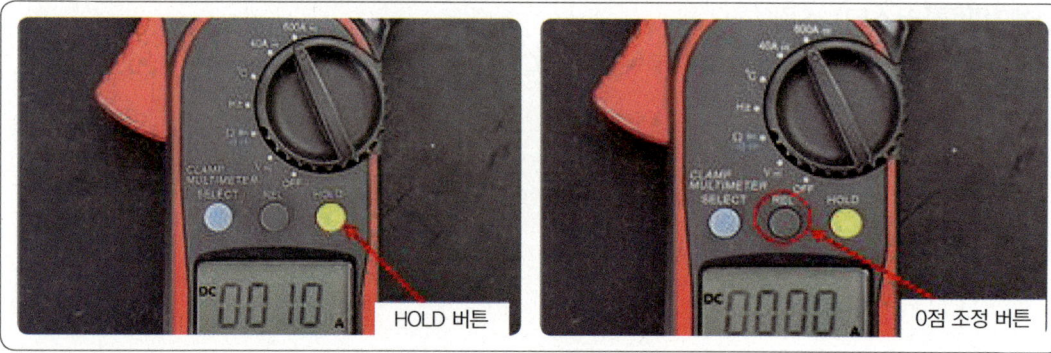

④ 배터리 "B" 단자에 있는 배선 2개 중 1개는 크랭킹 시 소모 전류를 측정하는 배선이고, 1개는 발전기 충전 전류를 측정하는 배선이다. (해당 전류 측정 시 주의)

⑤ 5초 이내로 크랭킹하면서 최대 전륫값을 측정한다. 크랭킹 시 최대 전류에서 HOLD 버튼을 눌러서 측정값을 답안지에 기록한다.

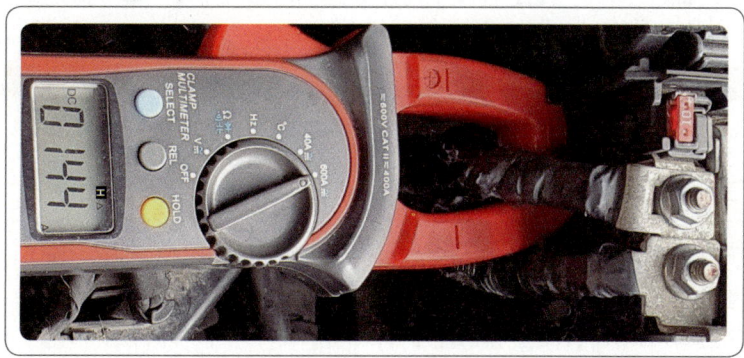

참고사항 및 규정값

① 측정 전 배터리는 정상 상태로 충전되어 있어야 한다.
② 후크 메터(전류계)에 HOLD 기능이 있는 경우는 크랭킹 시 HOLD 버튼을 눌러서 최고 전륫값을 측정할 수 있다.

전압	12V×20/100 = 2.4V, 12V−2.4 = 9.6V 9.6V 이상(배터리 전압 용량의 20% 이상으로 나오면 양호) 9.6V 이하(배터리 전압 용량의 20% 이하로 나오면 불량)
전류	배터리 용량의 3배 이하(80AH일 때: 240A 이하로 나오면 양호) 배터리 용량의 3배 이상(80AH일 때: 240A 이상으로 나오면 불량)

			비 번호		감독확인	
항 목	① 측정(또는 점검)		② 판정 및 정비(또는 조치) 사항			득 점
	측정값	규정(정비한계)값	판정(□에 "✓"표)	정비 및 조치할 사항		
전류 소모	144A	240A 이하	✓ 양 호 □ 불 량	정비 및 조치사항 없음		

정비 및 조치사항

① 전류 측정값이 규정값 이하 시 : 정비 및 조치사항 없음이라고 기록한다.
② 전류 측정값이 규정값 이상 시 : 기동 전동기 교환 후 재점검(재진단)이라고 기록한다.

점화코일 1, 2차 저항 측정

측정 방법

① 몰드형 점화코일 1, 2차 저항측정
  ㉮ 멀티 테스터기의 레인지를 200Ω에 위치시킨다.
  ㉯ 적색 테스터 리드선을 점화코일의 ⊕ 단자선(검은색 선)에, 흑색 테스터 리드선을 점화코일의 ⊖ 단자선(파랑색 선)에 접촉시켜 눈금을 판독한다.
  ㉰ 2차 저항은 멀티 테스터기의 레인지를 20kΩ에 위치시킨다.
  ㉱ 적색 테스터 리드선을 점화코일의 중심단자에, 흑색 테스터 리드선을 점화코일의 단자선(파랑색 선)에 접촉시켜 눈금을 판독한다.

▲ 점화코일 1차 저항 측정(Ω단위)

▲ 점화코일 2차 저항 측정(kΩ 단위)

② DLI형 점화코일 1, 2차 저항측정
  ㉮ 멀티 테스터기의 레인지를 Ω(저항)에 위치시키면 저항 단위가 자동으로 Ω, kΩ, MΩ으로 자동 변환된다.
  ㉯ 적색 테스터 리드선을 점화코일의 ⊕ 단자선에, 흑색 테스터 리드선을 점화코일의 ⊖ 단자선에 접촉시켜 눈금을 판독한다.
  ㉰ 2차 저항은 멀티 테스터기의 레인지를 Ω에 위치시킨다. (단위가 자동으로 변환됨)
  ㉱ 적색 테스터 리드선을 점화코일의 중심단자에, 흑색 테스터 리드선은 다른 점화코일의 중심단자에 접촉시켜 눈금을 판독한다.

▲ 점화코일 1차 저항 측정(DLI)   ▲ 점화코일 2차 저항 측정(DLI)

▲ 엔진에서 점화코일 1차 저항 측정(DLI)   ▲ 엔진에서 점화코일 2차 저항 측정(DLI)

① 자동차 메이커사의 4실린더 DLI형 점화코일은 장착된 면을 아래로 놓고 보았을 때 우측이 1, 4번용 A코일이다.
② 1차 코일의 저항 : 0.5~0.9Ω 정도, 2차 코일의 저항 : 11~16KΩ 정도

점화코일 저항 규정값

차 종	1차 저항(Ω)	2차 저항(kΩ)	차 종	1차 저항(Ω)	2차 저항(kΩ)
아반떼 XD 1.5	0.62±10%	7.0±15%	쏘나타 Ⅱ SOHC·1.8·2.0	0.8±0.08%	12±1.21%
베르나 SOHC·DOHC	0.87±10%	13.0±15%	아반떼 XD 2.0	0.58±10%	8.8±15%
아반떼 XD 1.6	0.62±10%	7.0±15%	아반떼 HD	0.75±15%	–
쏘나타 Ⅲ 1.8·2.0	0.78	20	그랜저 TG 2.4	0.62±10%	10.3~13.9%
쏘울	0.79±15%	5.9±15%	EF 쏘나타 1.8·2.0 뉴 EF 쏘나타 2.0	0.78	20
뉴 EF 쏘나타 2.5	0.74±10%	13.3±15%	NF 쏘나타 2.0	0.62±10%	11.3~15.3
그랜저 XG 2.5	0.8±0.08%	12.1±1.8%	그랜저 XG·TG 2.0	0.74±10%	13.3±15%
K3	0.62±10%	7.0±15%	그랜저 XG 3.0	0.78	13.0±20%

답안지 작성 예

	비 번호		감독확인	

항 목	① 측정(또는 점검)		② 판정 및 정비(또는 조치) 사항		득 점
	측정값	규정(정비한계)값	판정(□에 "✓"표)	정비 및 조치할 사항	
1차 저항	1.2Ω	0.8±0.08Ω	□ 양 호 ✓ 불 량	점화코일 교환 후 재점검	
2차 저항	12.18kΩ	12±1.21kΩ	✓ 양 호 □ 불 량		

정비 및 조치사항

① 양호 시 : 정비 및 조치사항 없음이라고 기록한다.
② 점화코일 1차 또는 2차 중에 하나라도 저항값이 불량 시 : 점화코일 교환 후 재점검(재진단)이라고 기록한다.

3안-2 발전기 충전되는 전류와 전압 점검

측정 방법

① 충전 전류를 측정하기 전에 먼저 후크 메타의 레인지를 40A로 선택한다.
② 충전 전류 측정 시 후크 메터를 발전기 "B" 단자 배선에 연결한다. (측정 시 방향에 맞게 측정한다. 역극성이면 측정값에 ⊖가 표시되면서 측정값이 나온다)
③ 측정 전에 반드시 REL 버튼을 눌러서 전류 0점 조정을 한다. (1안-2 참고)

④ 배터리 "B" 단자에 있는 배선 2개 중 1개는 크랭킹 시 소모 전류를 측정하는 배선이고, 1개는 발전기 충전 전류를 측정하는 배선이다. (해당 전류 측정 시 주의)
⑤ 발전기 충전 전류 측정 시 발전기 "B" 단자에서 측정하면 배터리 "B" 단자에서 측정하는 충전 전류값보다 높게 측정된다. (안전상 이유로 시험장에서는 배터리 쪽에서 측정함)

▲ 후크 메타를 발전기 "B" 단자 배선에 연결하고 충전 전류를 측정(측정값: 20.73A)

▲ 배터리 "B" 단자 배선에 연결하고 충전 전류를 측정(측정값: 13.93A)

⑥ 충전 전압 측정 시 디지털 멀티 테스터기 적색 리드선을 배터리 단자, 흑색 리드선을 배터리 단자에 연결한다.

정상측정 조건

① 발전기 벨트 및 커넥터부가 정상 체결 상태이어야 한다.
② 완전 방전된 배터리 상태에서, 시동 시에만 외부 배터리로 점프 시동/배터리 제거 후 측정한다. (완전 방전된 배터리에서나 발전기 정격 전류의 70% 이상 전륫값이 나온다)
③ 정상 배터리가 장착된 차량에서는 엔진 회전수가 2,500rpm을 유지하고 최대로 전기소비 부하상태(에어컨, 전조등 상향, 라디오, 도어 윈도, 열선 등)로 작동시킨 후 측정한다.

참고사항

① 정상적인 차량에서 발전기의 출력 전류는 2,500rpm 및 최대 부하 조건이 형성되지 않으면, 발전기 용량의 70% 이상 출력하기 어렵다. (배터리가 방전된 상태에서 전류값이 나옴)
② 시험장에서는 최대 부하 조건이 될 수 있도록 시험 위원의 지시 및 확인을 받고 측정하여야 하며, 워밍업 후 공회전 상태(무부하 정지 시)에서는 오히려 10A 이내의 출력전류가 발생하는 경우도 있다. (충전된 차량의 경우)
③ 전압은 시동 전 전압보다 최소 1V~1.5V 이상 높게 출력되어야 양호하다. (최대 15V 이내)
④ 발전기 정격 전류의 70% 이상 전류값이 나오면 정상이다. (전기부하를 최대로 했을 때)
⑤ 전압계의 측정치가 다음에 있는 조정 전압표와 일치하면 전압 레귤레이터는 정상적으로 작동하는 것이다. 만일 측정치가 표준치를 초과하면 전압레귤레이터나 알터네이터가 결함이 있는 것이다.

전압 레귤레이터의 주위온도(°C)	조정 전압(V)	전압 레귤레이터의 주위온도(°C)	조정 전압(V)	전압 레귤레이터의 주위온도(°C)	조정 전압(V)
−30	14.2~15.3	25	14.2~14.8	135	13.3~14.8

제작 회사	현 대					
	K5(JF)	YF 쏘나타 K5, K7	아반떼 XD·HD ·MD, 쏘울	쏘나타	EF 쏘나타	NF 쏘나타, K3 그랜저 XG·TG
정격 전압	13.5V	13.5V	13.5V	13.5V	13.5V	13.5V
정격 출력	130A	110A	90A	76A	95A	110A
회전수	2,500rpm	2,500rpm	2,500rpm	2,500rpm	2,500rpm	2,500rpm

답안지 작성 예

			비 번호		감독확인	
항 목	① 측정(또는 점검)		② 판정 및 정비(또는 조치) 사항			득 점
	측정값	규정(정비한계)값	판정(□에 "✓"표)	정비 및 조치할 사항		
충전 전류	13.93A	✗	✓ 양 호 □ 불 량	정비 및 조치사항 없음		
충전 전압	14.39V	13.5~14.8V				

정비 및 조치사항

① 충전 전류 규정값이 없으므로 충전 전압 불량 시 : 발전기 교환 후 재점검이라고 기록한다.

메인 컨트롤 릴레이 점검

측정방법

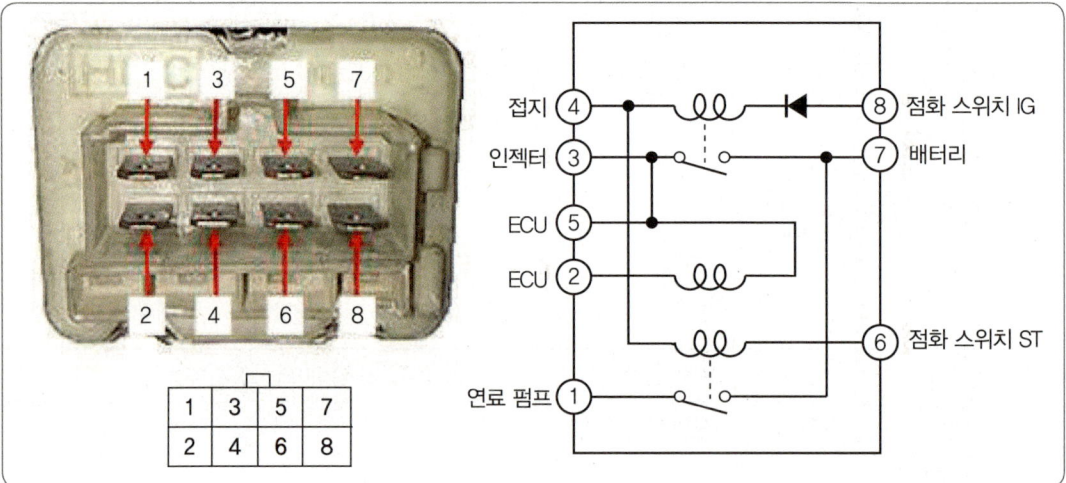

① 메인 컨트롤 릴레이 점검 시 저항값은 무시하고 통전, 비통전으로 양호, 불량을 판정한다.
② 코일이 여자 안 되었을 때(코일에 전원 미 공급 시) 점검방법은 멀티 테스터기를 이용하여 1번과 7번 단자 비통전, 2번과 3번 단자 통전, 2번과 5번 단자 통전, 3번과 7번 단자 비통전, 4번과 6번 단자 통전, 흑색 리드선을 8번 단자에 적색 리드선을 4번 단자에 접촉 시 비통전, 흑색 리드선을 4번 단자에 적색 리드선을 8번 단자에 접촉 시 통전이면 메인 컨트롤 릴레이는 정상이다. (다이오드를 사용한 코일이기 때문에 한 방향으로만 통전된다)
③ 코일이 여자 되었을 때(전원 공급 시) 점검방법은 4번 단자에 ⊖를 연결하고, 6번 단자에 ⊕를 연결한다.
④ 멀티 테스터기를 이용하여 1번과 7번 단자 통전, 3번과 7번 단자 비통전이면 메인 컨트롤 릴레이는 정상이다.
⑤ 코일이 여자 되었을 때(전원 공급 시) 점검방법은 4번 단자에 ⊖를 연결하고, 8번 단자에 ⊕를 연결한다.
⑥ 멀티 테스터기를 이용하여 1번과 7번 단자 비통전, 3번과 7번 단자 통전이면 메인 컨트롤 릴레이는 정상이다.

메인 컨트롤 릴레이 기준값

■ 멀티 테스터기로 단품 점검(메인 컨트롤 릴레이 A형)

단 자	저항값	통전 여부	비 고
1↔7	∞Ω	비통전	테스터의 리드선 위치는 관계없다.
2↔3	95Ω	통전	
2↔5	95Ω	통전	
3↔7	∞Ω	비통전	
4↔6	35Ω	통전	
4←8	140Ω	통전	흑색은 4번 단자에 적색은 8번 단자에 접촉
4→8	∞Ω	비통전	적색은 4번 단자에 검정색은 8번 단자에 접촉

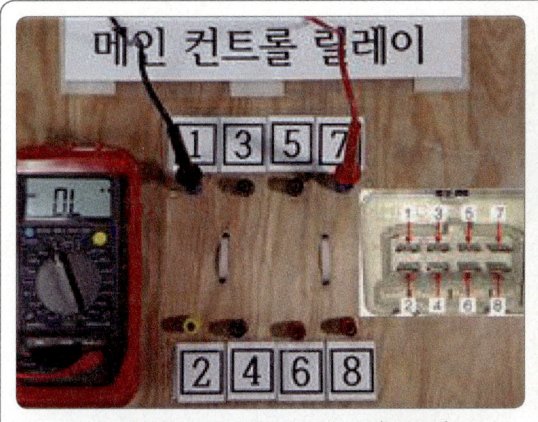
▲ 메인 컨트롤 릴레이 1번-7번(비통전)

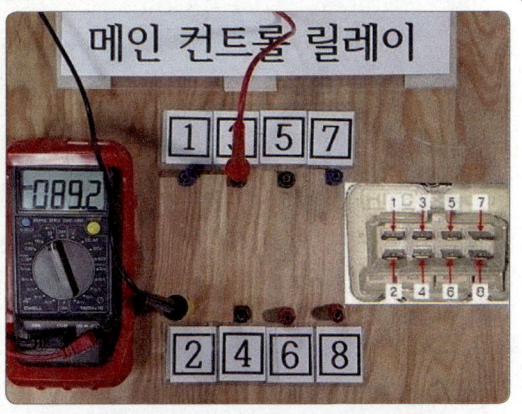
▲ 메인 컨트롤 릴레이 2번-3번(통전)

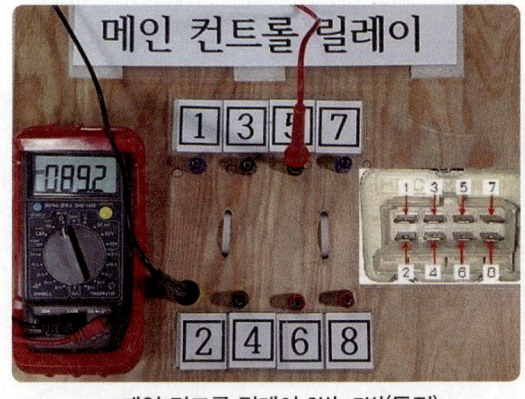
▲ 메인 컨트롤 릴레이 2번-5번(통전)

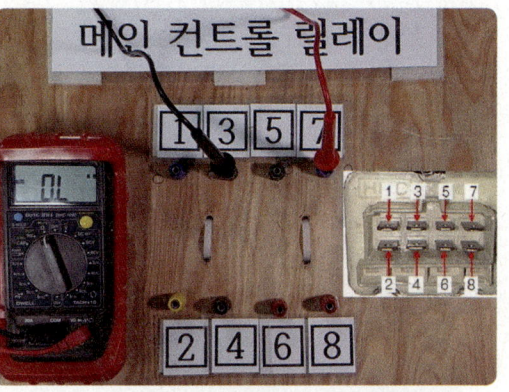
▲ 메인 컨트롤 릴레이 3번-7번(비통전)

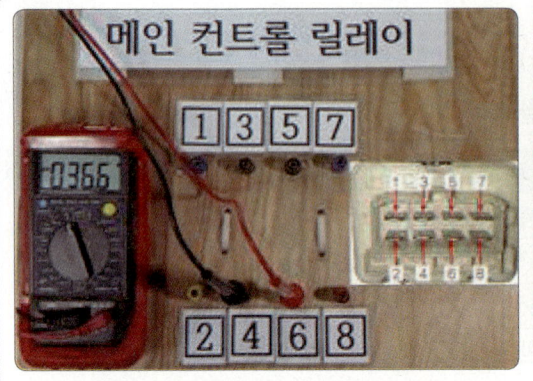
▲ 메인 컨트롤 릴레이 4번-6번(통전)

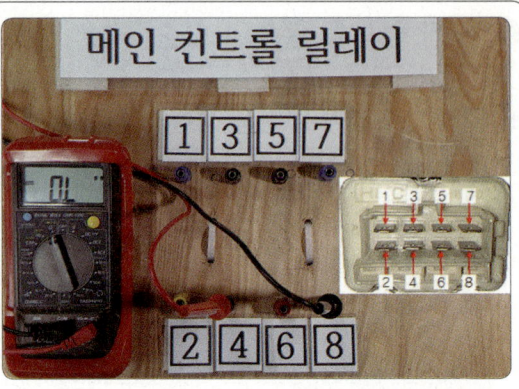
▲ 메인 컨트롤 릴레이 4번(적색)-8번(흑색)(비통전)

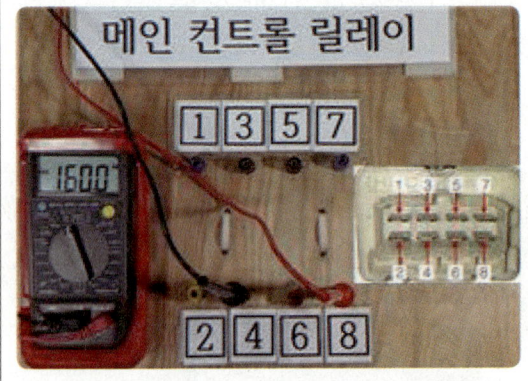
▲ 메인 컨트롤 릴레이 4번(흑색)-8번(적색)(통전)

■ 배터리 전원이 공급되는 상태(4번 단자에 ⊖, 6번 단자에 ⊕ 연결)

단 자	통전 여부	비 고
1↔7	통전	테스터의 리드선 위치는 관계없다
3↔7	비통전	

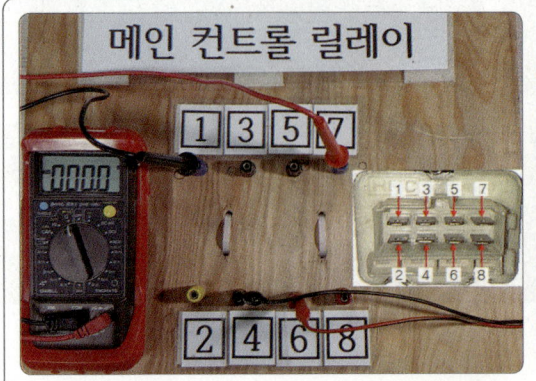
▲ 컨트롤 릴레이 4-6번 전원공급, 1번-7번(통전)

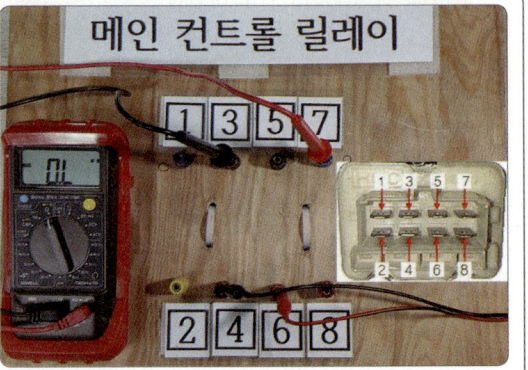
▲ 컨트롤 릴레이 4-6번 전원공급, 3-7번(비통전)

■ 배터리 전원이 공급되는 상태(4번 단자에 ⊖, 8번 단자에 ⊕ 연결)

단 자	통전 여부	비 고
1↔7	비통전	테스터의 리드선 위치는 관계없다.
3↔7	통전	

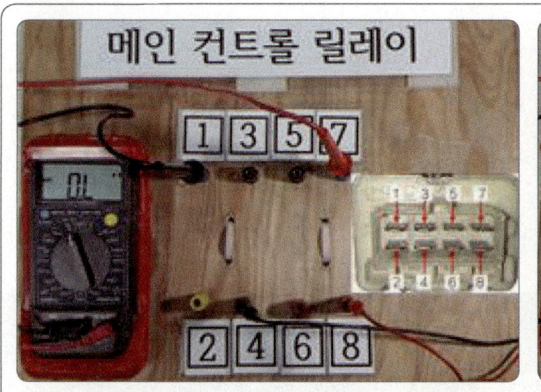

▲ 컨트롤 릴레이 4-8번 전원공급, 1번-7번(비통전)   ▲ 컨트롤 릴레이 4-8번 전원공급, 3-7번(통전)

답안지 작성 예

		비 번호		감독확인	
항 목	① 측정(또는 점검)	② 판정 및 정비(또는 조치) 사항			득 점
		판정(□에 "✓"표)	정비 및 조치할 사항		
코일이 여자 되었을 때	□ 양 호 ☑ 불 량	□ 양 호 ☑ 불 량	메인 컨트롤 릴레이 교환 후 재점검(재진단)		
코일이 여자 안 되었을 때	□ 양 호 ☑ 불 량				

정비 및 조치사항

① 양호 시 : 정비 및 조치사항 없음이라고 기록한다.
② 불량 시 : 메인 컨트롤 릴레이 교환 후 재점검(재진단)이라고 기록한다.

ISC 밸브 듀티 값 측정
(측정조건 : 무부하 공회전 시)

측정 방법

① 멀티 테스터기의 레인지를 노란색(펑션 키)를 눌러서 듀티로 설정한 다음 ISA의 듀티 값을 측정한다.
② 열림 구간(ON 구간) 듀티는 1번을 측정한다. (열림 구간은 듀티 값은 50%를 넘지 못한다)

▲ ISA(ISC) 열림 코일 듀티값(1번 측정)

▲ ISA(ISC) 닫힘 코일 듀티값(3번 측정)

③ 스캐너를 이용할 경우에는 센서 출력(서비스 데이터) 항목에서 측정값을 확인할 수 있다.

㉠ 현대자동차　　㉡ 뉴-아반떼 XD　　㉢ 센서 출력

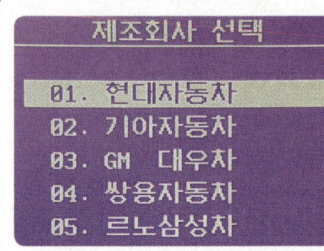
㉣ ISA 듀티 값(31.7%)

ISC(ISA) 규정값

① ISC 밸브의 용도 : 일종의 공회전 속도 보상장치로서, 크게 3가지 영역에서 작동을 한다.
  ㉮ 점화 스위치 ON 시 수 초간 시동에 필요한 충분한 공기흡입을 위한 초기 구동
  ㉯ 시동 직후 워밍업 기간을 단축하기 위한 패스트 아이들-업 작동(rpm 상승)
  ㉰ 워밍 업 후 공회전 시 및 가속 시 등 기계적 부하 및 전기 부하에 따른 엔진 회전수를 보상 작용한다.
② 종류별 유사기능 장치 확인
  ㉮ IAC(Idle Air Control) : 2단자(2P), 4단자(4P)/GM계열
  ㉯ 스텝 모터 : 6단자(6P)/현대계열 ⇨ 측정 시 위, 아래의 중심단자 측정 금지, 그 외 단자를 측정한다.
  ㉰ ISA : 3단자(3P)/현대계열 ⇨ 측정 시 중심단자(2번)는 전원 공급 단자이다.
③ 규정값(ISA 듀티 값)

장치류	공회전시	미등 ON시	에어컨 ON시	냉각수 20℃
ISA(ISC)	30~32%	32~33%	33~35%	45~50%

장치류	공회전시 스텝값	부하시 스텝 값
스텝 모터	4~14 스텝	20~60 스텝

답안지 작성 예

	비 번호		감독확인	

항 목	① 측정(또는 점검)		② 판정 및 정비(또는 조치) 사항		득 점
	측정값	규정(정비한계)값	판정(□에 "√"표)	정비 및 조치할 사항	
밸브 듀티 (열림 코일)	30.2%	30~32%	☑ 양 호 □ 불 량	정비 및 조치사항 없음	

답안지 작성 예

① 불량 시 : ISA(ISC) 밸브 교환 후 재점검(재진단)이라고 기록한다.

Point

하네스 측 커넥터 단자(①번 단자에서 측정)

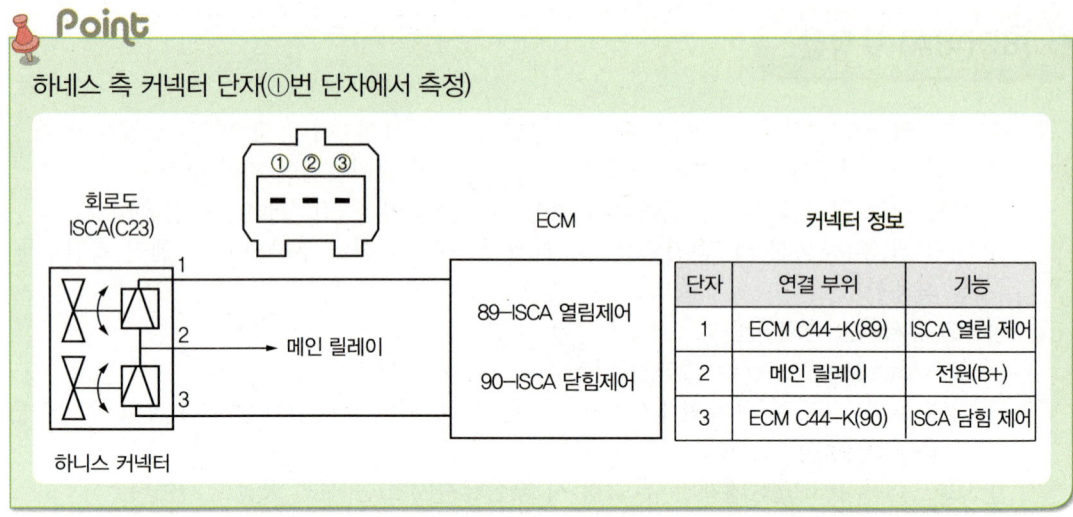

축전지 비중과 축전지 용량시험기를 작동시킨 상태에서 전압 측정

측정 방법

① 측정 전 비중계의 남아있는 전해액 등을 깨끗하게 닦는다.
② 축전지의 벤티 플러그를 탈거하고 비중계에 들어 있는 스포이드로 프리즘 쪽에 전해액을 한 방울 떨어뜨린 후 빛 투과판 덮개를 덮는다. 비중계를 빛이 밝은 쪽으로 향하게 한 후, 렌즈를 통해 밝은 부분과 어두운 부분의 경계선을 읽어 비중을 측정한다.
③ 축전지 비중 측정값은 1.170이다

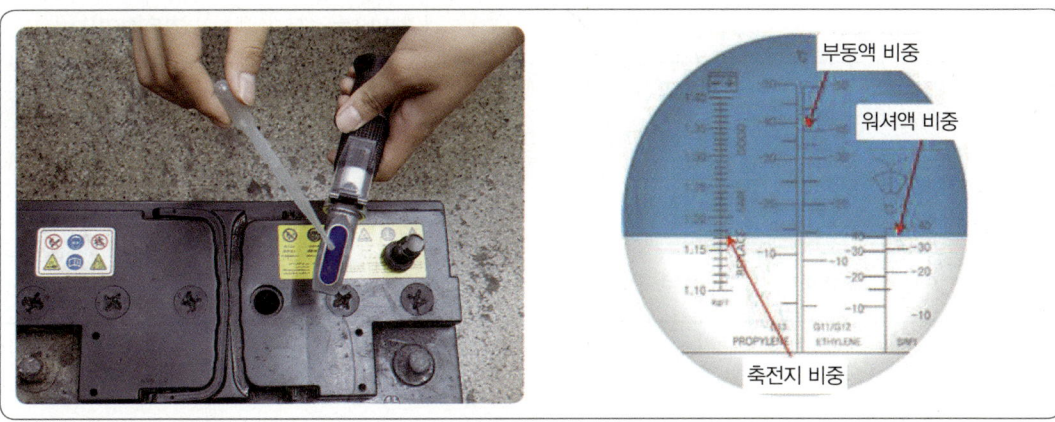

③ 축전지 용량 시험은 부하 테스트기(부하 시 5초 이내)를 이용하여 전압을 측정한다.

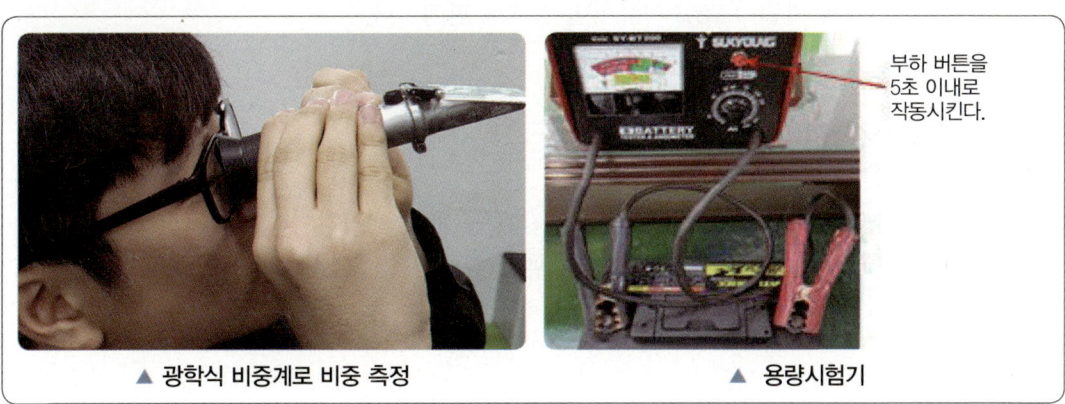

▲ 광학식 비중계로 비중 측정   ▲ 용량시험기

참고사항 : 규정값

전체 단자 전압	셀당 단자 전압	20℃에서 비중		충전 상태 (방전량)	판 정
		A	B		
12.6V 이상	2.1V 이상	1.260	1.280	100%	정상
12.0V 이상	2.0V 이상	1.230	1.250	75%(3/4 충전)	양호, 사용가
11.1V 이상	1.85V 이상	1.170	1.190	25%(1/4 충전)	불량. 충전 요함
10.5V 이하	1.75V 이하	1.110	1.130	0%(완전 방전)	불량. 교환 요함

답안지 작성 예

항 목	① 측정(또는 점검)		② 판정 및 정비(또는 조치) 사항		득 점
	측정값	규정(정비한계)값	판정(□에 "✓"표)	정비 및 조치할 사항	
축전지 전해액 비중	1.170	1.280	□ 양 호 ☑ 불 량	축전지 충전 후 재점검	
축전지 전 압	11.4V	9.6V 이상			

비 번호 / 감독확인

판 정

① 축전지의 전압과 비중이 75% 이상이면 양호로 판정한다.

정비 및 조치사항

① 비중이나 전압 둘 중 하나라도 불량 시 : 축전지 충전 후 재점검이라고 기록한다.
② 충전을 했어도 측정값이 불량 시 : 축전지 교환 후 재점검(재진단)이라고 기록한다.

에어컨 라인의 압력 점검

🔵 측정 방법

① 차량 에어컨 서비스 니플에 원형 구멍의 중심을 일치시키고 삽입한다. 삽입이 되면 퀵 커넥터에 표시된 방향으로 부드럽게 돌려 움직이지 않을 때까지 돌려 고정한다.
② 고압(적색)과 저압(청색)의 서비스 니플의 크기는 서로 다르므로 커넥터의 크기를 확인하고 저압 퀵 커넥터와 고압 퀵 커넥터를 연결한다.

▲ 저압(청색)에 압력 게이지 설치

▲ 고압(적색)에 압력 게이지 설치

② 게이지를 정상적으로 설치 후 엔진 시동 ⇨ 충분히 워밍업 후 ⇨ 에어컨 작동(블로어 스위치 4단) 엔진 회전수를 2,400rpm(중속)로 유지시킨 후 게이지 압력을 판독한다.

🔵 참고사항

① 에어컨 라인 압력 규정값(게이지에 따른 단위 주의 : $1kgf/cm^2$=14.2 PSI)
　㉮ 저압(청색) : $1.5 \sim 2.2kgf/cm^2$(21.3~31PSI)
　㉯ 고압(적색) : $14.5 \sim 15kgf/cm^2$(206~213PSI)
② 라인 내에 공기가 혼입된 경우($2.5kgf/cm^2$, $23kgf/cm^2$)/냉매가 순환이 안 될 때(아주 낮음, $6kgf/cm^2$)
③ 라인 내에 수분이 혼합된 경우($1.5kgf/cm^2$, $7 \sim 15kgf/cm^2$)

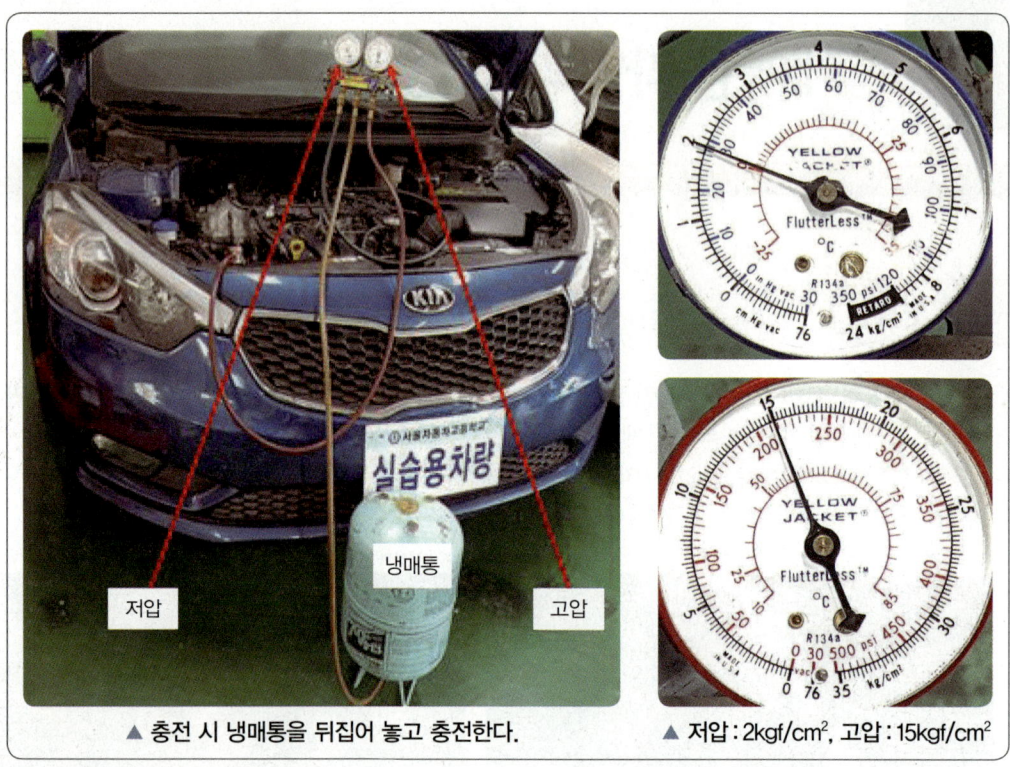

▲ 충전 시 냉매통을 뒤집어 놓고 충전한다.　　▲ 저압 : 2kgf/cm², 고압 : 15kgf/cm²

답안지 작성 예

	비 번호		감독확인	
항 목	① 측정(또는 점검)		② 판정 및 정비(또는 조치) 사항		득 점
	측정값	규정(정비한계)값	판정(□에 "✓"표)	정비 및 조치할 사항	
저 압	2kgf/cm²	1.5 ~ 2.2kgf/cm²	☑ 양 호 □ 불 량	정비 및 조치사항 없음	
고 압	15kgf/cm²	14.5 ~ 15kgf/cm²			

정비 및 조치사항

① 양호 시 : 정비 및 조치사항 없음이라고 기록한다.
② 압력 저하 시 : 에어컨 냉매를 규정 압력으로 보충 후 재점검이라고 기록한다.
② 압력 과다 시 : 냉매를 규정 압력으로 배출 후 재점검이라고 기록한다.

급속 충전 후 축전지 비중과 전압 측정

측정 방법

① 모든 스위치가 ON 또는 OFF인지를 확인한다.
② 충전기에 전원 220V 연결하고(전원은 OFF 상태) 축전지 표면을 깨끗하게 닦는다.
③ 충전기 리드선을 배터리 , 단자에 연결한다.
④ 위치 스위치를 선택한다.
  ㉮ TEST(시험) ⇒ 축전지 전압을 측정할 때 사용한다.
    전압게이지 부분 하단의 충전시간을 기록하여 둔다. (수동 충전시간)
  ㉯ 12V ⇒ 충전 시 축전지 12V일 때 선택한다. (승용 자동차 충전 시 사용)
    24V ⇒ 충전 시 축전지 24V일 때 선택한다. (배터리 2개를 직렬접속 시 선정)
⑤ 선택 스위치 선택한다.
  ㉮ Starting(시동) ⇒ 배터리 방전으로 실 차량을 연결해서 시동을 걸 때 사용한다. (평상시에는 사용을 금지한다)
  ㉯ Charge(충전) ⇒ 배터리 충전 시 사용한다(충전 선택).
⑥ 전원 스위치를 ON으로 한다. (전원 연결 시 배터리 단자에서 쇼트가 일어날 수 있으니 주의한다)
  ㉮ 충전기 우측 하단에 있는 전류정밀 조정기를 서서히 돌려서 전류계(좌측 상단)를 보면서 충전 전류를 맞춘다.
  ㉯ 급속 충전 시 배터리 용량의 50% 이하로 충전하고, 정전류 충전 시에는 배터리 용량의 10%로 충전한다. 예 배터리 용량이 60AH일 경우, 6A로 충전한다)

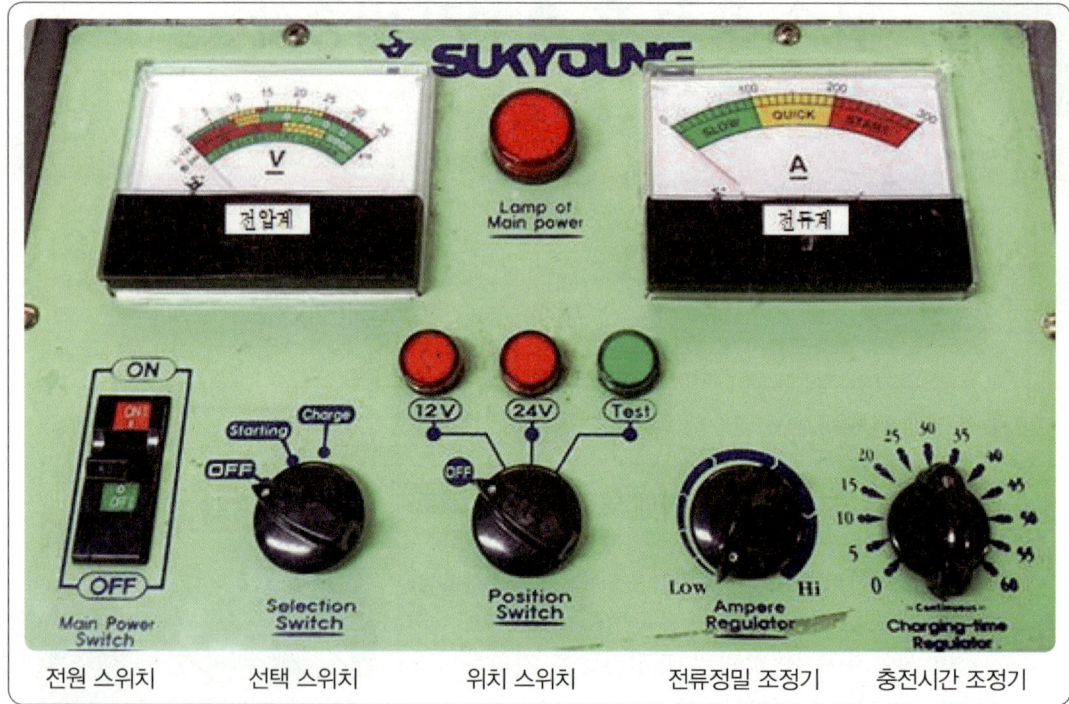

⑦ 충전시간 조정기를 돌려서 충전 시간을 맞춘다.
　자동선정/수동선정 시 -"시험"시 측정된 시간으로 선정한다.
⑧ 충전이 끝나면 부저가 울린다. (수동으로 선택 시 선택한 시간이 되면 벨이 울린다)
⑨ 방전에 따른 전압은 아래 표와 같이 10.5V 이하일 경우에는 축전지(배터리) 교환이라고 답안지에 기록한다.

전체 단자 전압	셀당 단자 전압	20℃에서 비중		충전 상태 (방전량)	판 정
		A	B		
12.6V 이상	2.1V 이상	1.260	1.280	100%	정 상
12.0V 이상	2.0V 이상	1.230	1.250	75%(3/4 충전)	양호, 사용가
11.1V 이상	1.85V 이상	1.170	1.190	25%(1/4 충전)	불량. 충전 요함
10.5V 이하	1.75V 이하	1.110	1.130	0%(완전 방전)	불량. 교환 요함

답안지 작성 예

항목	① 측정(또는 점검)		② 판정 및 정비(또는 조치) 사항		득 점
	측정값	규정(정비한계)값	판정(□에 "✓"표)	정비 및 조치할 사항	
축전지 비중	1.240	1.260~1.280	□ 양 호 ☑ 불 량	축전지 교환 후 재점검(재진단)	
축전지 전압	11.7V	12.6V 이상			

비 번호 / 감독확인

판 정

① 전기 6안은 용량시험기로 부하를 주었을 때 전압을 측정하는 것이다.
② 전기 8안은 급속 충전한 상태에서 축전지에 부하를 주지 않았을 때 비중과 전압값을 측정하는 항목이다. (규정값이 6안과 8안이 다른 이유)

정비 및 조치사항

① 비중이나 전압 둘 중 하나라도 불량 시 : 축전지(배터리) 교환 후 재점검(재진단)이라고 기록한다.
② 충전을 했어도 측정값이 불량 시 : 축전지 교환 후 재점검(재진단)이라고 기록한다.

발전기 충전 전류와 전압 점검

➤ 전기 3안 – 2 내용 참조

측정 방법

▲ 배터리 "B" 단자 배선에 연결하고 출력 전류를 측정
(안전상 배터리쪽에서 측정. 측정값: 13.93A)

▲ 리드선을 배터리 ⊕와 ⊖ 단자에 연결(13.92V)

항 목	① 측정(또는 점검)		② 판정 및 정비(또는 조치) 사항		득 점
	측정값	규정(정비한계)값	판정(□에 "✓"표)	정비 및 조치할 사항	
충전 전류	13.93A		☑ 양 호 □ 불 량	정비 및 조치사항 없음	
충전 전압	13.92V	13.5~14.8V			

비 번호: ___ 감독확인: ___

정비 및 조치사항

① 충전 전류 규정값이 없으므로 충전 전압 불량 시 : 발전기 교환 후 재점검이라고 기록한다.

인젝터 코일 저항(1개) 점검

측정 방법

① 차량 및 단품 인젝터 어셈블리 중에서 측정하고자 하는 인젝터 번호에 맞는 것을 측정해야 한다.
② 차량에서 탈거한 후에 측정할 수 있으니, 탈거 시 유의사항 등을 숙지한다.
③ 좌측 멀티 테스터기는 레인지를 Ω(저항)에, 우측 멀티 테스터기는 레인지를 200Ω(저항)에 놓고, 측정한 후 답안지에 기록한다. (하단 좌측 멀티 테스터기의 경우 저항 단위를 자동으로 변환해 주기 때문에 Ω에 놓고 측정하면 된다)
④ 우측 멀티 테스터기는 레인지를 200Ω(저항)에 놓고 Ω을 측정하고, KΩ을 측정할 때에는 20KΩ에 놓고 측정한다.
⑤ 측정값을 기재 시에는 표준 온도(20℃)를 기준으로 측정값 기재를 원칙으로 한다.

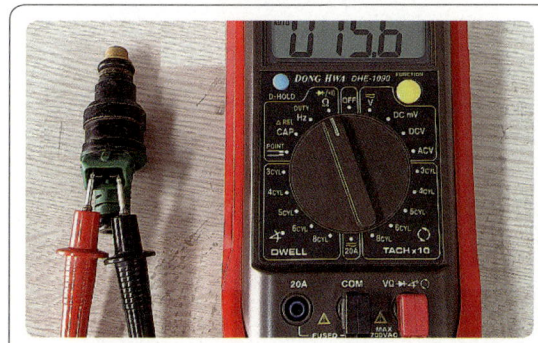

▲ 멀티 테스터기를 이용한 저항 측정(15.6Ω)

▲ 멀티 테스터기를 이용한 저항 측정(15.9Ω)

차종별 기준값

차 종	인젝터 저항(20°C)
엘란트라, 엑셀, 그랜저, 쏘나타 Ⅰ, Ⅱ, Ⅲ	13~16Ω
아반떼 XD, 아반떼 HD, 아반떼 AD	13.8 ~ 15.2Ω
NF 쏘나타, YF 쏘나타, K5	13.8 ~ 15.2Ω
아반떼 MD(GDI), 아반떼 AD(GDI), K3(GDI), K5(GDI)	1.5Ω
YF 쏘나타(GDI)	1.18 ~ 1.31Ω

답안지 작성 예

| 비 번호 | | 감독확인 | |

항 목	① 측정(또는 점검)		② 판정 및 정비(또는 조치) 사항		득 점
	이상부위	내용 및 상태	판정(□에 "✓"표)	정비 및 조치할 사항	
인젝터 저항	15.6Ω	13~16Ω	☑ 양 호 □ 불 량	정비 및 조치사항 없음	

정비 및 조치사항

① 불량 시 : 인젝터 교환 후 재점검(재진단)이라고 기록한다.
② 양호 시 : 정비 및 조치사항 없음이라고 기록한다.

시동 모터의 크랭킹 전압 강하 시험

측정 방법

① 차량이 시동이 걸리지 않도록 조치한다. (점화코일, CKP 커넥터 등을 탈거한다. 촉매 보호를 위해 연료가 분사되지 않도록 인젝터 커넥터도 탈거한다)
② 멀티 테스터기 레인지를 V(전압)에 놓고, 전압강하 측정 시 디지털 멀티 테스터기 적색 리드선을 배터리 ⊕ 단자, 흑색 리드선을 배터리 ⊖ 단자에 연결한다.
③ 5초 이내로 크랭킹하면서 크랭킹 시 전압값을 측정한 후 답안지에 기록한다.

▲ 크랭킹 시 전압 강하 측정(10.42V)

전압 규정값

① 측정 전 배터리는 정상 상태로 충전되어 있어야 한다.
② 전압계는 배터리 적색 리드선을 ⊕ 단자, 흑색 리드선은 ⊖ 단자에 연결한다.
③ **전압 강하 규정값** : 배터리 전압의 20%(9.6V 이상) 이하로 강하 시 양호이다.

전압	12V×20/100 = 9.6V 이상(배터리 전압 용량의 20% 이상으로 나오면 양호) 9.6V 이하(배터리 전압 용량의 20% 이하로 나오면 불량)
전류	배터리 용량의 3배 이하(60AH일 때 : 180A 이하로 나오면 양호) 배터리 용량의 3배 이상(60AH일 때 : 180A 이상으로 나오면 불량)

답안지 작성 예

			비 번호		감독확인	
항 목	① 측정(또는 점검)		② 판정 및 정비(또는 조치) 사항			득 점
	측정값	규정(정비한계)값	판정(□에 "✓"표)	정비 및 조치할 사항		
전압 강하	10.42V	9.6V 이상	☑ 양 호 □ 불 량	정비 및 조치사항 없음		

정비 및 조치사항

① 양호 시 : 정비 및 조치사항 없음이라고 기록한다.
② 전압 강하 불량 시 : 배터리(축전지) 교환 후 재점검(재진단)이라고 기록한다.

스텝 모터(공회전 속도조절 서보) 저항 점검

● 측정 방법

① 멀티 테스터기 레인지를 Ω(저항)에 놓고, 디지털 멀티 테스터기 적색 리드선을 스텝 모터 1번이나 3번 단자에 대고, 흑색 리드선을 2번 단자에 대고 측정한 값을 답안지에 기록한다. (저항 측정 시 적색과 흑색 리드선은 서로 바뀌어도 상관없다)

● 제조회사별 코일 배열

① 현대계열 - 스텝 모터

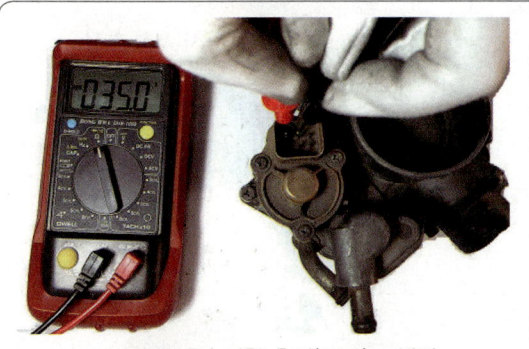
▲ 스텝 모터 저항 측정(35Ω) - 불량

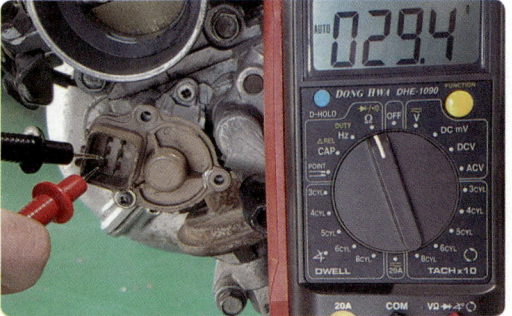
▲ 스텝 모터 저항 측정(29.4Ω) - 양호

1	2	3
4	5	6

▲ 1-2, 2-3번 단자 저항 측정 / 4-5, 5-6번 단자 저항 측정(위·아래는 비통전)

스텝 모터 및 ISA 저항 규정값

스텝 모터			ISA		
구 분	측정 개소	규정값(20°C)	구 분	측정 개소	규정값(20°C)
전진 방향	2번과 1번, 2번과 3번	DOHC 엔진 : 28~33Ω	열림	2번과 1번	11.1~12.7Ω
후진 방향	5번과 4번, 5번과 6번		닫힘	2번과 3번	14.5~16.1Ω

② 현대계열 – ISA(장착된 방향이 좌측과 우측처럼 차종마다 다르게 장착되어 있음)

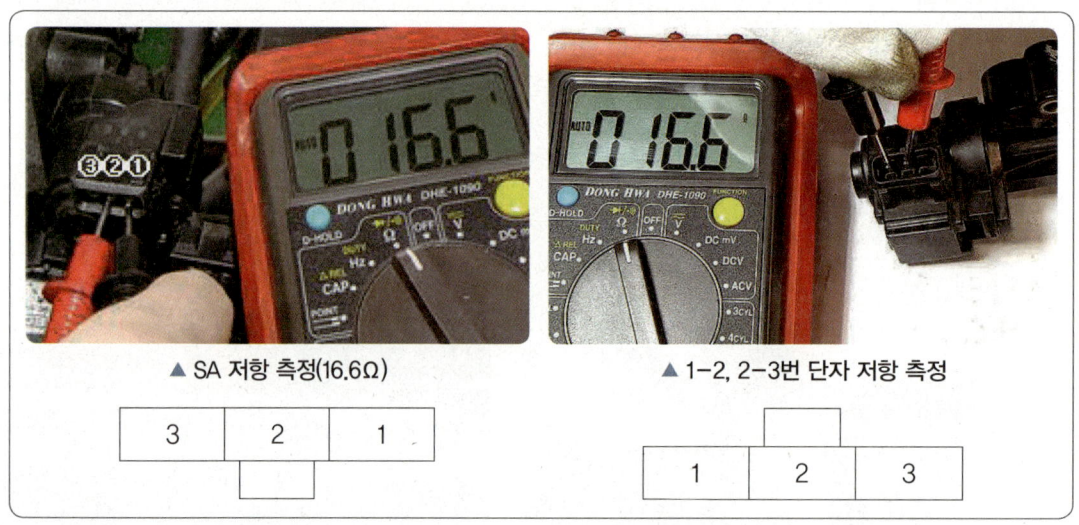

▲ SA 저항 측정(16.6Ω)　　　　　▲ 1-2, 2-3번 단자 저항 측정

③ GM계열 – 아이들 에어 컨트롤(IAC)

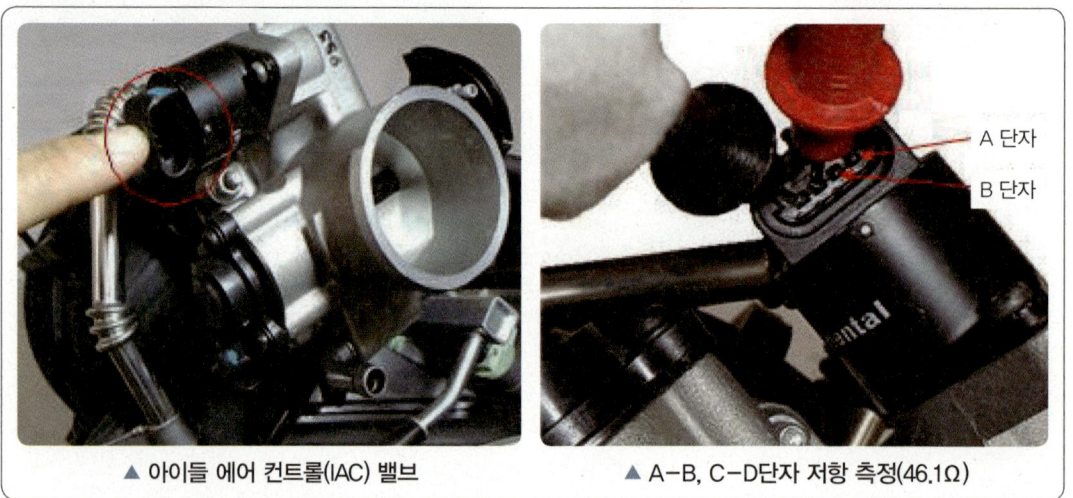

▲ 아이들 에어 컨트롤(IAC) 밸브　　　　　▲ A-B, C-D단자 저항 측정(46.1Ω)

▲ 아이들 에어 컨트롤(IAC) 밸브 저항 측정값

아이들 에어 컨트롤(IAC) 밸브 저항 규정값

구 분	측정 개소	규정값
열림(20℃)	A와 B 단자	40~80Ω
닫힘(20℃)	C와 D 단자	40~80Ω

답안지 작성 예

			비 번호		감독확인	
항 목	① 측정(또는 점검)		② 판정 및 정비(또는 조치) 사항			득 점
	측정값	규정(정비한계)값	판정(□에 "✓"표)	정비 및 조치할 사항		
저항	29.4Ω	28~33Ω	☑ 양 호 □ 불 량	정비 및 조치사항 없음		

정비 및 조치사항

① 양호 시 : 정비 및 조치사항 없음이라고 기록한다.
② 불량 시 : 스텝 모터 교환 후 재점검(재진단)이라고 기록한다.

스텝 모터(공회전 속도조절 서보) 저항 점검

▶ 전기 12안-2 내용 참조 ▶ 동일한 문제

● 답안지 작성 예

| 비 번호 | | 감독확인 | |

항 목	① 측정(또는 점검)		② 판정 및 정비(또는 조치) 사항		득 점
	측정값	규정(정비한계)값	판정(□에 "✓"표)	정비 및 조치할 사항	
저 항	16.6Ω	11.1~12.7Ω	□ 양 호 ☑ 불 량	ISA 교환 후 재점검(재진단)	

메인 컨트롤 릴레이 점검

● 전기 4안-2 내용 참조 ▶ 동일한 문제

● 답안지 작성 예

항 목	① 측정(또는 점검)	② 판정 및 정비(또는 조치) 사항		득 점
		판정(□에 "✓"표)	정비 및 조치할 사항	
코일이 여자되었을 때	✓ 양 호 □ 불 량	✓ 양 호 □ 불 량	정비 및 조치사항 없음	
코일이 여자되지 않았을 때	✓ 양 호 □ 불 량			

비 번호 ▢   감독확인 ▢

점화코일 1, 2차 저항 측정

● **전기 2안 – 2 내용 참조** ▶ 동일한 문제

● **답안지 작성 예**

| | 비 번호 | | 감독확인 | |

항 목	① 측정(또는 점검)		② 판정 및 정비(또는 조치) 사항		득 점
	측정값	규정(정비한계)값	판정(□에 "✓"표)	정비 및 조치할 사항	
1차 저항	0.82Ω	0.8±0.08Ω	✓ 양 호 □ 불 량	정비 및 조치사항 없음	
2차 저항	11.9kΩ	12±1.21kΩ	✓ 양 호 □ 불 량		

미등 및 번호등 회로 점검

회로 점검 방법

① 차량의 운전석에 탑승하여 점화 스위치를 ON 또는 공회전 상태에서 해당 회로의 스위치를 작동시켜 보아 스위치 작동에 따른 릴레이 작동 여부를 확인한다.
② 점화 스위치를 OFF 후 메인 전원 및 점화 스위치 이상 유무를 확인한다. (점화 스위치 ON 상태에서 각종 경고등이 점등되면 정상이다)
③ 엔진 룸 및 실내 룸 부의 퓨즈(단선) 및 릴레이 이상 유무는 멀티 테스터기를 이용하여 점검한다. (시험장에서는 퓨즈 및 릴레이가 있는지를 확인한다. 또한, 퓨즈나 릴레이는 반드시 **뽑아** 보아 핀(다리)이 있는지를 확인한다. 핀을 잘라 놓는 경우도 있다)
④ 미등 스위치 및 커넥터 부를 가볍게 만져보면서 커넥터 탈거 유무를 확인한다.
⑤ K3는 미등과 전조등(하향, 상향등) 커넥터(전조등 상향 왼쪽에 있음)를 같이 사용하므로 커넥터 탈거 시 미등과 전조등 작동이 안 된다.
⑥ 미등 전구 및 배선 이상 유무를 확인한다. (전구의 필라멘트 단선 유무 및 배선을 가볍게 만져보면서 단선 유무 및 접지 상태를 확인한다)
⑦ 예전 차량은 다기능 스위치에 통합으로 되어 있어 다기능 스위치라고 답안지에 써도 되었으나 현재 출고되는 차량은 각각의 스위치가 별도로 되어 있어 있기 때문에 해당 되는 스위치의 명칭을 사용해야 한다. (예 미등 스위치, 전조등 스위치, 와이퍼 스위치, 방향 지시등 스위치)
⑧ 앞, 뒤, 좌측, 우측의 구별은 운전석에 탑승한 운전자의 방향을 기준으로 한다.
⑨ 세부 고장원인 점검에 따른 이상부위와 내용 및 상태 등을 답안지에 기록한다.

답안지 작성 예

			비 번호		감독확인	

항 목	① 측정(또는 점검)		② 판정 및 정비(또는 조치) 사항		득 점
	이상 부위	내용 및 상태	판정(□에 "✓"표)	정비 및 조치할 사항	
미등 및 번호등 회로	미등 스위치	커넥터 탈거	□ 양 호 ☑ 불 량	커넥터 연결(체결) 후 재점검(재진단)	

전기 회로 점검

① 전기 회로 점검 개요

㉮ 시험장에서 특별히 "시동 걸지 마라" "실내는 점검할 필요가 없다"고 하기 전에는 시험장에서 주어지는 전기 회로도 및 멀티 테스터기 등을 이용하여 반드시 작동 점검을 통해 회로 추적을 실시하여야 헌다. 만일 작동 점검을 통한 회로 추적을 하지 않고 답안지를 작성하면 0점 처리될 수도 있다.

② 차량 릴레이 및 퓨즈 점검(기아자동차 : K3)-모든 전기 회로 시험에 공통으로 참고

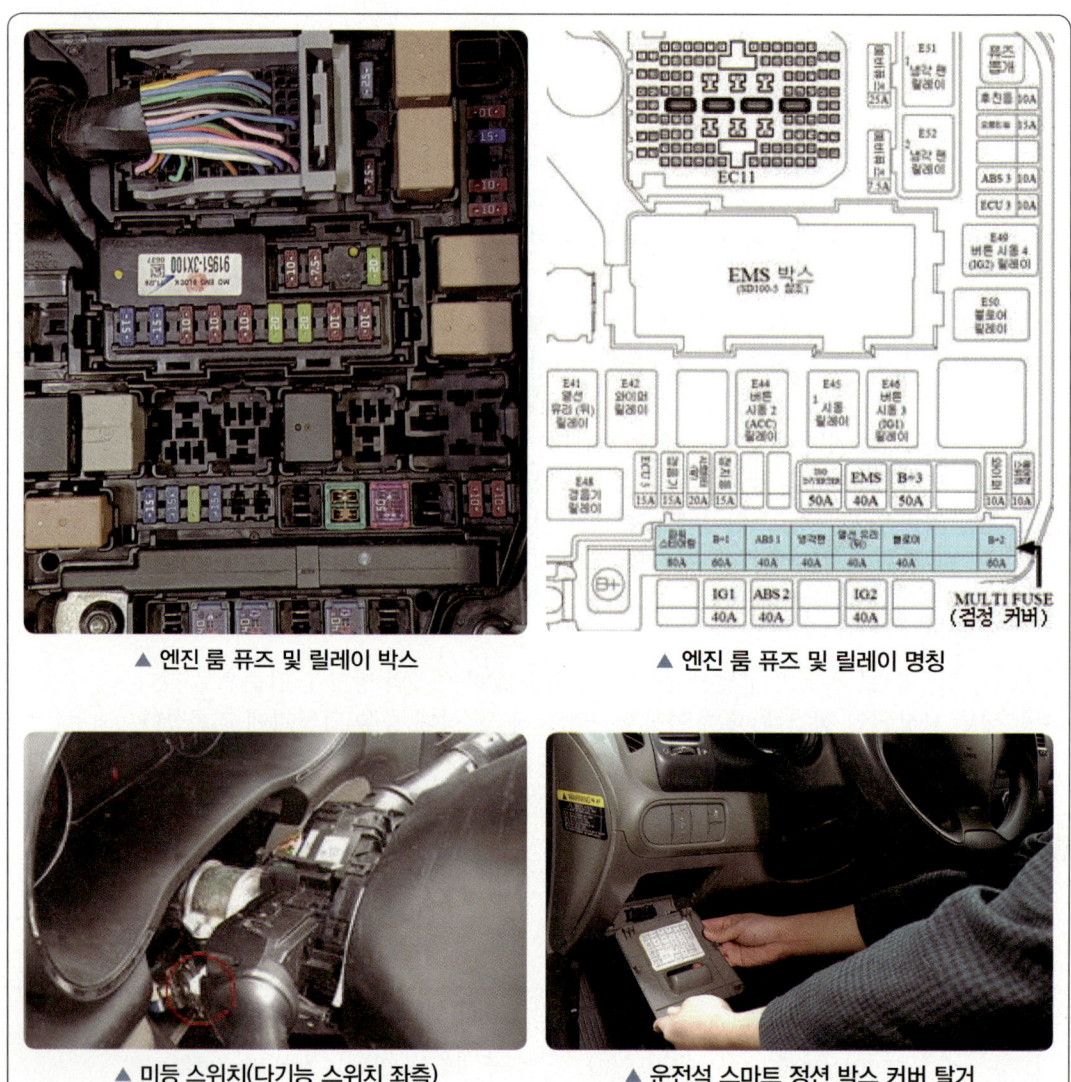

▲ 엔진 룸 퓨즈 및 릴레이 박스　　　　▲ 엔진 룸 퓨즈 및 릴레이 명칭

▲ 미등 스위치(다기능 스위치 좌측)　　▲ 운전석 스마트 정션 박스 커버 탈거

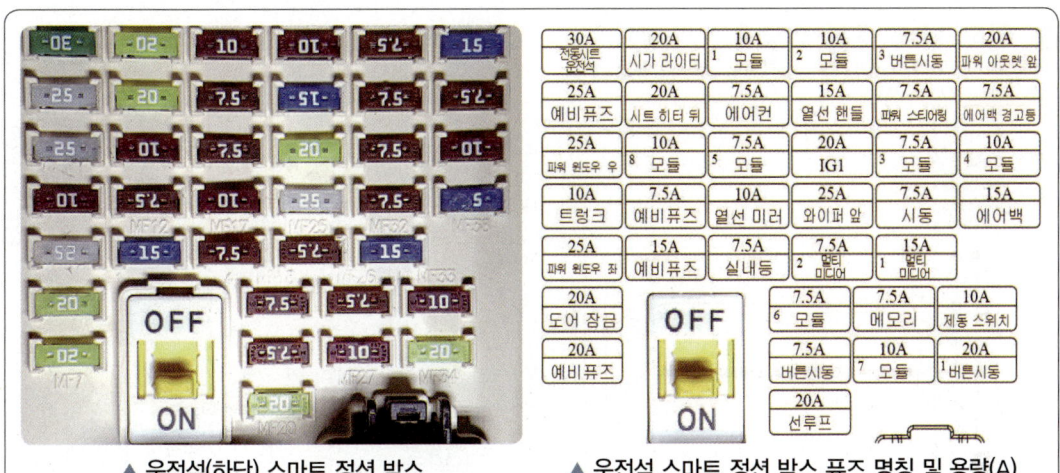

▲ 운전석(하단) 스마트 정션 박스   ▲ 운전석 스마트 정션 박스 퓨즈 명칭 및 용량(A)

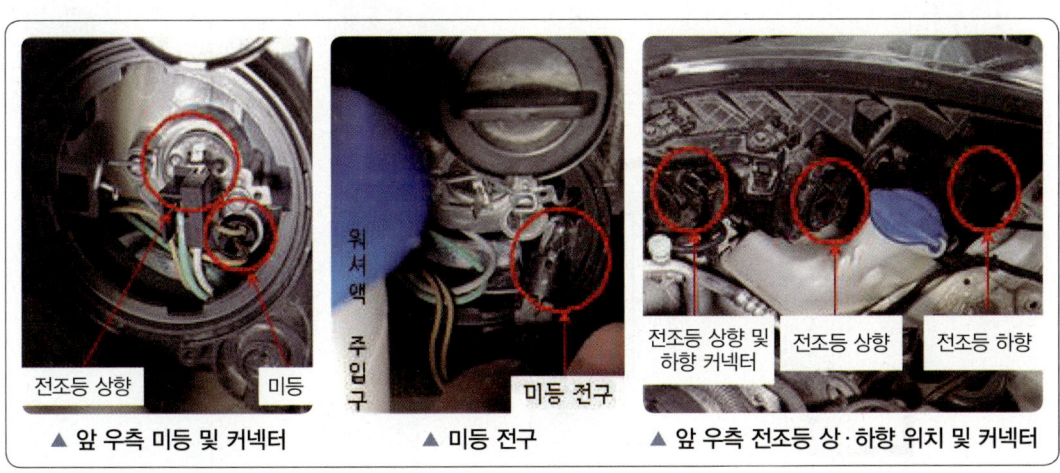

▲ 앞 우측 미등 및 커넥터   ▲ 미등 전구   ▲ 앞 우측 전조등 상·하향 위치 및 커넥터

미등 및 번호등 회로도 1 – K3

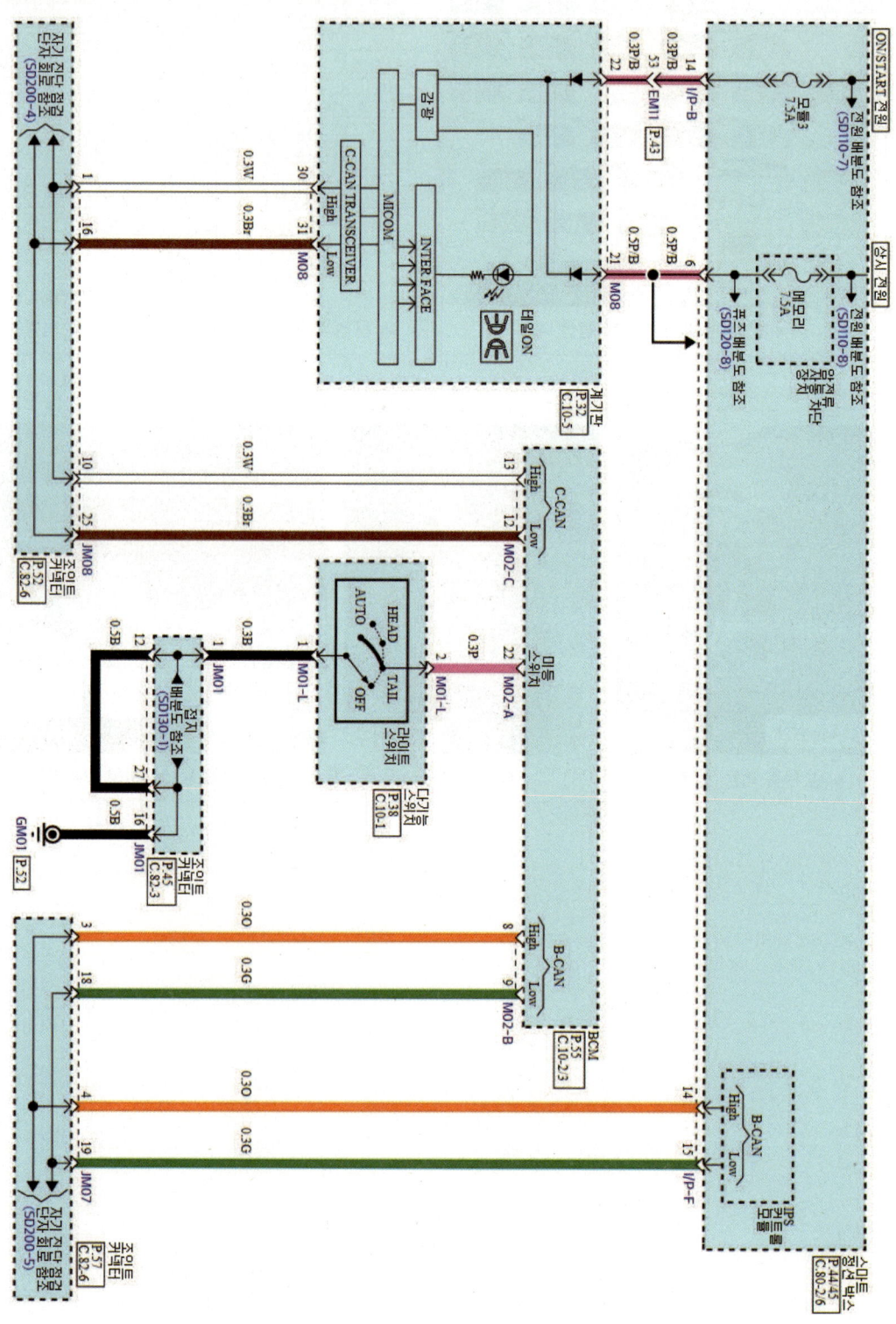

미등 및 번호등 회로도 2 – K3

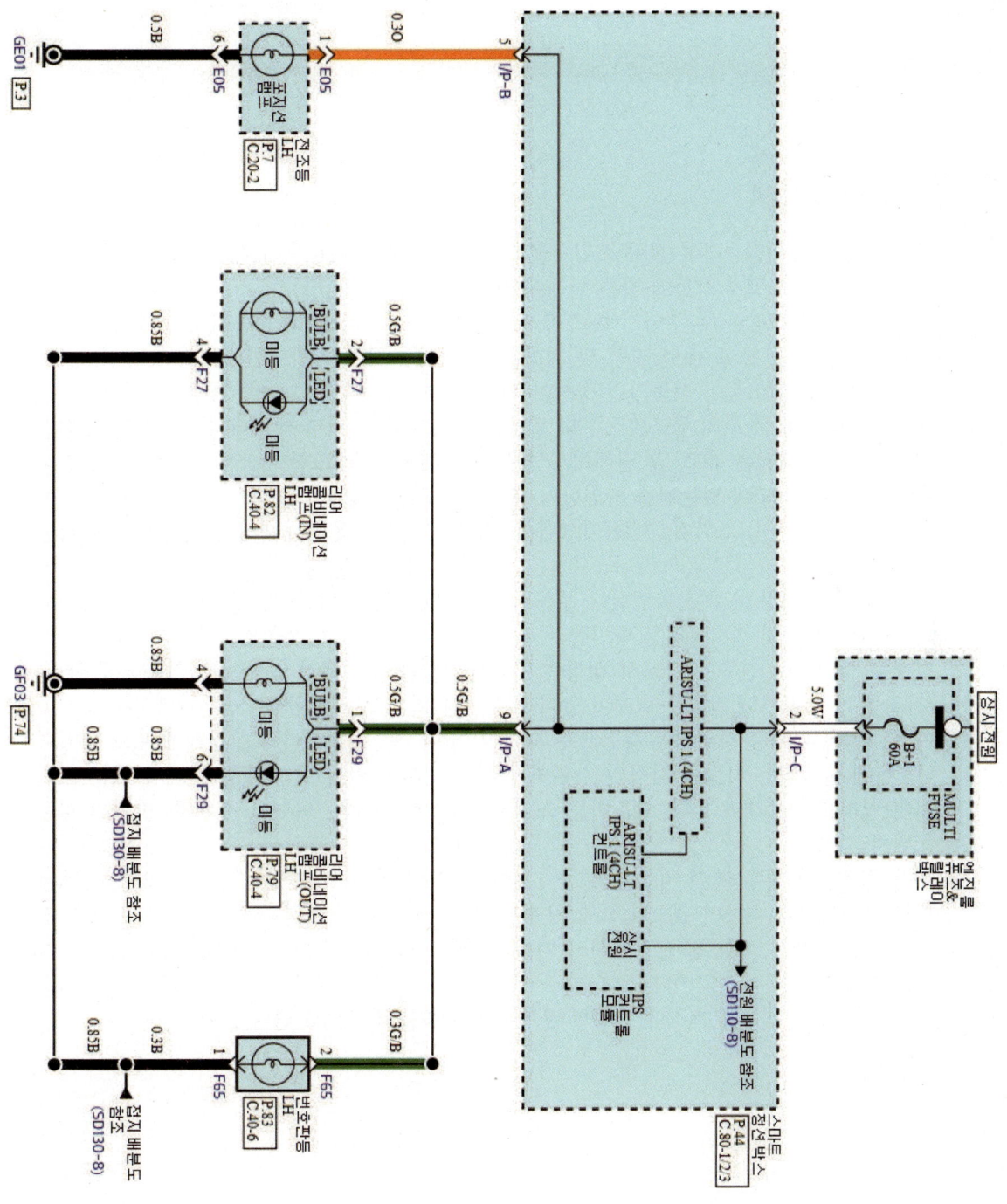

전조등 회로 점검

회로 점검 방법

① 차량의 운전석에 탑승하여 점화 스위치를 ON 또는 공회전 상태에서 해당 회로의 스위치를 작동시켜 보아 스위치 작동에 따른 릴레이 작동 여부를 확인한다.
② 점화 스위치를 조작한 후 주어진 회로 부의 스위치를 LOW나 Hi로 작동시켜 본다.
③ 점화 스위치를 OFF 후 메인 전원 및 점화 스위치 이상 유무를 확인한다. (점화 스위치 ON 상태에서 각종 경고등이 점등되면 정상이다)
④ 엔진 룸 및 실내 룸 부의 퓨즈(단선) 및 릴레이 이상 유무는 멀티 테스터기를 이용하여 점검한다. (시험장에서는 퓨즈 및 릴레이가 있는지를 확인한다. 또한 퓨즈나 릴레이는 반드시 뽑아 보아 핀(다리)이 있는지를 확인한다. 핀을 잘라 놓는 경우도 있다)
⑤ 다기능(콤비네이션) 스위치, 점화(이그니션) 스위치, 전구, 전구 커넥터의 탈거 여부를 확인한다.
⑥ 전구 및 배선 이상 유무를 확인한다. (전구의 필라멘트 단선 유무 및 배선을 가볍게 만져보면서 단선 유무 및 접지상태를 확인한다)
⑦ 전조등 릴레이나 전구는 반드시 상향인지 하향인지를 구분해서 답안지에 기록해야 한다. (전조등 전구 탈거나 전조등 릴레이 탈거라고 쓰면 오답으로 처리하는 경우가 있다)
⑧ 예전 차량은 다기능 스위치에 통합으로 되어 있어 다기능 스위치라고 답안지에 써도 되었으나 현재 출고되는 차량은 각각의 스위치가 별도로 되어 있어 있기 때문에 해당 되는 스위치의 명칭을 사용해야 한다. (예 미등 스위치, 전조등 스위치, 와이퍼 스위치, 방향 지시등 스위치).
⑨ 특히 전조등의 경우 예전 차량은 전구 1개에 하향·상향이 같이 있어 전구가 없을 때에는 전구 탈거라고 기록하면 됐으나 요즘 차량은 하향·상향이 따로 분리되어 있으므로 하향 전구가 없을 때에는 하향 전구 탈거라고 기록하거나 상향 전구가 없을 때에는 상향 전구 탈거라고 기록해야 맞는 정답이다.
⑩ 좌측, 우측의 구별은 운전석에 탑승한 운전자의 방향을 기준으로 한다.

집중점검 부위

① 전조등은 상향(Hi), 하향(LOW)으로 나누어 분류되기 때문에 작동 점검 시 반드시 하향 및 상향(딤머, 패싱)을 작동 조작하여 확인한다. (퓨즈, 릴레이 등 분류 점검)
② 전조등은 차종별 2등식과 4등식으로 구별되며, 2등식 전조등은 일반적으로 3P로 구성되어 내부에 상향용 필라멘트와 하향용 필라멘트 2개가 들어간 더블 전구로 상향과 하향이 따로 점등되고, 4등식 전조등은 상향과 하향 필라멘트를 따로 두고 있기 때문에 상향 조작 시에도 하향이 동시에 유지되는 특성으로 광도가 좋다.
③ K3는 미등과 전조등(하향, 상향등) 커넥터(전조등 상향 왼쪽에 있음)를 같이 사용하므로 커넥터 탈거 시 미등과 전조등 작동이 안 된다.

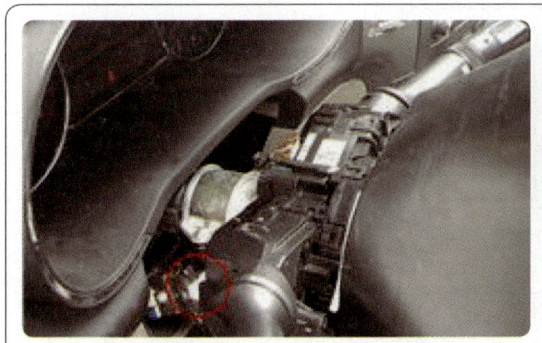
▲ 전조등 스위치(다기능 스위치 좌측)

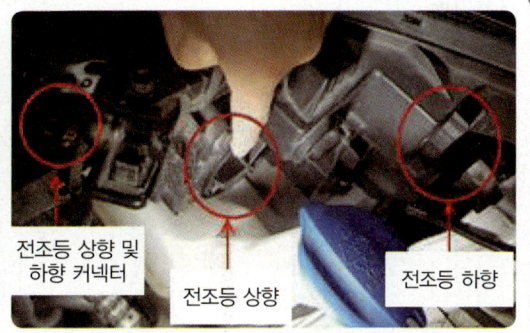
▲ 전조등 상·하향 위치 및 커넥터(운전자 우측)

답안지 작성 예

		비 번호		감독확인	
항 목	① 측정(또는 점검)		② 판정 및 정비(또는 조치) 사항		득 점
	이상부위	내용 및 상태	판정(□에 "✓"표)	정비 및 조치할 사항	
전조등 회로	전조등 스위치	커넥터 탈거	□ 양 호 ✓ 불 량	커넥터 연결(체결) 후 재점검(재진단)	

전조등 회로도 1 – K3

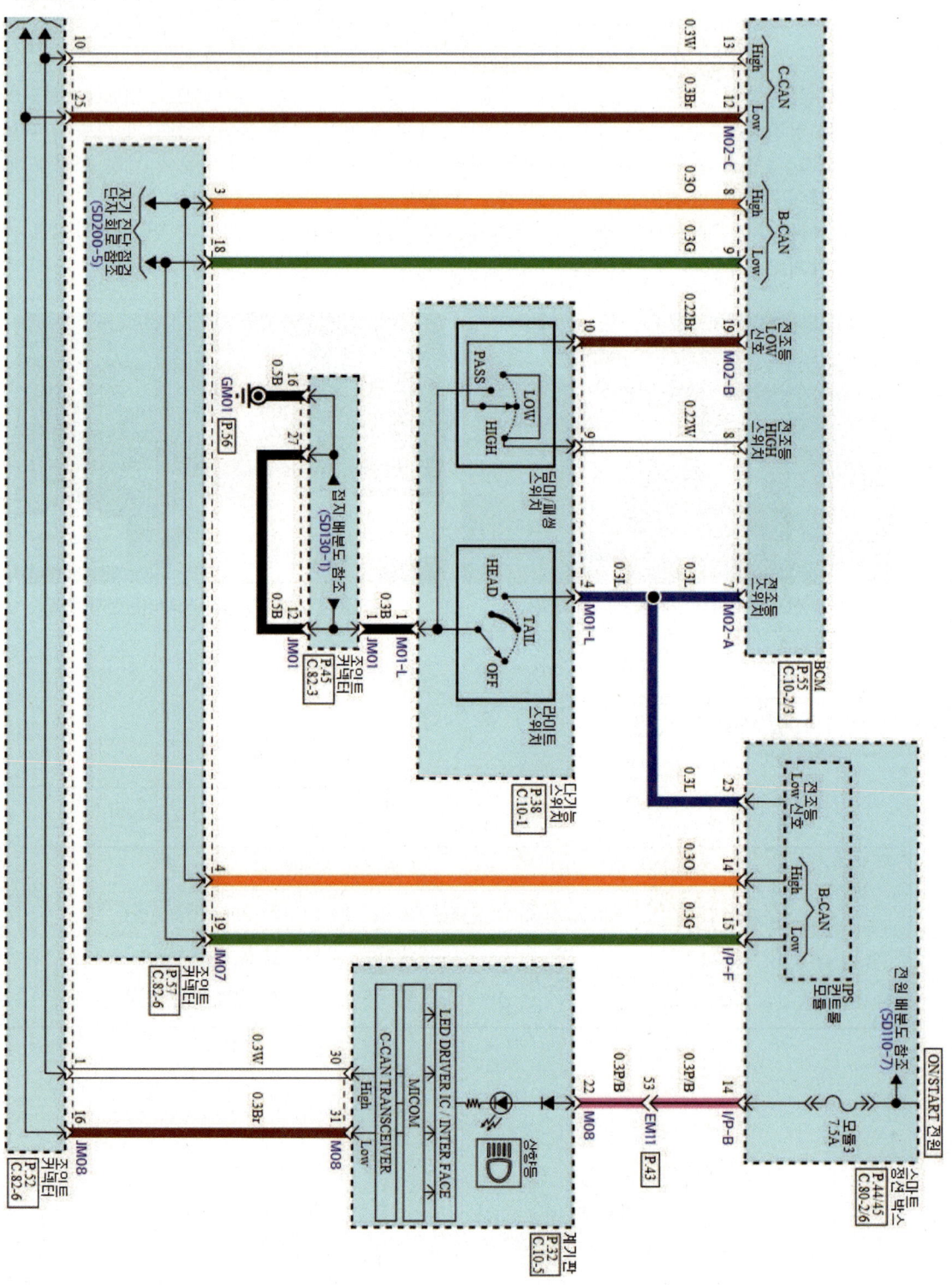

전조등 회로도 2 - K3

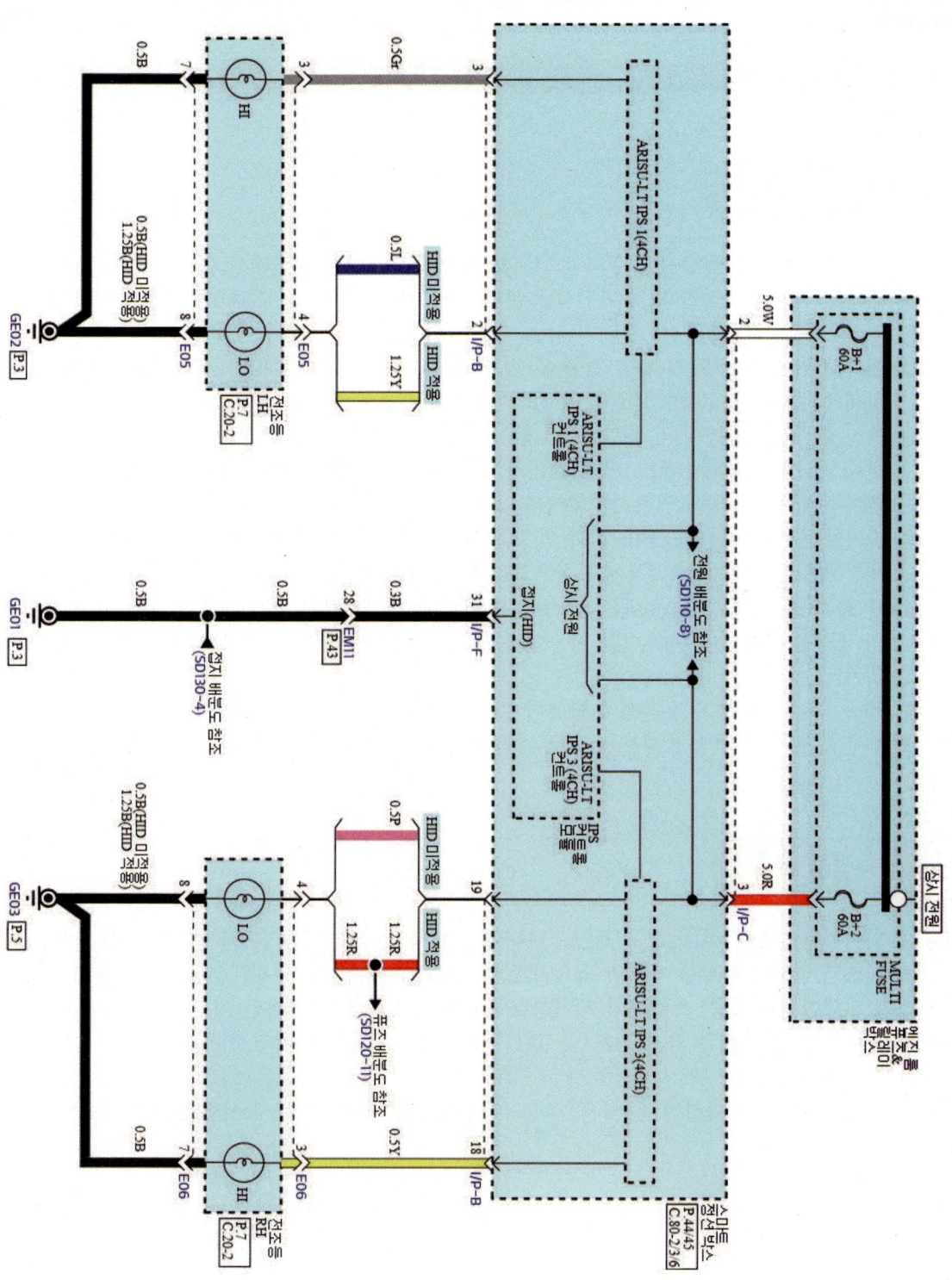

3안 와이퍼 회로 점검

회로 점검 방법

① 차량의 운전석에 탑승하여 점화 스위치를 ON 또는 공회전 상태에서 점검한다.
② 점화 스위치를 조작한 후 주어진 회로부의 스위치를 워셔액/INT/LOW/Hi 작동시켜 본다.
③ 점화 스위치 작동에 따른 릴레이 작동 여부를 확인한다.
④ 점화 스위치를 OFF 후 메인 전원 및 점화 스위치 이상 유무를 확인한다. (점화 스위치 ON 상태에서 각종 경고등이 점등되면 정상이다)
⑤ 엔진 룸 및 실내 룸 부의 퓨즈(단선) 및 릴레이 이상 유무는 멀티 테스터기를 이용하여 점검한다. (시험장에서는 퓨즈 및 릴레이가 있는지를 확인한다. 또한 퓨즈나 릴레이는 반드시 뽑아 보아 핀(다리)이 있는지를 확인한다. 핀을 잘라 놓는 경우도 있다)
⑥ 다기능(콤비네이션) 스위치, 점화(이그니션) 스위치 커넥터의 탈거 여부를 확인한다.
⑦ 예전 차량은 다기능 스위치에 통합으로 되어 있어 다기능 스위치라고 답안지에 써도 되었으나 현재 출고되는 차량은 각각의 스위치가 별도로 되어 있어 있기 때문에 해당 되는 스위치의 명칭을 사용해야 한다. (예 미등 스위치, 전조등 스위치, 와이퍼 스위치, 방향 지시등 스위치)
⑧ 좌측, 우측의 구별은 운전석에 탑승한 운전자의 방향을 기준으로 한다.
⑨ 세부 고장 원인 점검에 따른 이상 부위와 내용 및 상태 등을 답안지에 기록한다.

집중점검 부위

① 와이퍼는 INT(간헐)/LOW/Hi 로 나누어 분류되고, 최초 작동은 워셔액 분사를 통해 전체 시스템의 작동 여부를 확인할 필요가 있다. (퓨즈, 릴레이 등 점검)
② 콤비네이션(다기능) 스위치가 제어한다. (오른쪽 작동레버 부 배선)
③ 와이퍼 회로 내에는 와셔 펌프 및 INT(간헐) 제어를 위한 와이퍼 전용 릴레이 및 에탁스를 포함한다.
④ 와이퍼 모터 내 "파킹접지" 배선을 반드시 점검해야 한다. (기능사 시험은 해당 없음)

▲ 와이퍼 모터 커넥터(앞 유리 좌측 하단에 위치)

▲ 와이퍼 릴레이 및 와이퍼 퓨즈 10A

답안지 작성 예

항목	① 측정(또는 점검)		② 판정 및 정비(또는 조치) 사항		득점
	이상 부위	내용 및 상태	판정(□에 "✓"표)	정비 및 조치할 사항	
와이퍼 회로	와이퍼 릴레이	릴레이 탈거	□ 양호 ☑ 불량	릴레이 장착(체결) 후 재점검(재진단)	

비번호 / 감독확인

와이퍼 회로도 1 – K3

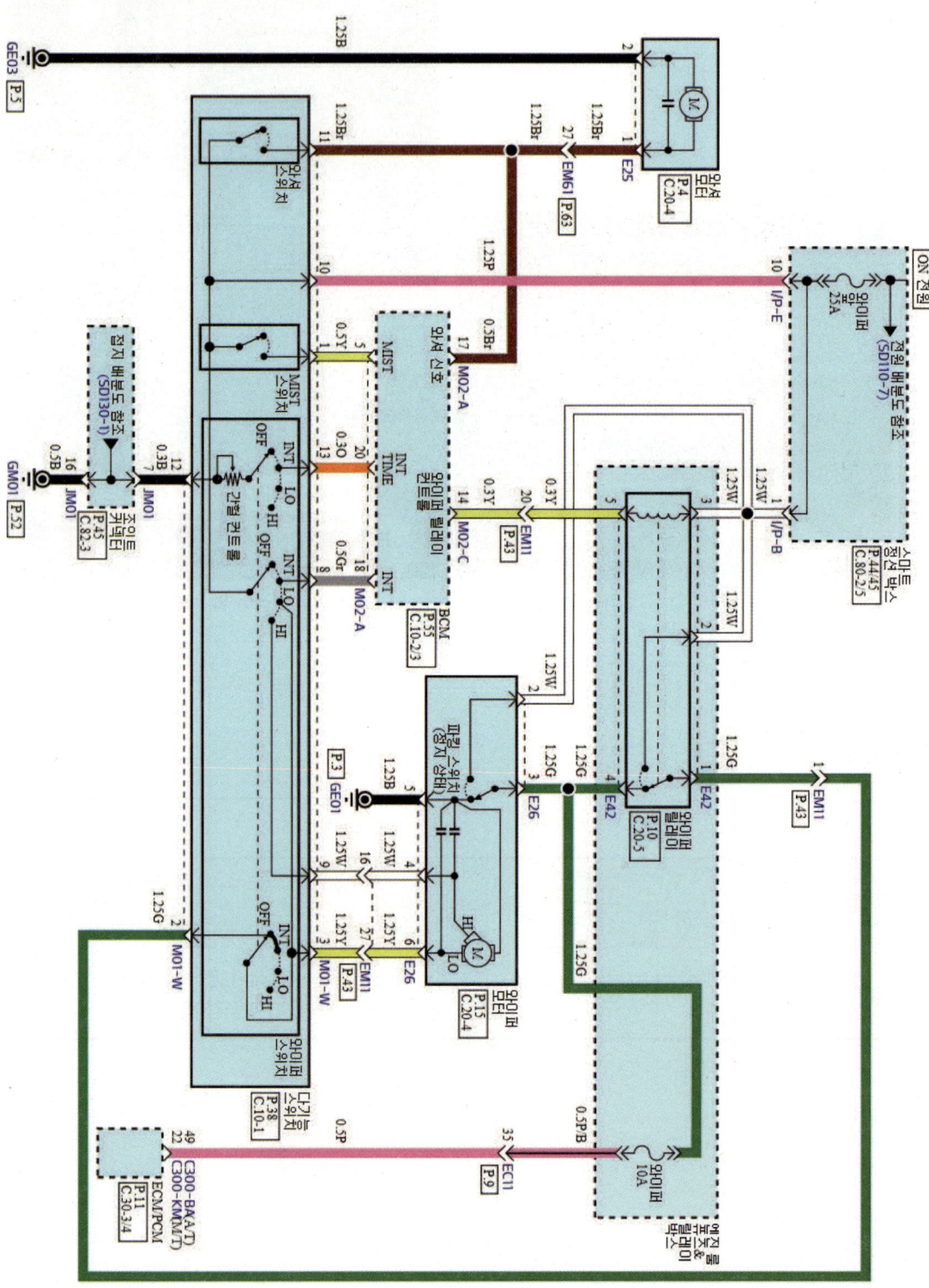

방향 지시등 회로 점검

회로 점검 방법

① 차량의 운전석에 탑승하여 OFF 시 및 점화 스위치 ON 시 비상등을 작동해 본다.
② 스위치 작동에 따른 릴레이 작동 여부(점멸 반복)를 확인한다.
③ 스위치 작동상태에서 각 부위의 작동 여부를 육안으로 확인 후에 체크하여 둔다.
④ 점화 스위치를 OFF 후 메인 전원 및 점화 스위치 이상 유무를 확인한다. (점화 스위치 ON 상태에서 각종 경고등이 점등되면 정상이다)
⑤ 엔진 룸 및 실내 룸 부의 퓨즈(단선) 및 릴레이 이상 유무는 멀티 테스터기를 이용하여 점검한다. (시험장에서는 퓨즈 및 릴레이가 있는지를 확인한다. 또한, 퓨즈나 릴레이는 반드시 **뽑**아 보아 핀(다리)이 있는지를 확인한다. 핀을 잘라 놓는 경우도 있다)
⑥ 스위치 및 커넥터 부를 가볍게 만져보면서 커넥터 탈거 유무를 확인한다.
⑦ 앞, 뒤, 좌측, 우측 등의 방향 지시등 필라멘트 단선 유무를 확인한다.
⑧ 방향 지시등 스위치는 콤비네이션(다기능) 스위치부에 설치되어 있다. (예전 차량은 다기능 스위치에 통합으로 되어 있었으나 현재 출고되는 차량은 각각의 스위치가 별도로 되어 있기 때문에 해당되는 스위치의 명칭을 답안지에 기록해야 한다)
⑨ 좌우 아웃 사이드 미러와 펜더에 장착되어 있는 방향 지시등도 점검한다.
⑩ 세부 고장원인 점검에 따른 이상부위와 내용 및 상태 등을 답안지에 기록한다.

답안지 작성 예

			비 번호		감독확인	
항 목	① 측정(또는 점검)		② 판정 및 정비(또는 조치) 사항		득 점
	이상부위	내용 및 상태	판정(□에 "✓"표)	정비 및 조치할 사항	
방향 지시등 회로	앞 우측 방향 지시등	전구 탈거	□ 양 호 ✓ 불 량	전구 장착(체결) 후 재점검(재진단)	

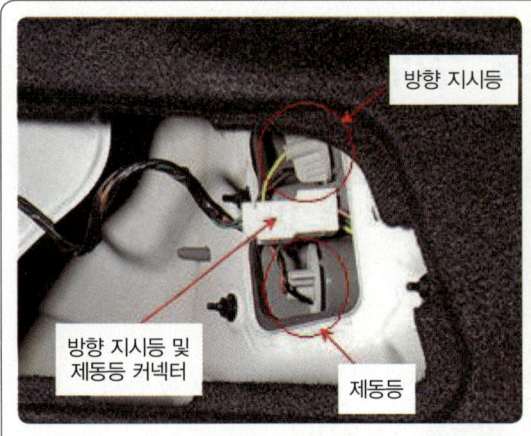 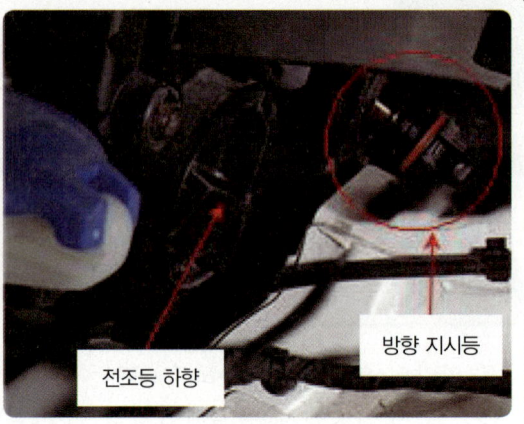

▲ 뒤 우측 방향 지시등(방향 지시등과 제동등 커넥터 공용)　　▲ 앞 우측 방향 지시등 전구 및 커넥터

방향 지시등 회로도 1 – K3

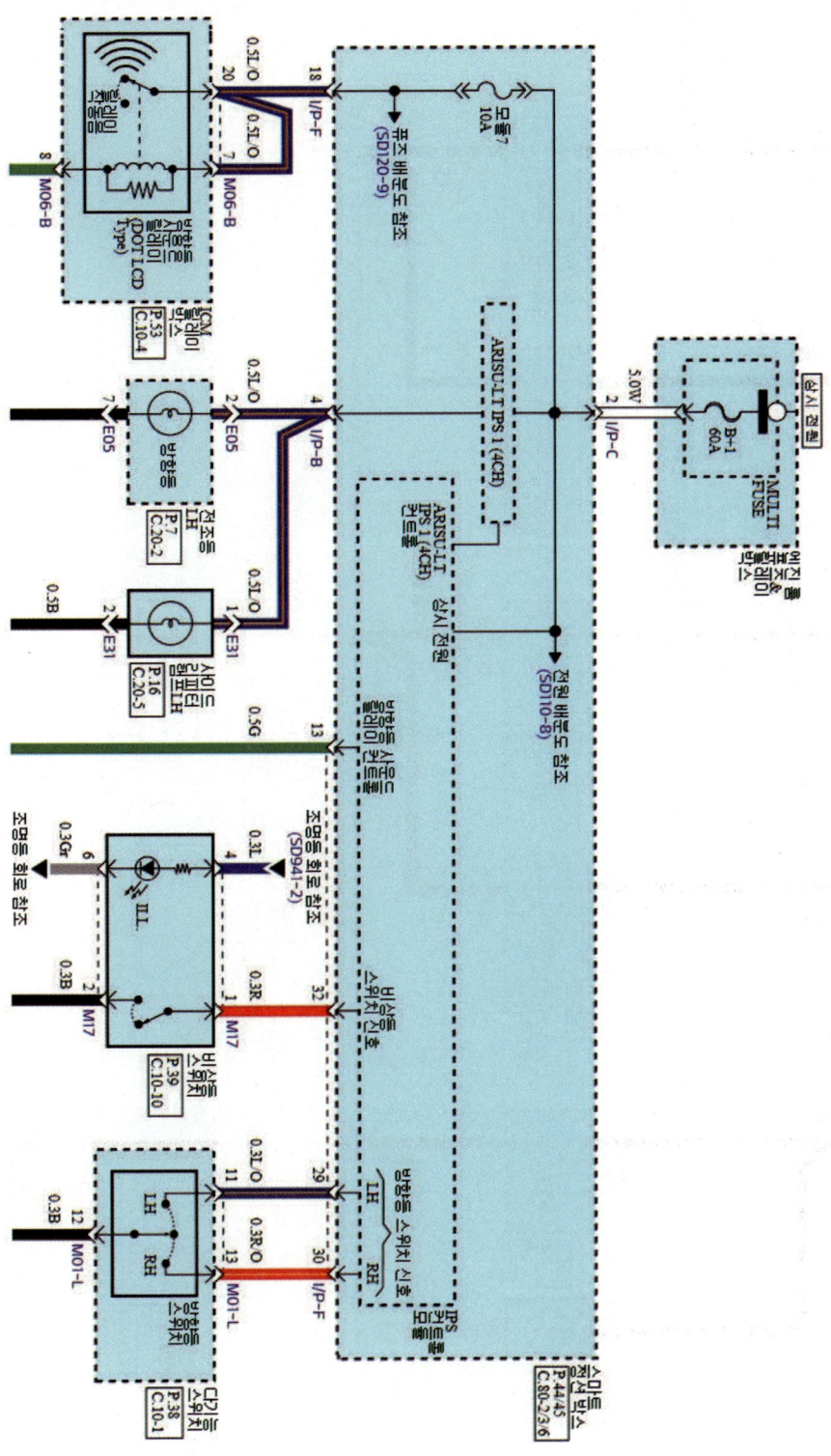

방향 지시등 회로도 2 – K3

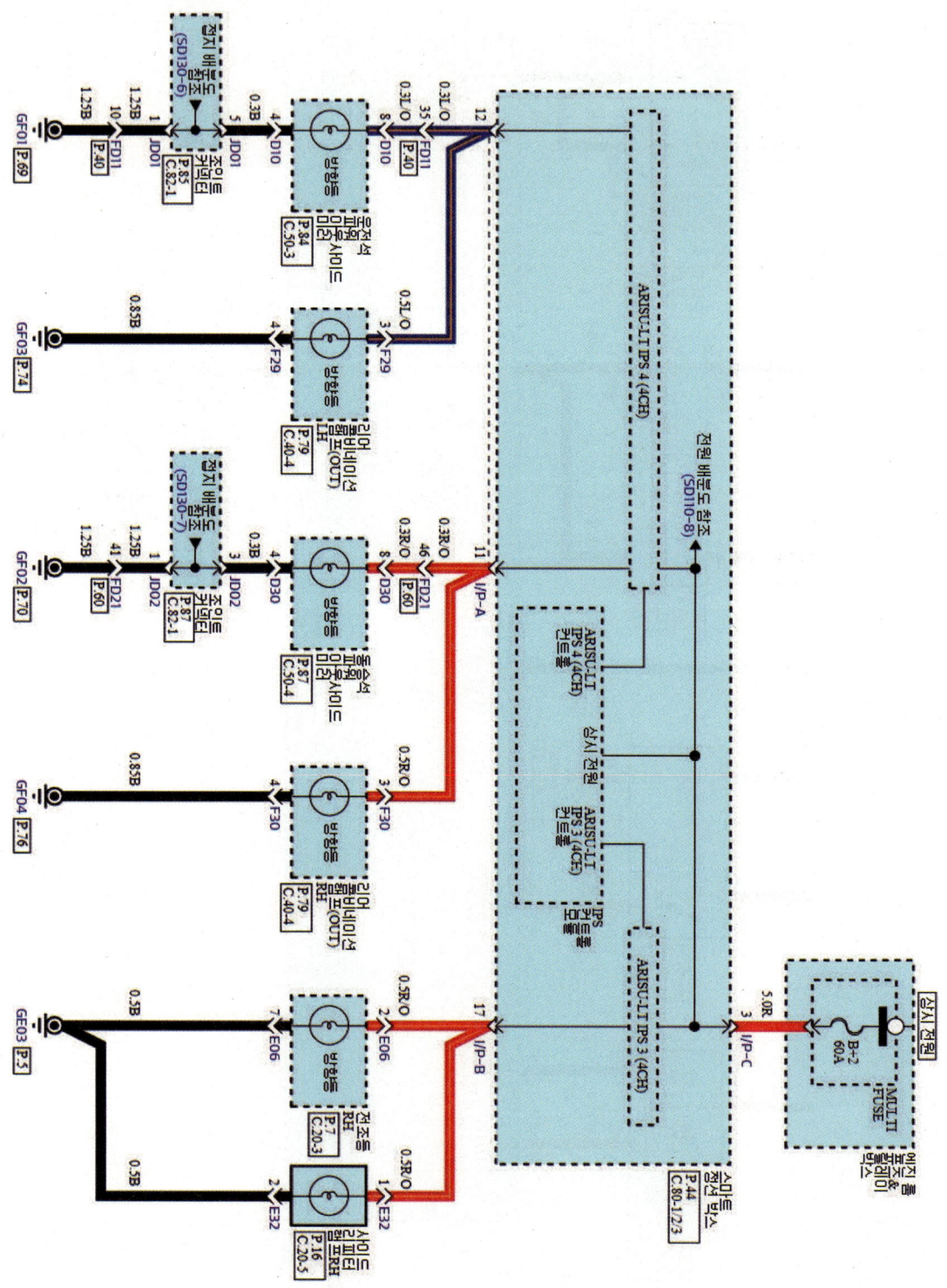

경음기(horn) 회로 점검

회로 점검 방법

① 차량의 운전석에 탑승하여 OFF 시 및 점화 스위치 ON 시 작동 조작해 본다.
② 스위치 작동에 따른 릴레이(없는 경우도 있음) 작동 여부를 확인한다.
③ 스위치 작동상태에서 각 부위의 작동 여부를 청각으로 확인 후에 체크하여 둔다.
④ 점화 스위치를 OFF 후 엔진 룸 및 실내 룸 부의 퓨즈(단선) 및 릴레이 이상 유무는 멀티 테스터기를 이용하여 점검한다. (시험장에서는 퓨즈 및 릴레이가 있는지를 확인한다. 또한 퓨즈나 릴레이는 반드시 뽑아 보아 핀(다리)이 있는지를 확인한다. 핀을 잘라 놓는 경우도 있다)
⑤ 경음기(혼) 스위치 및 경음기 커넥터 부를 가볍게 만져보면서 커넥터 탈거 유무를 확인한다.
⑥ 경음기(혼) 스위치는 스티어링 부(핸들)에 설치되어 있다. (혼 커버 분리 시 주의하여야 배선 이상 유무를 알 수 있다)
⑦ 경음기는 라디에이터 서포트부에 좌, 우 2곳 설치되어 있거나, 일부 차량은 앞 범퍼 코너 부분 아래에 설치되어 있는 경우도 있다.

답안지 작성 예

			비 번호		감독확인	
항 목	① 측정(또는 점검)		② 판정 및 정비(또는 조치) 사항			득 점
	이상 부위	내용 및 상태	판정(□에 "✓"표)	정비 및 조치할 사항		
경음기 회로	경음기 릴레이	릴레이 탈거	□ 양 호 ✓ 불 량	릴레이 장착(체결) 후 재점검(재진단)		

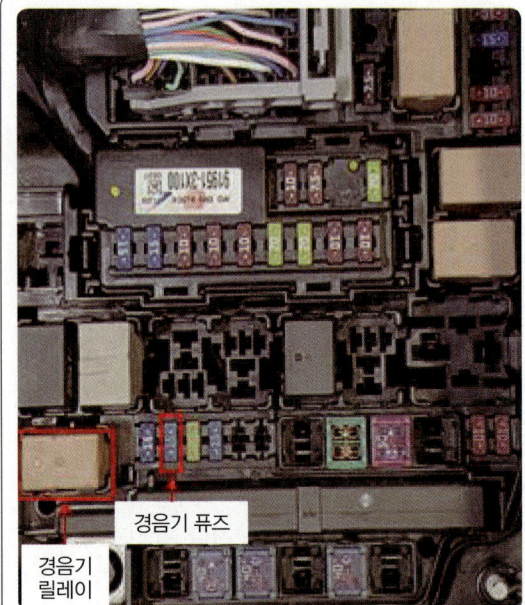
▲ K3 엔진 룸 퓨즈 및 릴레이 박스

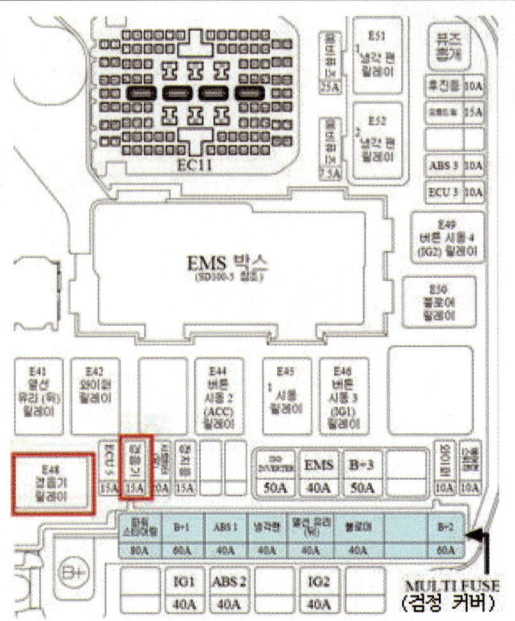
▲ K3 엔진 룸 퓨즈 및 릴레이 명칭

▲ K3 경음기 위치(앞 범퍼 우측)

경음기(horn) 회로도 – K3

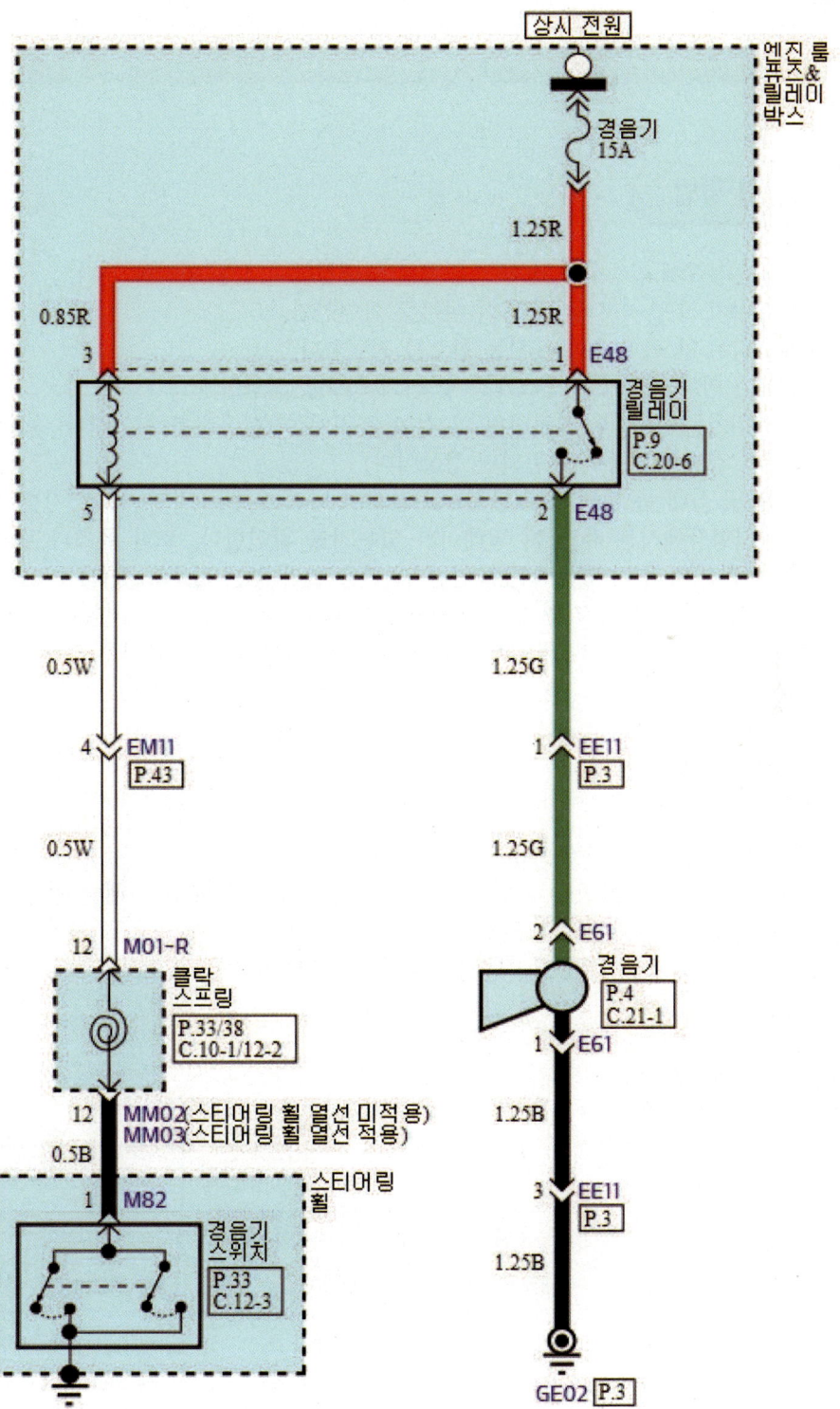

기동 및 점화 회로 점검

회로 점검 방법

① 차량의 운전석에 탑승하여 점화 스위치로 크랭킹하여 작동 조작해 본다.
② 점화 스위치 작동 시 시동 및 점화 여부를 확인한다.
　㉮ 크랭킹이 안 될 경우에는 시동 회로를 점검한다.
　㉯ 점화가 안될 경우에는 연료계통 및 점화 회로를 점검한다.
③ 점화 스위치를 OFF 후 메인전원 및 점화 스위치 이상 유무를 확인한다. (점화 스위치 ON 상태에서 각종 경고등이 점등되면 정상이다)
④ 엔진 룸 및 실내 룸 부의 퓨즈(단선) 및 릴레이 이상 유무는 멀티 테스터기를 이용하여 점검한다. (시험장에서는 퓨즈 및 릴레이가 있는지를 확인한다. 또한 퓨즈나 릴레이는 반드시 뽑아 보아 핀(다리)이 있는지를 확인한다. 핀을 잘라 놓는 경우도 있다)
⑤ 스위치 및 커넥터 부를 가볍게 만져보면서 커넥터 탈거 유무를 확인한다.
⑥ 세부 고장 원인 점검에 따른 이상 부위와 내용 및 상태 등을 답안지에 기록한다.

집중 점검 부위

① 공통 : ECU, IG 퓨즈, ECU 퓨즈 등을 점검한다.
② 기동계통 : A/T-인히비터 스위치, M/T-스타트 스위치(클러치 페달 상단), 기동 전동기 ST단자, 스타트 릴레이 등을 점검한다.
③ 점화계통 : 점화코일, CKP, 고압 케이블 등을 점검한다.

답안지 작성 예

	비 번호		감독확인	

항 목	① 측정(또는 점검)		② 판정 및 정비(또는 조치) 사항		득 점
	이상 부위	내용 및 상태	판정(□에 "✓"표)	정비 및 조치할 사항	
기동 및 점화 회로	1번 시동 릴레이	릴레이 탈거	□ 양 호 ☑ 불 량	릴레이 장착(체결) 후 재점검(재진단)	

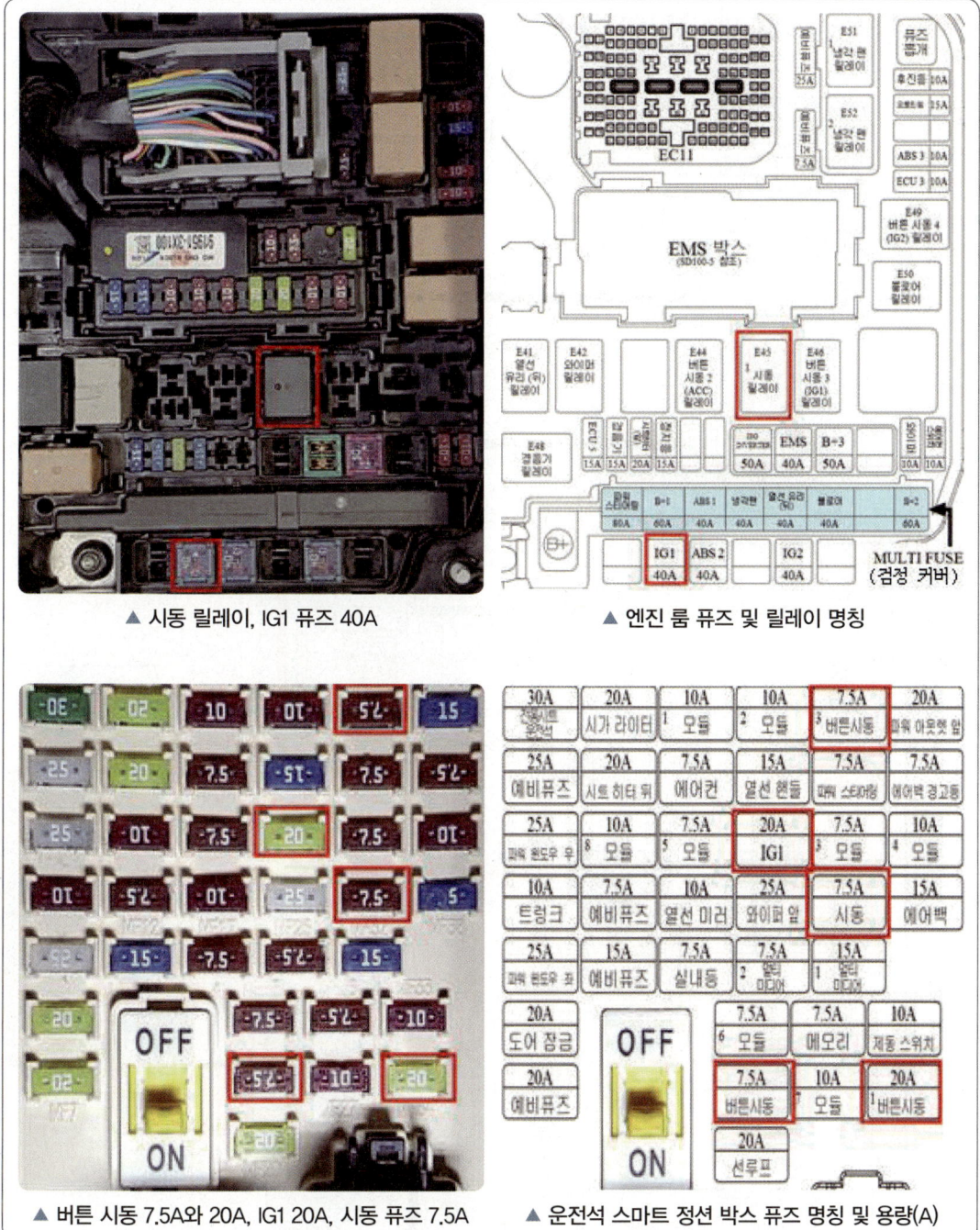

▲ 시동 릴레이, IG1 퓨즈 40A

▲ 엔진 룸 퓨즈 및 릴레이 명칭

▲ 버튼 시동 7.5A와 20A, IG1 20A, 시동 퓨즈 7.5A

▲ 운전석 스마트 정션 박스 퓨즈 명칭 및 용량(A)

기동(시동) 회로도 1 – K3

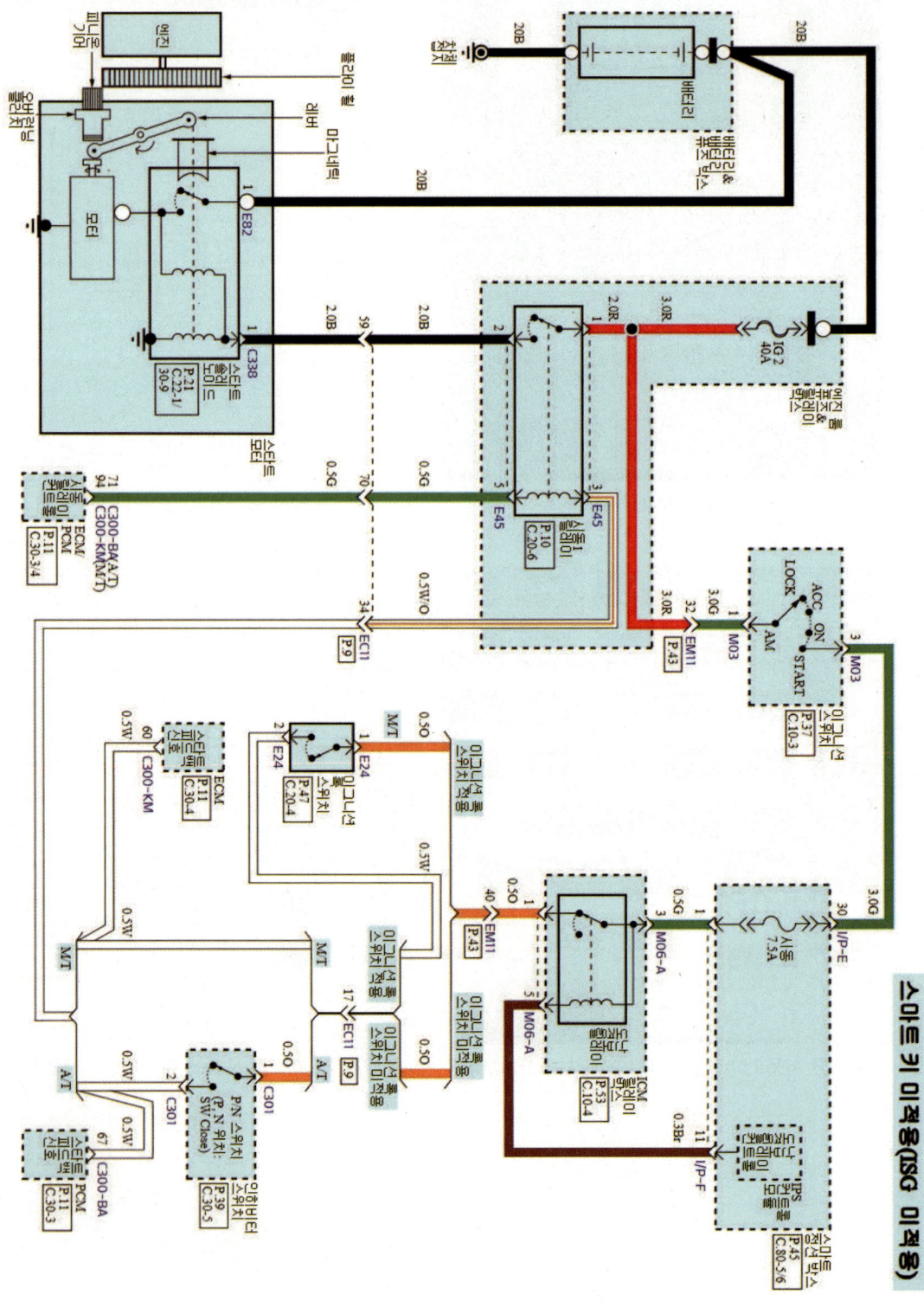

기동(시동) 회로도 2 – K3

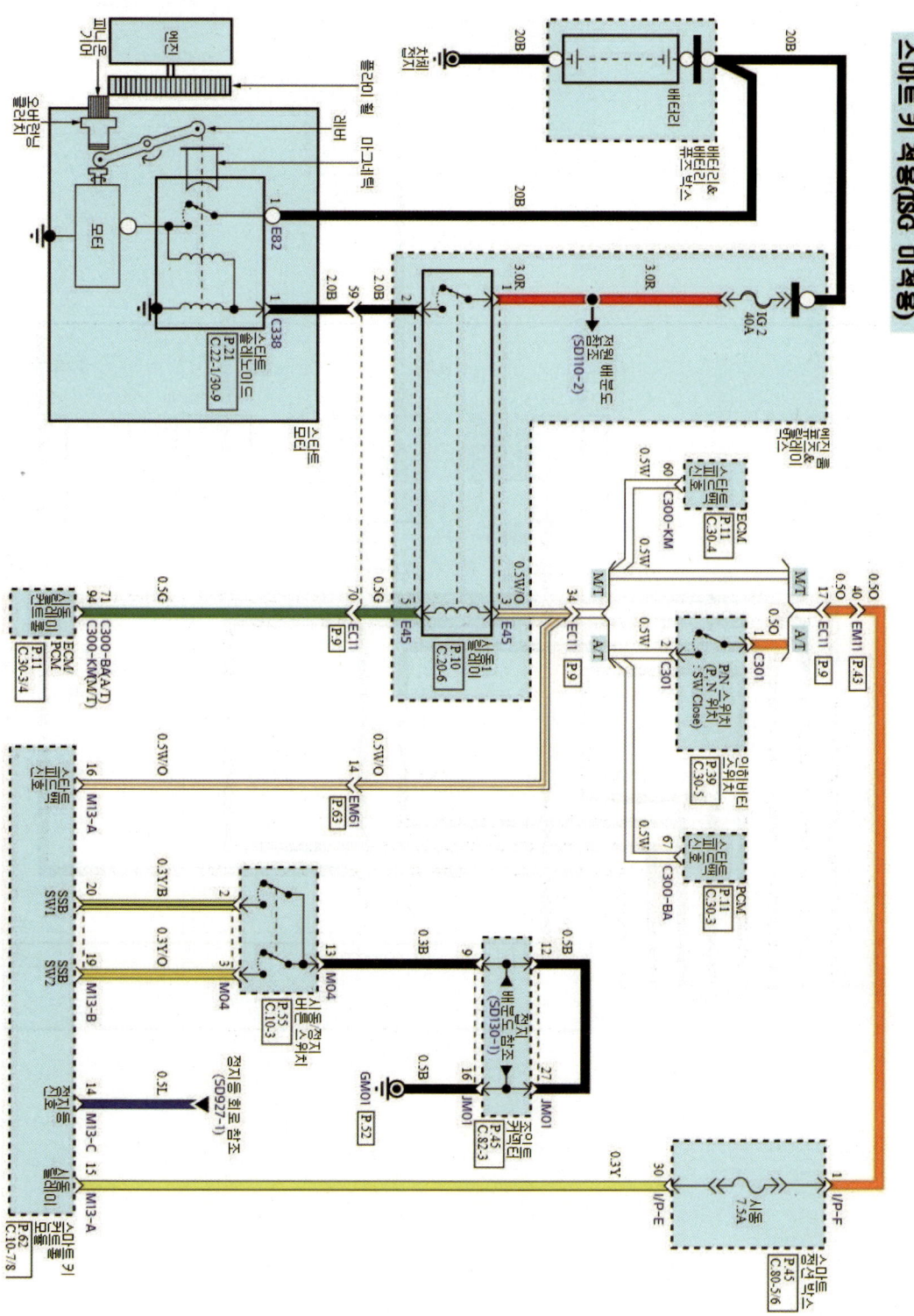

점화 회로도 – K3

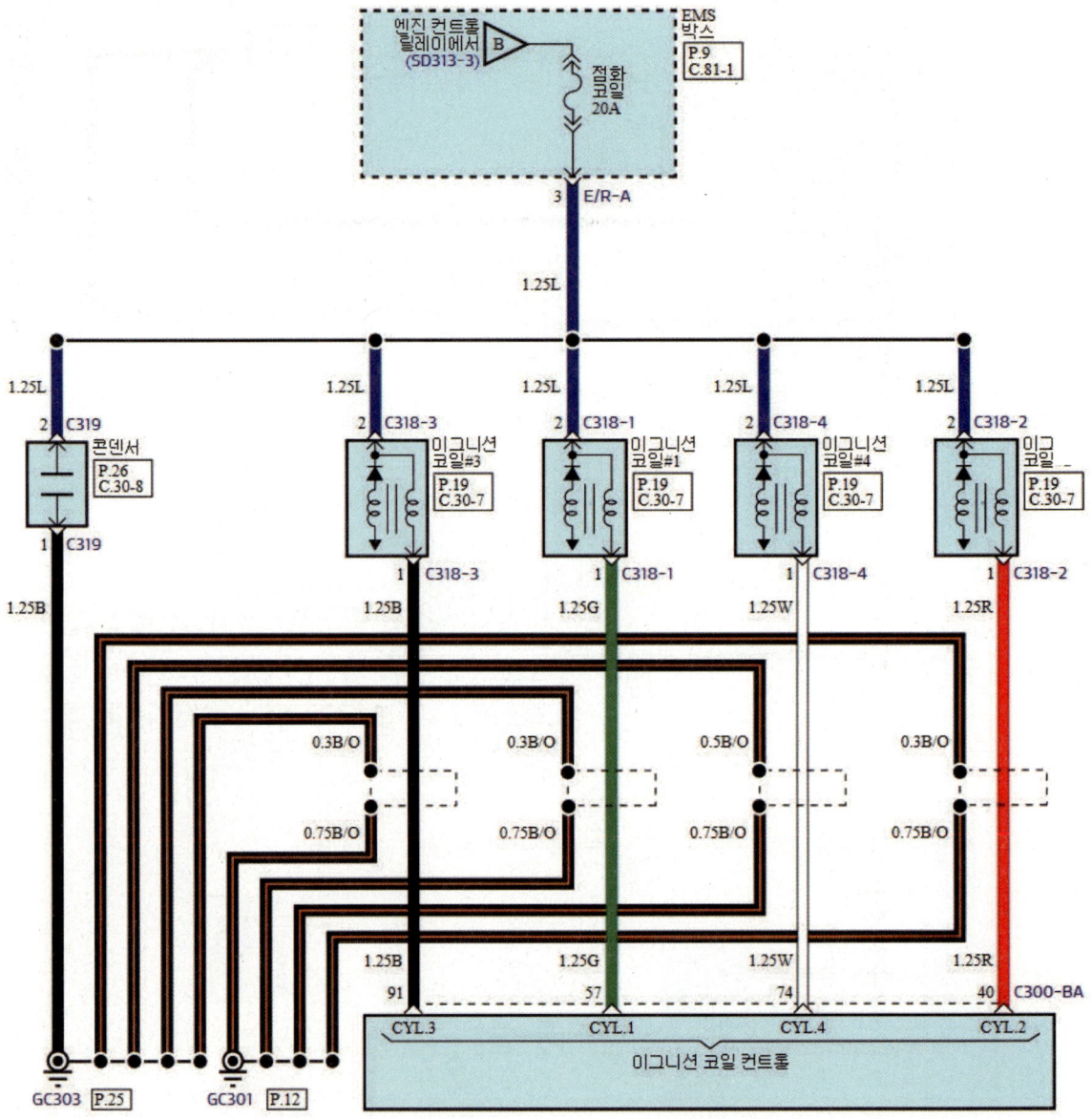

라디에이터 전동 팬 회로 점검

회로 점검 방법

① 점화 스위치로 시동 후 공회전 상태 계기판의 수온 게이지를 확인하여, 엔진이 충분히 열을 받았는지 등을 육안으로 확인하여 냉각 팬 작동 여부를 판별한다.
② 점화 스위치를 OFF 후 메인전원 및 점화 스위치 이상 유무를 확인한다. (점화 스위치 ON 상태에서 각종 경고등이 점등되면 정상이다)
③ 엔진 룸 및 실내 룸 부의 퓨즈(단선) 및 릴레이 이상 유무는 멀티 테스터기를 이용하여 점검한다. (시험장에서는 퓨즈 및 릴레이가 있는지를 확인한다. 또한 퓨즈나 릴레이는 반드시 **뽑아 보아 핀(다리)이 있는지**를 확인한다. 핀을 잘라 놓는 경우도 있다)
④ 점화(이그니션) 스위치나 전동 팬 커넥터의 탈거 여부를 확인한다.
⑤ 전동 팬(냉각 팬) 릴레이는 2개이므로 저속(냉각 팬 1)인지 고속(냉각 팬 2)인지를 구분해서 답안지에 기록해야 한다. (전동 팬 릴레이 탈거라고 쓰면 오답으로 처리하는 경우가 있다)
⑥ 세부 고장원인 점검에 따른 이상부위와 내용 및 상태 등을 답안지에 기록한다.

답안지 작성 예

항 목	① 측정(또는 점검)		② 판정 및 정비(또는 조치) 사항		득 점
	이상 부위	내용 및 상태	판정(□에 "√"표)	정비 및 조치할 사항	

비 번호		감독확인	

항 목	이상 부위	내용 및 상태	판정(□에 "√"표)	정비 및 조치할 사항	득 점
전동 팬 회로	1번 냉각 팬 릴레이	릴레이 탈거	□ 양 호 ☑ 불 량	릴레이 장착(체결) 후 재점검(재진단)	

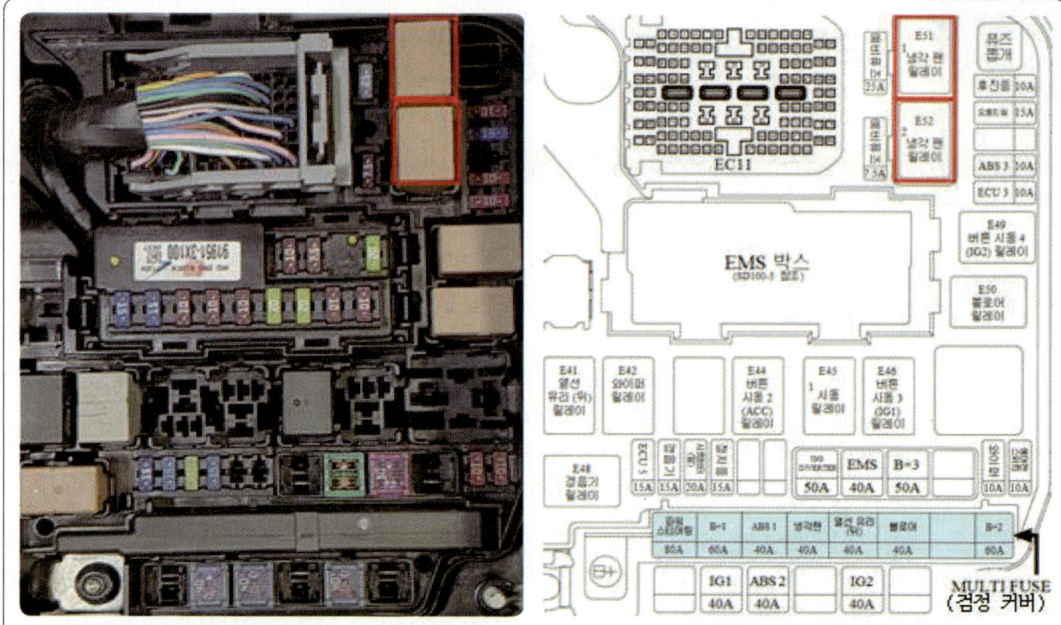

▲ 엔진 룸 퓨즈 및 릴레이 박스-냉각 팬 릴레이   ▲ 엔진 룸 퓨즈 및 릴레이 명칭

▲ 전동 팬 커넥터 탈거

전동팬 회로도 – K3

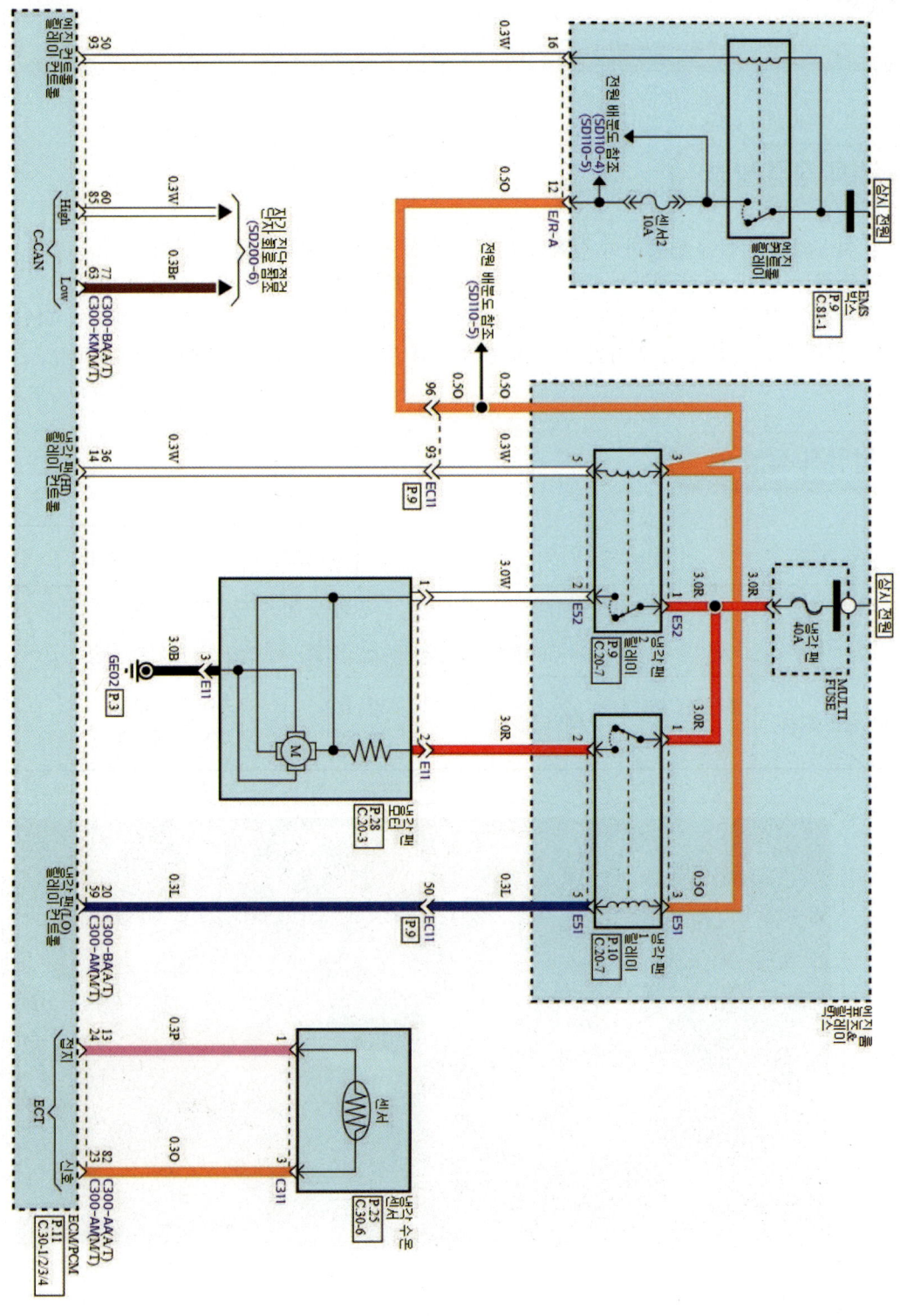

충전 회로 점검

회로 점검 방법

① 차량의 운전석에 탑승하여 점화 스위치로 시동 작동 여부를 조작해 본다.
② 점화 스위치, 충전 경고등, 발전기 L/R단자, 발전기 B 단자 탈거 여부를 확인한다.
③ 배선 이상 유무를 확인한다. (배선을 가볍게 만져보면서 단선 유무 및 접지상태를 확인한다)
④ 세부 고장 원인 점검에 따른 이상 부위와 내용 및 상태 등을 답안지에 기록한다.

답안지 작성 예

		비 번호		감독확인	
항 목	① 측정(또는 점검)		② 판정 및 정비(또는 조치) 사항		득 점
	이상 부위	내용 및 상태	판정(□에 "✓"표)	정비 및 조치할 사항	
충전 회로	발전기 L/R 단자	커넥터 탈거	□ 양 호 ☑ 불 량	커넥터 연결 후 재점검(재진단)	

▲ 발전기 L/R 단자 커넥터 탈거

충전 회로도 – K3

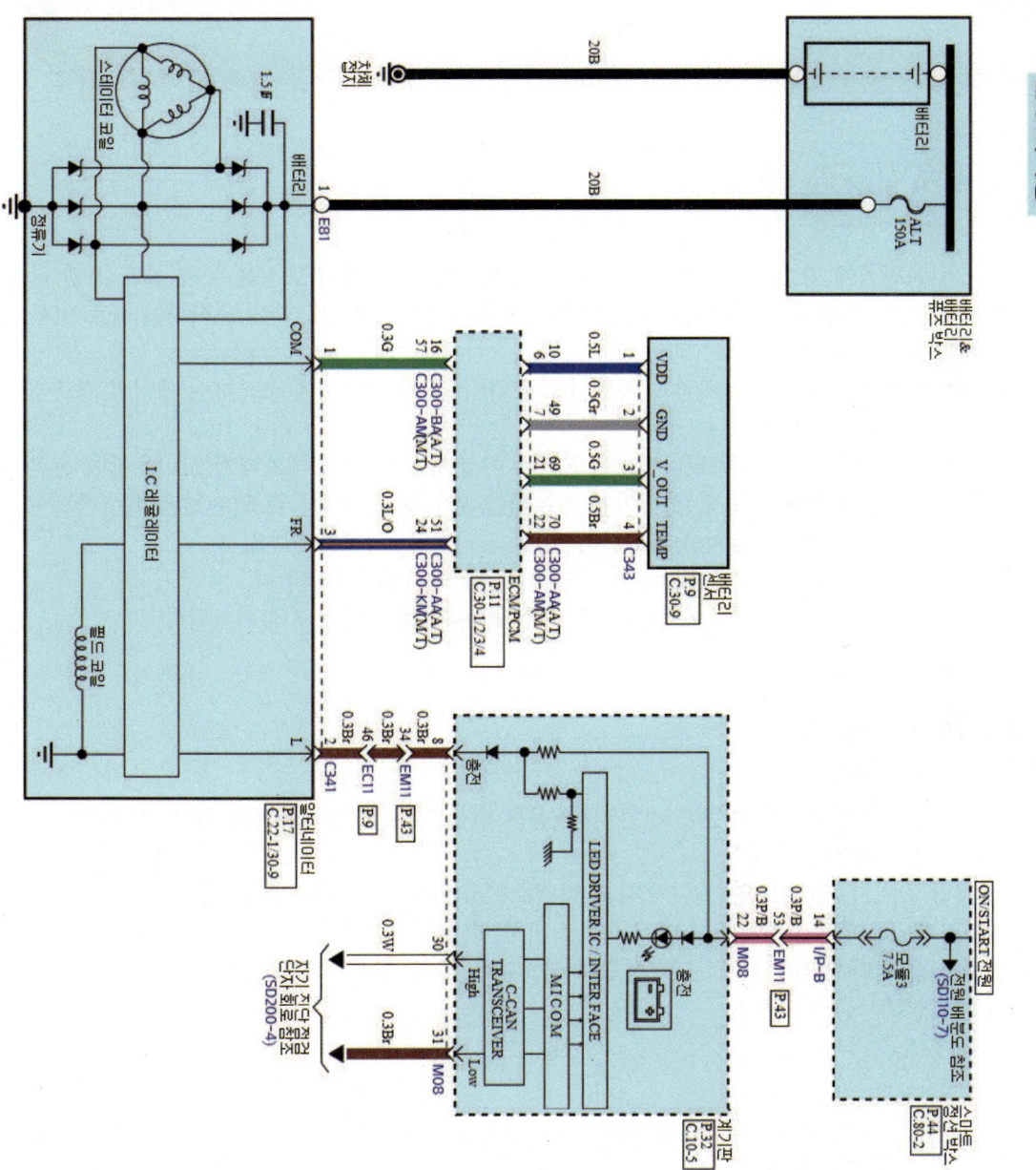

에어컨 회로 점검

회로 점검 방법

① 차량의 운전석에 탑승하여 점화 스위치를 ON 후 에어컨 스위치 조작을 통해 콘덴서 팬 작동 유무를 확인한다. 콘덴서 팬 작동 시 블로어(블로워) 스위치도 함께 조작하여 블로어(블로워) 모터 상태도 확인한다.
② 공회전 상태에서 에어컨 스위치와 블로어(블로워) 스위치를 동시에 조작하여 에어컨 컴프레셔 작동상태를 확인한다.
③ 엔진 룸 및 실내 룸 부의 퓨즈(단선) 및 릴레이 이상 유무는 멀티 테스터기를 이용하여 점검한다. (시험장에서는 퓨즈 및 릴레이가 있는지를 확인한다. 또한, 퓨즈나 릴레이는 반드시 **뽑아 보아 핀(다리)이 있는지를 확인한다. 핀을 잘라 놓는 경우도 있다**)
④ 에어컨 스위치, 점화(이그니션) 스위치 커넥터의 탈거 여부를 확인한다.
⑤ 세부 고장 원인 점검에 따른 이상 부위와 내용 및 상태 등을 답안지에 기록한다.

집중 점검 부위

① 에어컨 계통은 냉매량을 기준으로 콘덴서+블로어(블로워) 모터 계통 등을 점검한다.
② 냉매 파이프 라인점검 시
　㉮ 저압 스위치, 일부 고압 스위치 등의 압력스위치(2P) 또는 서모 스위치를 점검한다.
③ 에어컨 벨트, 에어컨 컴프레셔 마그네틱 스위치 커넥터 점검한다.
④ 콘덴서 팬 모터 커넥터 및 조수석 하단부 블로어(블로워) 모터, 레시스터, 컨트롤 릴레이 등을 점검한다.

▲ 블로어(블로워) 릴레이 및 에어컨 스위치 10A　　▲ 에어컨 퓨즈(7.5A)

답안지 작성 예

			비 번호		감독확인	
항 목	① 측정(또는 점검)		② 판정 및 정비(또는 조치) 사항			득 점
	이상 부위	내용 및 상태	판정(□에 "✓"표)	정비 및 조치할 사항		
에어컨 회로	블로어 릴레이	릴레이 탈거	□ 양 호 ☑ 불 량	릴레이 장착(체결) 후 재점검(재진단)		

에어컨(수동) 회로도 1 - K3

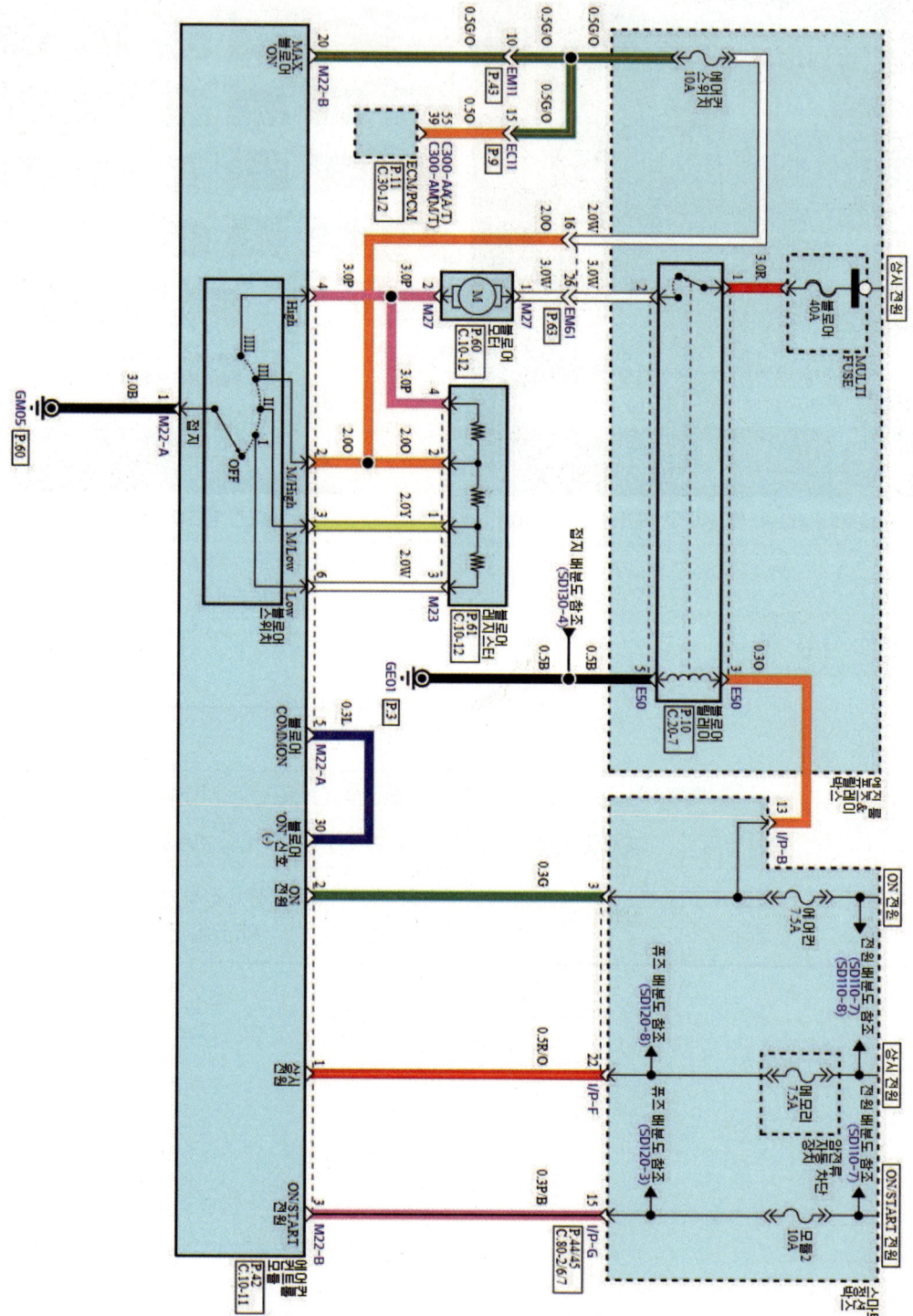

에어컨 회로도 2 – K3

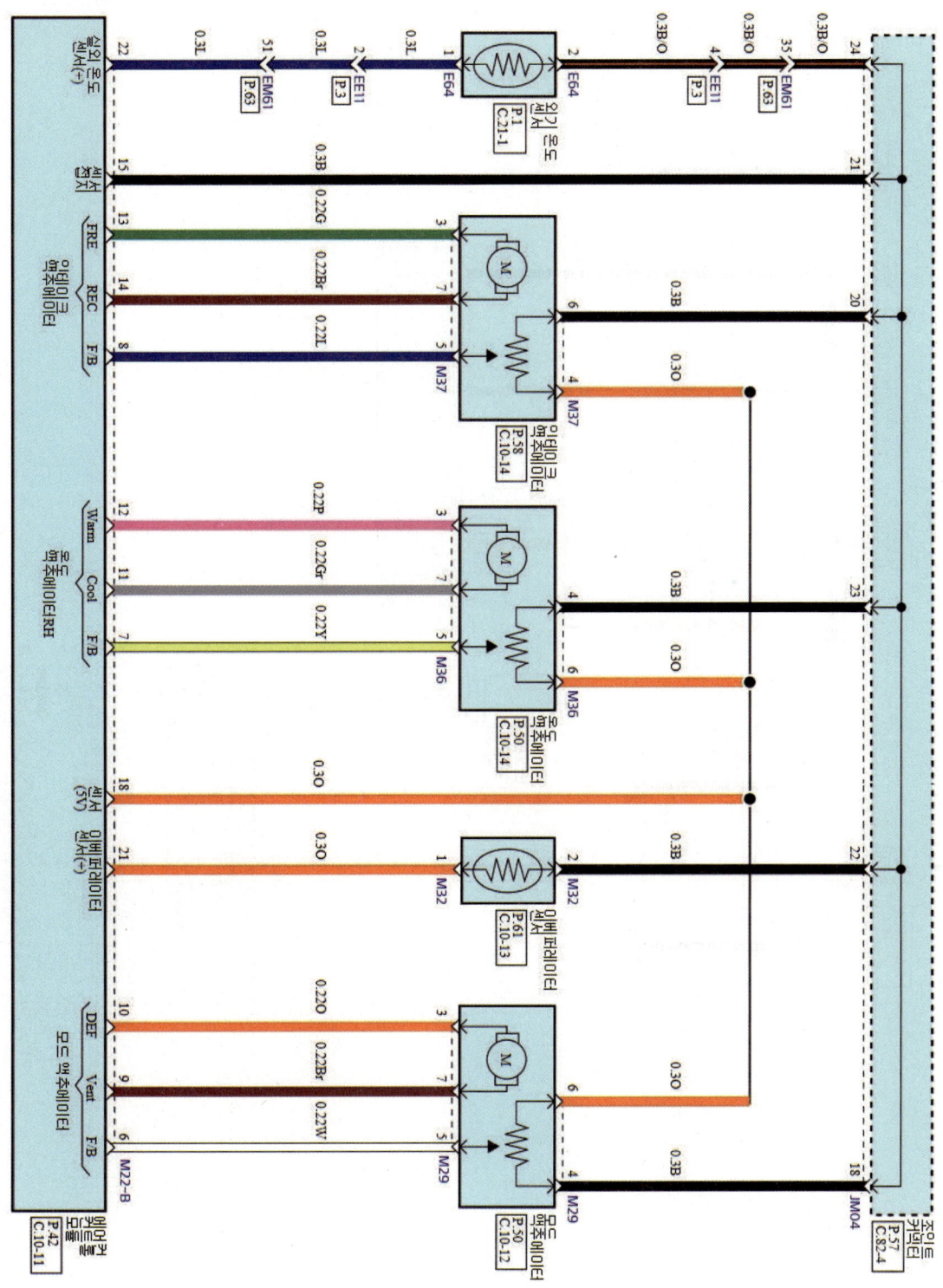

에어컨 회로도 3 - K3

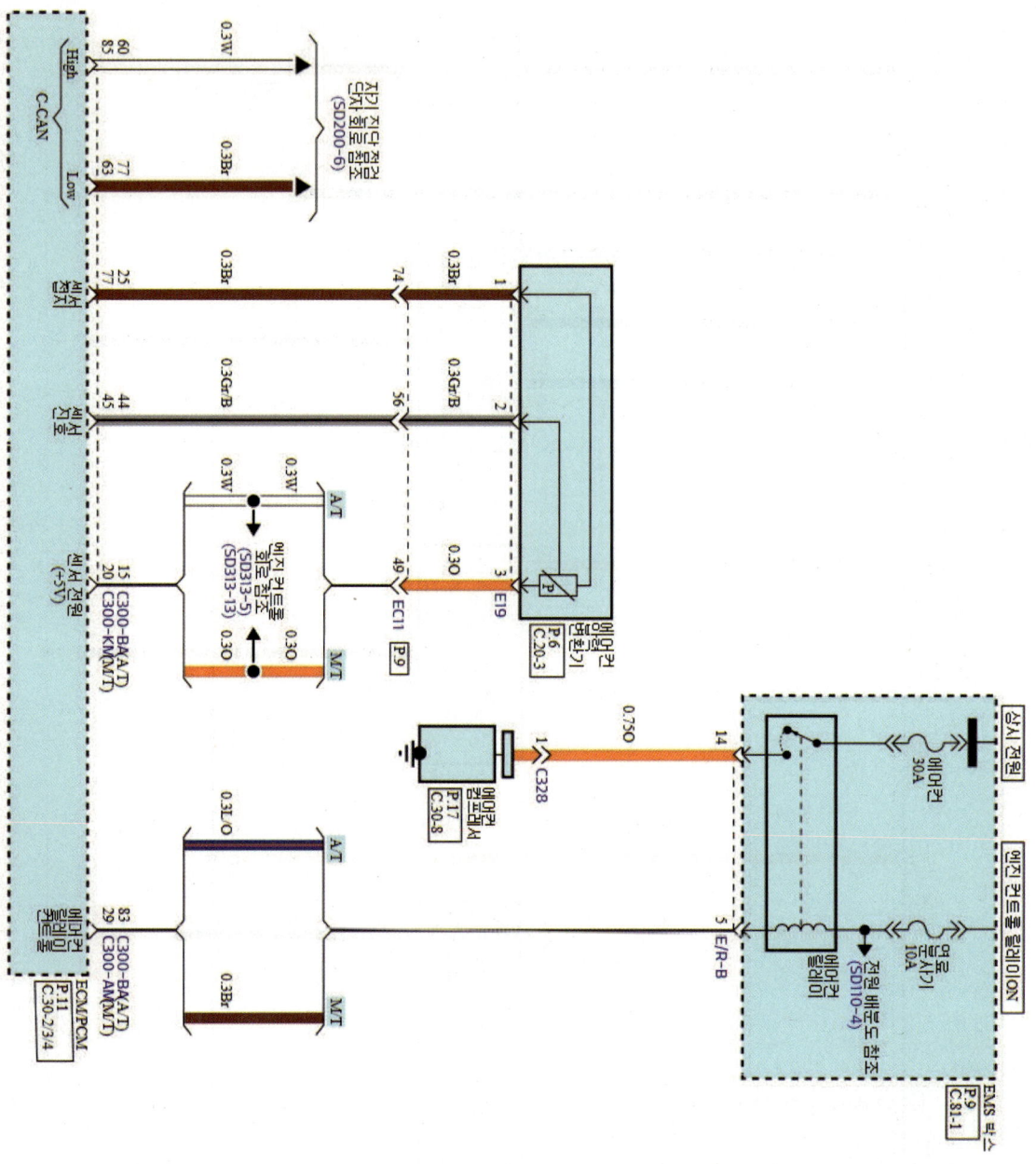

점화 회로 점검

회로 점검 방법

① 차량의 운전석에 탑승하여 점화 스위치로 크랭킹하여 작동 조작해 본다.
② 점화 스위치 작동 시 시동 및 점화 여부를 확인한다.
　㉮ 크랭킹이 안 될 경우에는 시동 회로를 점검한다.
　㉯ 점화가 안 될 경우에는 연료계통 및 점화 회로를 점검한다.
③ 점화 스위치를 OFF 후 메인 전원 및 점화 스위치 이상 유무를 확인한다. (점화 스위치 ON 상태에서 각종 경고등이 점등되면 정상이다)
④ 엔진 룸 및 실내 룸 부의 퓨즈(단선) 및 릴레이 이상 유무는 멀티 테스터기를 이용하여 점검한다. (시험장에서는 퓨즈 및 릴레이가 있는지를 확인한다. 또한 퓨즈나 릴레이는 반드시 뽑아 보아 핀(다리)이 있는지를 확인한다. 핀을 잘라 놓는 경우도 있다)
⑤ 점화(이그니션) 스위치 커넥터의 탈거 여부를 확인한다.
⑥ 세부 고장 원인 점검에 따른 이상 부위와 내용 및 상태 등을 답안지에 기록한다.

집중 점검 부위

① **공통** : ECU, 점화 스위치 퓨즈, ECU 퓨즈 등을 점검한다.
② **기동계통** : A/T-인히비터 스위치, M/T-스타트 스위치(클러치 페달 상단), 기동 전동기 ST단자, 스타트 릴레이 등을 점검한다.
③ **점화계통** : 점화코일, CKP, 고압 케이블 등을 점검한다.

답안지 작성 예

	비 번호		감독확인	
항 목	① 측정(또는 점검)		② 판정 및 정비(또는 조치) 사항		득 점
	이상 부위	내용 및 상태	판정(□에 "✓"표)	정비 및 조치할 사항	
점화 회로	2번 점화코일	커넥터 탈거	□ 양 호 ✓ 불 량	커넥터 연결(체결) 후 재점검(재진단)	

▲ 2번 점화코일 커넥터 탈거

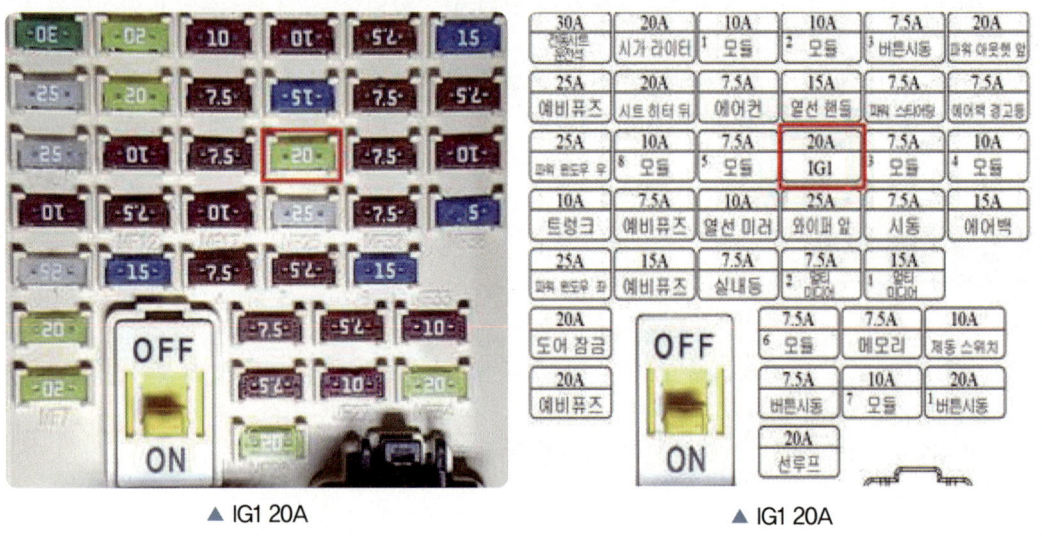

▲ IG1 20A　　　　　　　　　　　▲ IG1 20A

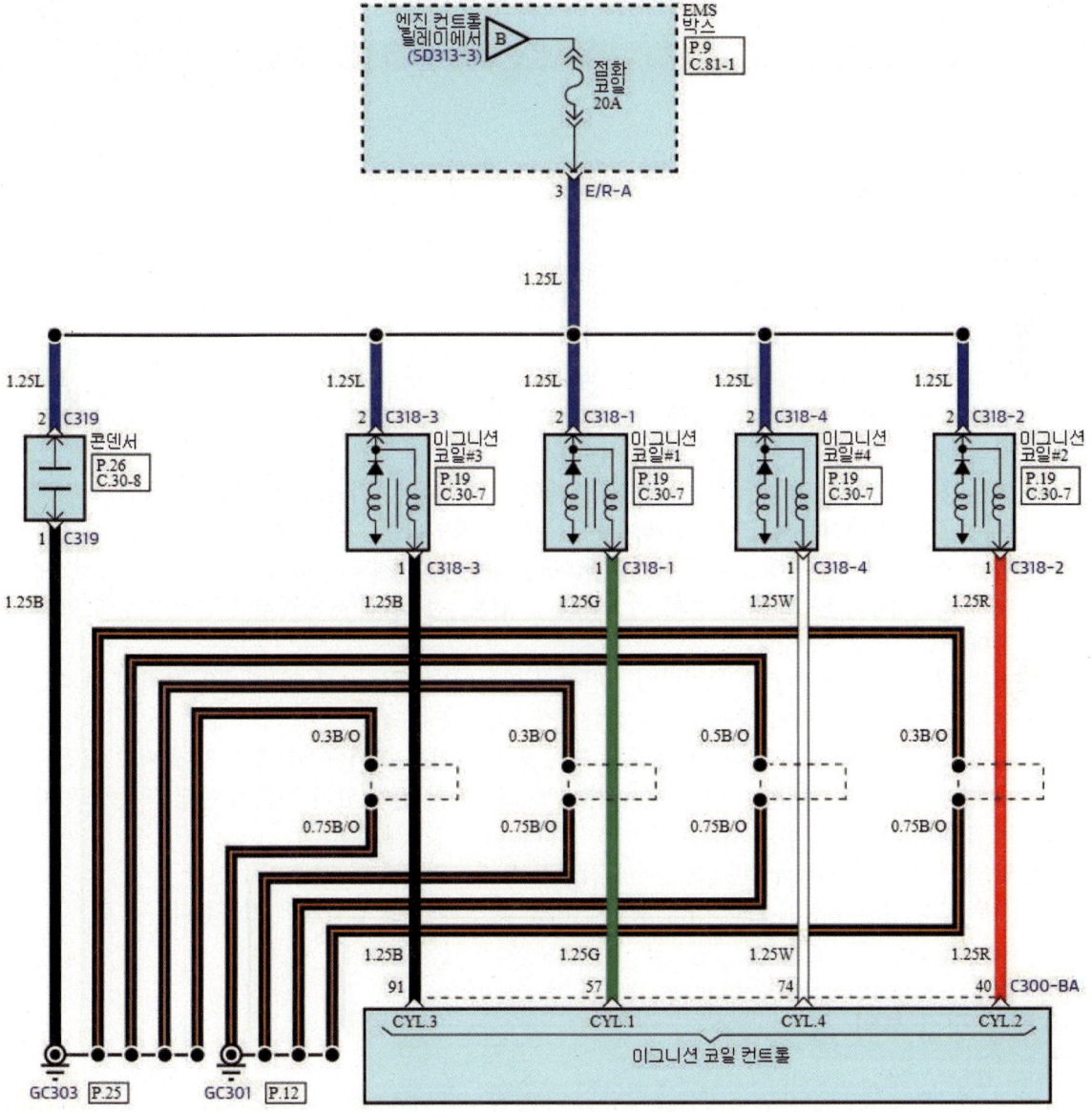

제동등 및 미등 회로 고장 부분 점검

회로 점검 방법

① 차량의 운전석에 탑승하여 점화 스위치를 ON 또는 공회전(무부하 정지 시) 상태로 점검한다.
② 점화 스위치를 조작한 후 미등 스위치를 작동시켜 본다.
③ 점화 스위치 작동에 따른 릴레이 작동 여부를 확인한다.
④ 브레이크 페달을 밟아 제동등을 작동시켜 본다.
⑤ 점화 스위치를 OFF 후 메인 전원 및 점화 스위치 이상 유무를 확인한다. (점화 스위치 ON 상태에서 각종 경고등이 점등되면 정상이다)
⑥ 엔진 룸 및 실내 룸 부의 퓨즈(단선) 및 릴레이 이상 유무는 멀티 테스터기를 이용하여 점검한다. (시험장에서는 퓨즈 및 릴레이가 있는지를 확인한다. 또한 퓨즈나 릴레이는 반드시 뽑아 보아 핀(다리)이 있는지를 확인한다. 핀을 잘라 놓는 경우도 있다)
⑦ 다기능(콤비네이션) 스위치, 점화(이그니션) 스위치, 전구, 전구 커넥터의 탈거 여부를 확인한다.
⑧ 전구 및 배선 이상 유무를 확인한다. (전구의 필라멘트 단선 유무 및 배선을 가볍게 만져보면서 단선 유무 및 접지 상태를 확인한다)
⑨ 예전 차량은 다기능 스위치에 통합으로 되어 있어 다기능 스위치라고 답안지에 써도 되었으나 현재 출고되는 차량은 각각의 스위치가 별도로 되어 있어 있기 때문에 해당 되는 스위치의 명칭을 기록해야 한다.
⑩ 앞, 뒤, 좌측, 우측의 구별은 운전석에 탑승한 운전자의 방향을 기준으로 한다.
⑪ 세부 고장 원인 점검에 따른 이상 부위와 내용 및 상태 등을 답안지에 기록한다.

집중 점검 부위

① 미등을 다른 표기로는 차폭등, tail lamp(T/L) 등으로 사용한다.
② 미등 영역 안에 번호등이 포함되어 있을 수 있다. (퓨즈, 릴레이 등)
③ 미등 스위치는 다기능 스위치의 왼쪽 레버에서 얇은 배선으로 되어있다.
④ 제동등 스위치는 브레이크 페달 상단에 있고 퓨즈는 운전석 스마트 정션 박스에 있다.
⑤ 리어 콤비네이션 램프부의 미등 또는 제동등을 구별하는 방법
　㉮ 적색 케이스 내 싱글 필라멘트는 보통 미등을 사용한다.
　㉯ 적색 케이스 내 더블 필라멘트는 보통 미등과 제동등을 겸용으로 사용한다.

답안지 작성 예

	① 측정(또는 점검)		② 판정 및 정비(또는 조치) 사항		
항목	이상 부위	내용 및 상태	판정(□에 "✓"표)	정비 및 조치할 사항	득점
제동 및 미등 회로	뒤 우측 제동등	커넥터 탈거	□ 양 호 ☑ 불 량	커넥터 연결 후 재점검(재진단)	

비 번호   감독확인

▲ 정지등 15A(엔진 룸)

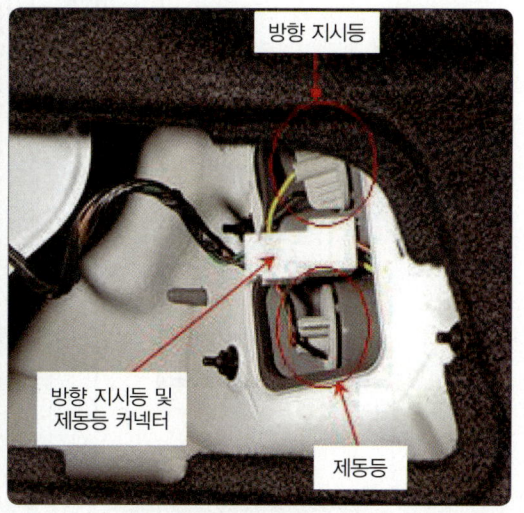

▲ 뒤 우측 제동등(방향 지시등과 제동등 커넥터 공용)

미등 회로도 ▶ 전기 1안 – 3 내용 참고

제동등 회로도 1 – K3

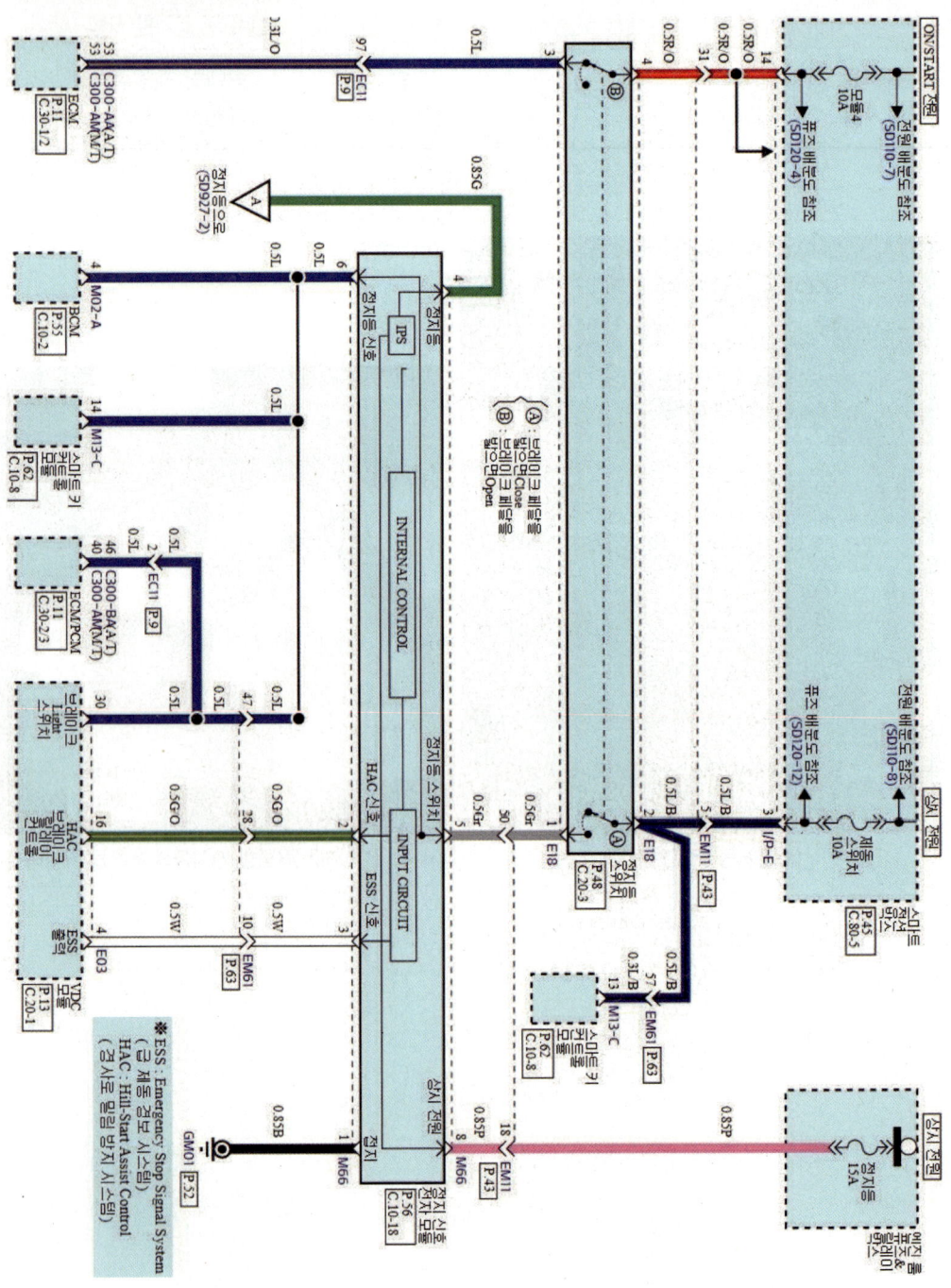

제동등 회로도 2 - K3

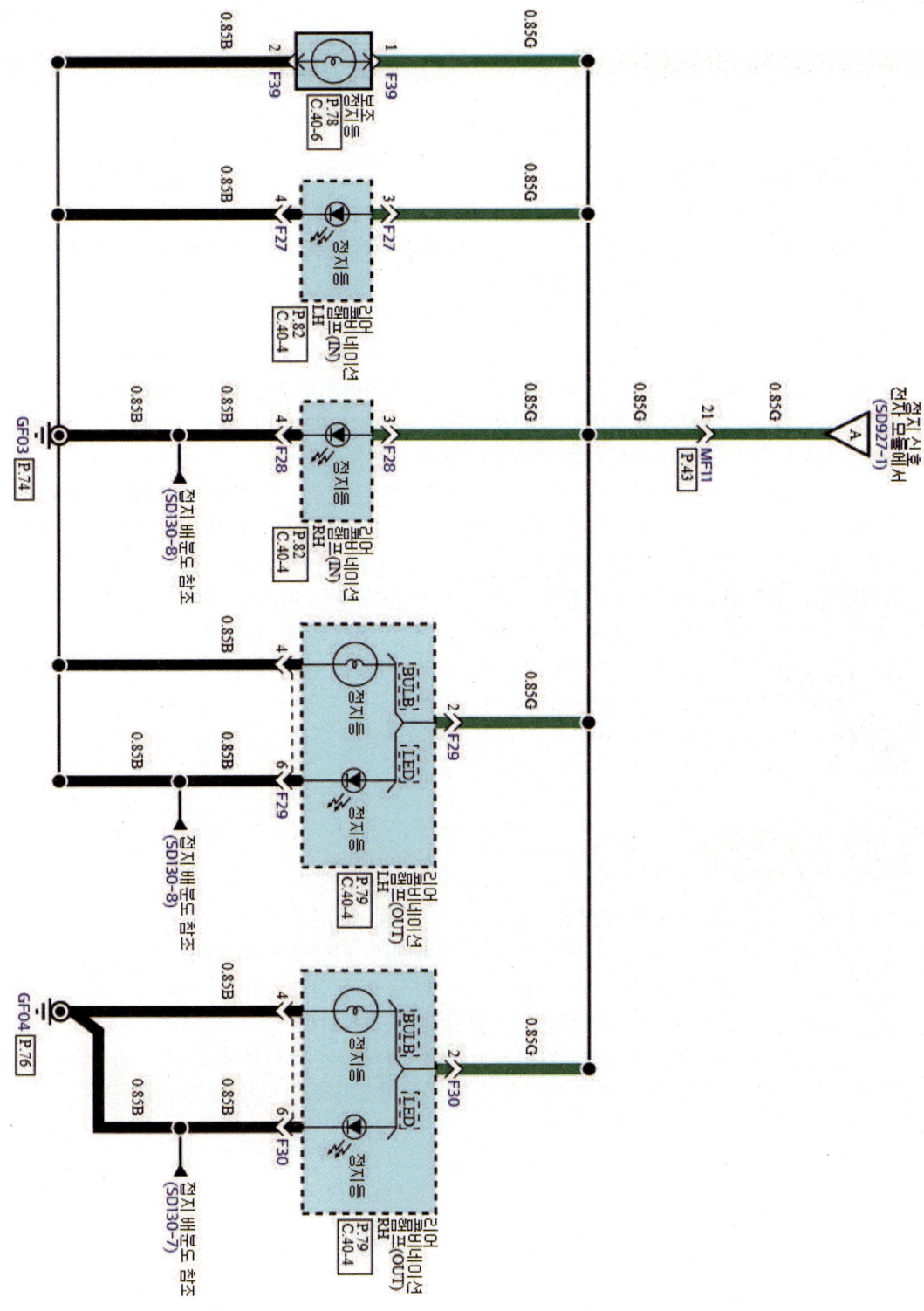

실내등 및 열선 회로 점검

회로 점검 방법

① 차량의 점화 스위치를 OFF 상태로 놓고 실내등 스위치를 작동 점검하여 본다. (작동순서 : ON ⇒ OFF ⇒ DOOR 순서로 점검한다)
② 실내등 스위치를 DOOR에 놓고 운전석 도어 및 조수석 도어를 개폐시키면서 실내등의 점등 여부를 확인한다. (실내등은 점화 스위치 OFF시에도 점등된다)
③ 점화 스위치 작동상태에서 각 부위의 작동여부를 육안으로 확인 후에 체크하여 둔다.
④ 실내에 탑승하여 점화 스위치를 조작하여 시동을 걸어 공회전 상태로 둔다.
⑤ 공회전 상태에서 열선 스위치를 작동시켜 본다.
⑥ 열선 스위치에 램프 점등상태, 열선 작동 여부, 뒷 유리 좌·우 열선 커넥터를 확인한다.
⑦ 엔진 룸 및 실내 룸 부의 퓨즈(단선) 및 릴레이 이상 유무는 멀티 테스터기를 이용하여 점검한다. (시험장에서는 퓨즈 및 릴레이가 있는지를 확인한다. 또한, 퓨즈나 릴레이는 반드시 뽑아 보아 핀(다리)이 있는지를 확인한다. 핀을 잘라 놓는 경우도 있다)
⑧ 점화(이그니션) 스위치, 전구, 전구 커넥터의 탈거 여부를 확인한다.
⑨ 전구 및 배선 이상 유무를 확인한다. (전구의 필라멘트 단선 유무 및 배선을 가볍게 만져보면서 단선 유무 및 접지상태를 확인한다)
⑩ 세부 고장 원인 점검에 따른 이상 부위와 내용 및 상태 등을 답안지에 기록한다.

집중 점검 부위

① 열선을 다른 표기로는 디포거(defogger) : 뒷 유리 열선으로 사용한다.
② 실내등은 전원장치가 정상 시에는 점화 스위치 OFF 시에도 작동된다.
  ㉮ 스위치 ON 시 항상 점등/스위치 OFF 시 항상 소등 상태이다.
  ㉯ 스위치 DOOR 시 도어 개폐에 따라 감광 점멸 작동한다.
③ 열선은 전류 소모가 크기 때문에 반드시 시동 상태에서만 작동하게 되어 있다. 이에 작동 점검 시 반드시 시험 위원에게 시동을 걸고 점검하겠다고 확인을 받고 시행한다.

답안지 작성 예

항목	① 측정(또는 점검)		② 판정 및 정비(또는 조치) 사항		득 점
	이상 부위	내용 및 상태	판정(□에 "✓"표)	정비 및 조치할 사항	
실내등 및 열선 회로	열선 유리(뒤) 릴레이	릴레이 탈거	□ 양 호 ✓ 불 량	릴레이 장착(체결) 후 재점검(재진단)	

비 번호 / 감독확인

▲ 열선 유리(뒤) 릴레이

▲ 실내등 7.5A

▲ 실내등 전구 탈거

실내등 회로도 - K3

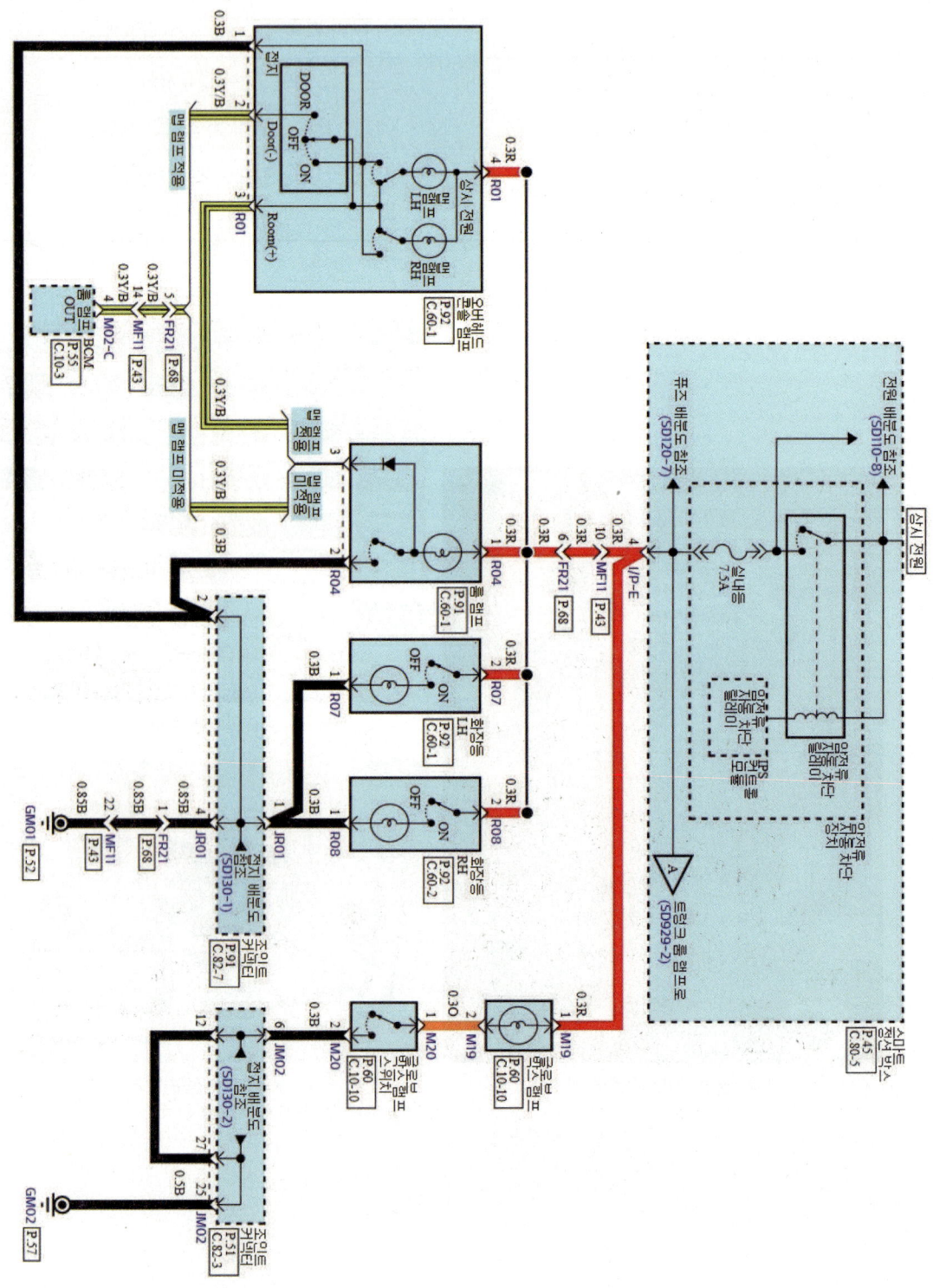

열선 회로도 – K3

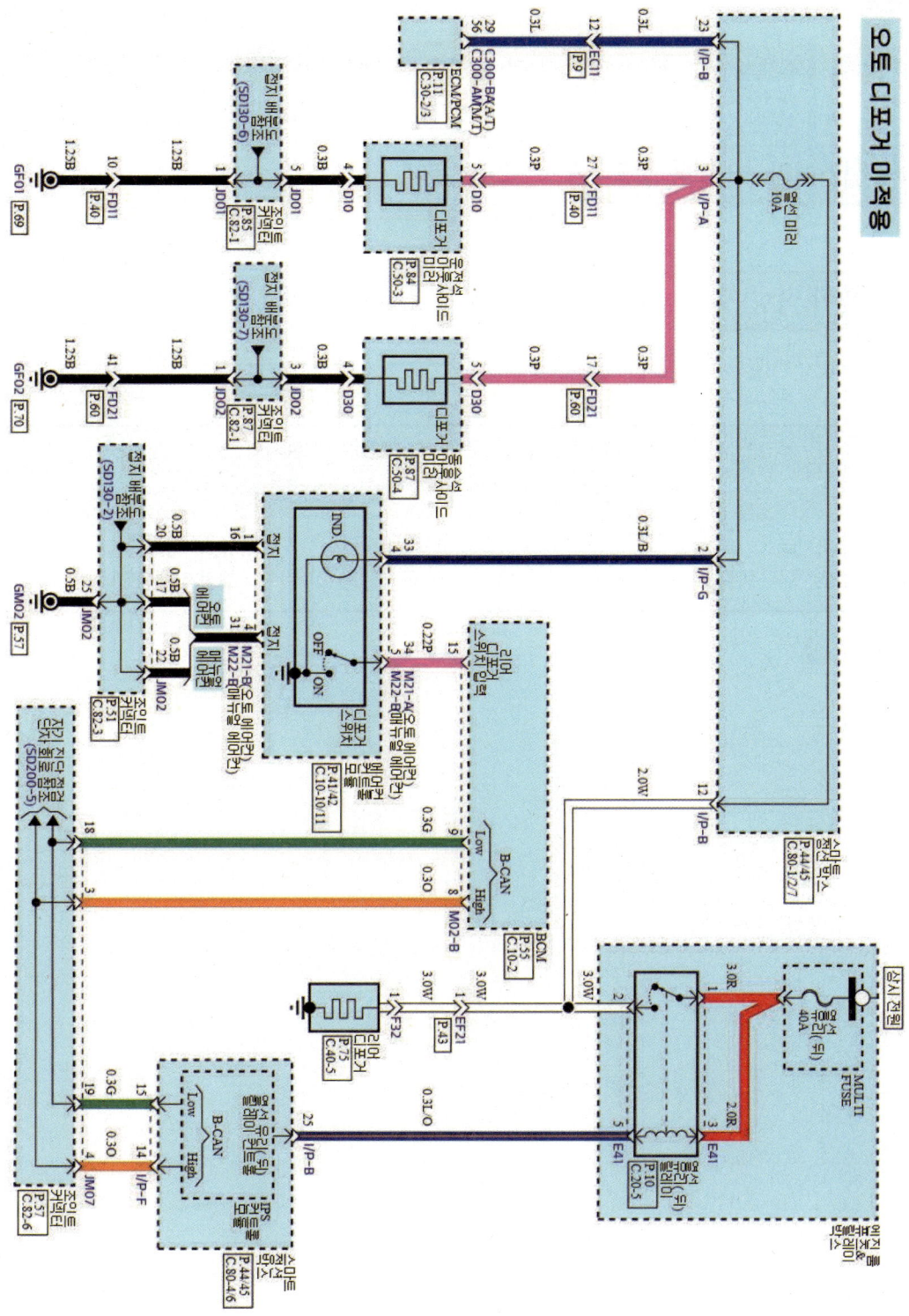

방향 지시등 회로 점검

 전기 4안 – 3 내용 참조 ▶ 동일한 문제

● 답안지 작성 예

항 목	① 측정(또는 점검)		② 판정 및 정비(또는 조치) 사항		득 점
	이상 부위	내용 및 상태	판정(□에 "✓"표)	정비 및 조치할 사항	
방향 지시등 회로	뒤 우측 방향 지시등	전구 탈거	□ 양 호 ☑ 불 량	전구 장착 후 재점검(재진단)	

※ 비 번호 / 감독확인

와이퍼 회로 점검

- 전기 3안-3 내용 참조 ▶ 동일한 문제

- 답안지 작성 예

항목	① 측정(또는 점검)		② 판정 및 정비(또는 조치) 사항		득점
	이상 부위	내용 및 상태	판정(□에 "√"표)	정비 및 조치할 사항	
와이퍼 회로	와이퍼 모터	커넥터 탈거	□ 양 호 ☑ 불 량	커넥터 연결(체결) 후 재점검(재진단)	

비 번호 / 감독확인

파워 윈도 회로 점검

측정 방법

① 차량의 운전석에 탑승하여 점화 스위치를 ON 또는 공회전(무부하 정지 시) 상태에서 각 윈도(윈도우) 모터 스위치를 운전석 메인 컨트롤 스위치를 통해 작동하여 본다.
② 운전석 메인 컨트롤 스위치를 통해 작동이 안 되는 윈도(윈도우) 모터는 직접 도어 트림부에 스위치를 통해 작동하여 본다.
③ 점화 스위치를 OFF 후 메인 전원 및 점화 스위치 이상 유무를 확인한다. (점화 스위치 ON 상태에서 각종 경고등이 점등되면 정상이다)
④ 엔진 룸 및 실내 룸 부의 퓨즈(단선) 및 릴레이 이상 유무는 멀티 테스터기를 이용하여 점검한다. (시험장에서는 퓨즈 및 릴레이가 있는지를 확인한다. 또한, 퓨즈나 릴레이는 반드시 뽑아 보아 핀(다리)이 있는지를 확인한다. 핀을 잘라 놓는 경우도 있다)
⑤ 점화 스위치 커넥터의 탈거 여부를 확인한다.
⑥ 앞, 뒤, 좌측, 우측의 구별은 운전석에 탑승한 운전자의 방향을 기준으로 한다.
⑦ 세부 고장 원인 점검에 따른 이상 부위와 내용 및 상태 등을 답안지에 기록한다.

집중 점검 부위

① 파워 윈도(윈도우) 모터의 컨트롤 릴레이는 운전석 메인 컨트롤 스위치 부 내에 있거나 실내 운전석 하단부에 별도로 장착되어 있을 수 있기 때문에 회로도를 참조하여 확인한다.
② 각 도어부 윈도(윈도우) 모터 작동 불량 시, 필요에 따라 도어 트림부를 탈거하고, 스위치 커넥터 윈도(윈도우) 모터(레귤레이터) 커넥터의 탈거 유무를 확인한다.
  ⇨ 도어 트림 탈거 시에는 시험 위원 허락을 받거나, 문의 후 작업을 시행한다.
③ 파워 윈도(윈도우) 점검 시 일부 파워 도어 록 장치와 관련되는 경우도 있으나, 보통은 운전석 메인 컨트롤 스위치 내에 커넥터가 포함되기 때문에 큰 의미는 없다.

답안지 작성 예

	비 번호		감독확인		
항 목	① 측정(또는 점검)		② 판정 및 정비(또는 조치) 사항		득 점
	이상 부위	내용 및 상태	판정(□에 "✓"표)	정비 및 조치할 사항	
파워 윈도 회로	파워 윈도 (윈도우) 좌 퓨즈 25A	퓨즈 탈거	□ 양 호 ✓ 불 량	퓨즈 장착 후 재점검(재진단)	

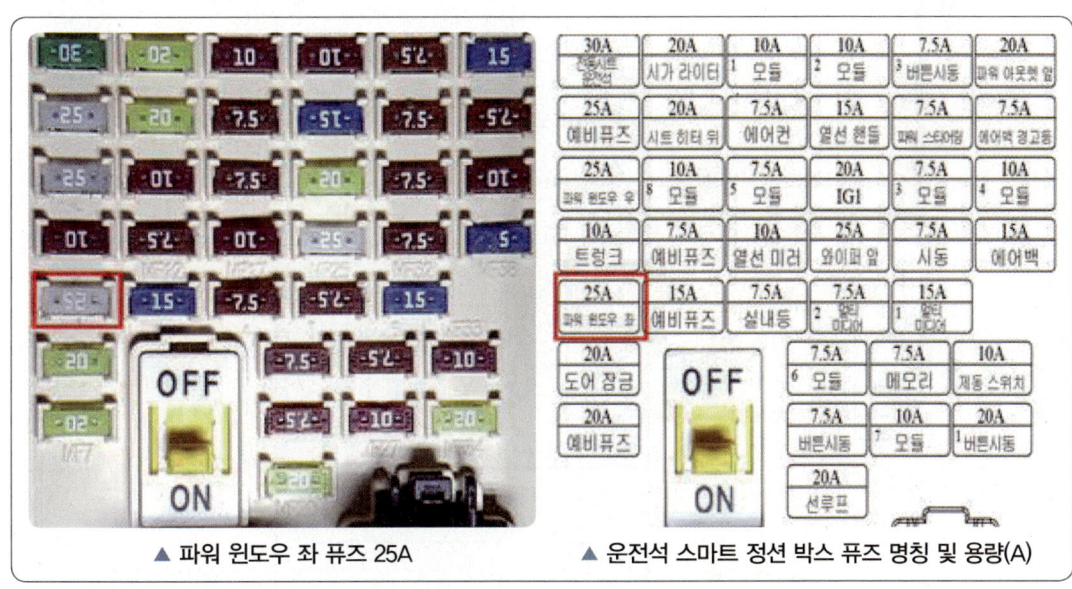

▲ 파워 윈도우 좌 퓨즈 25A　　　▲ 운전석 스마트 정션 박스 퓨즈 명칭 및 용량(A)

파워 윈도 회로도 1 – K3

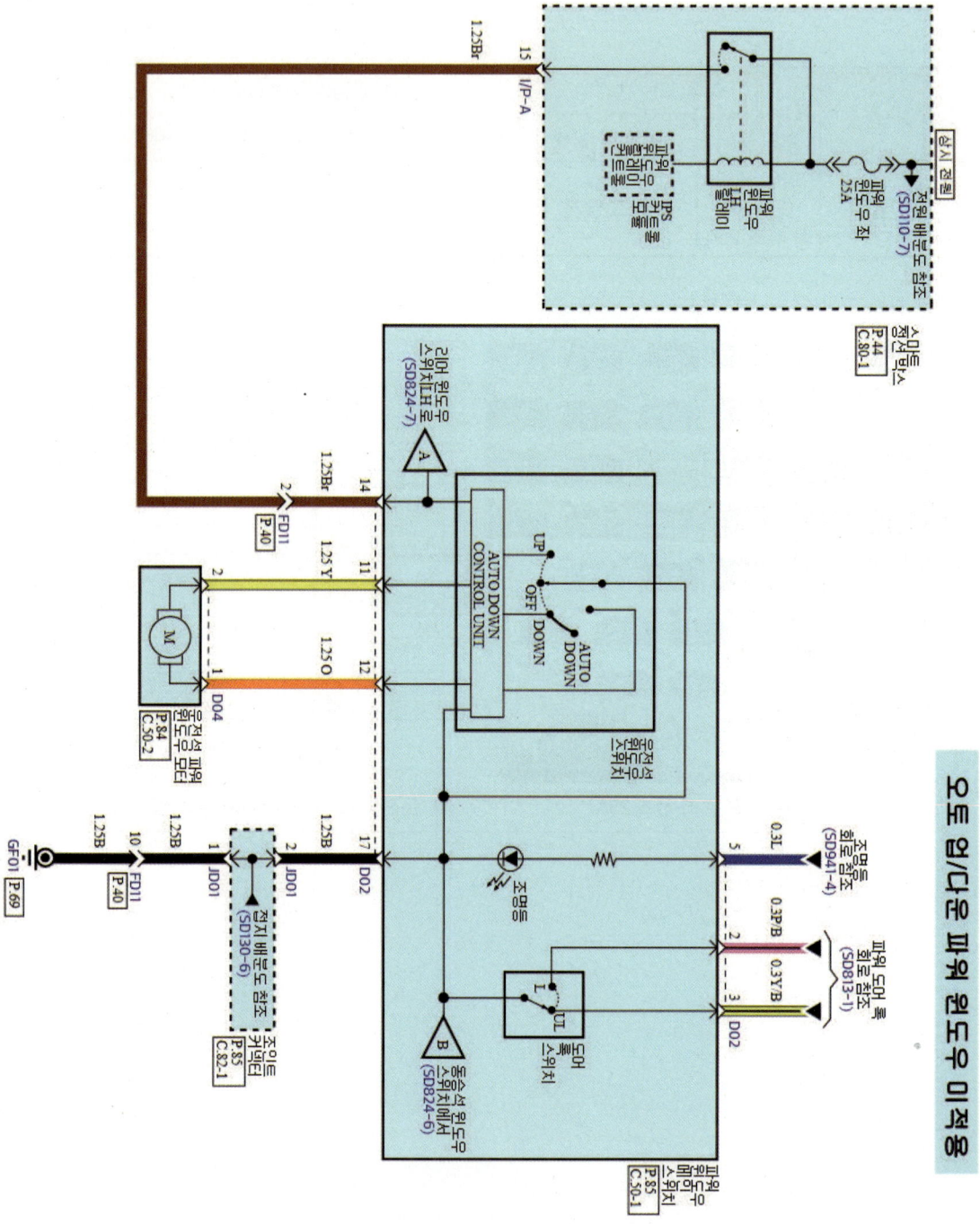

파워 윈도 회로도 2 – K3

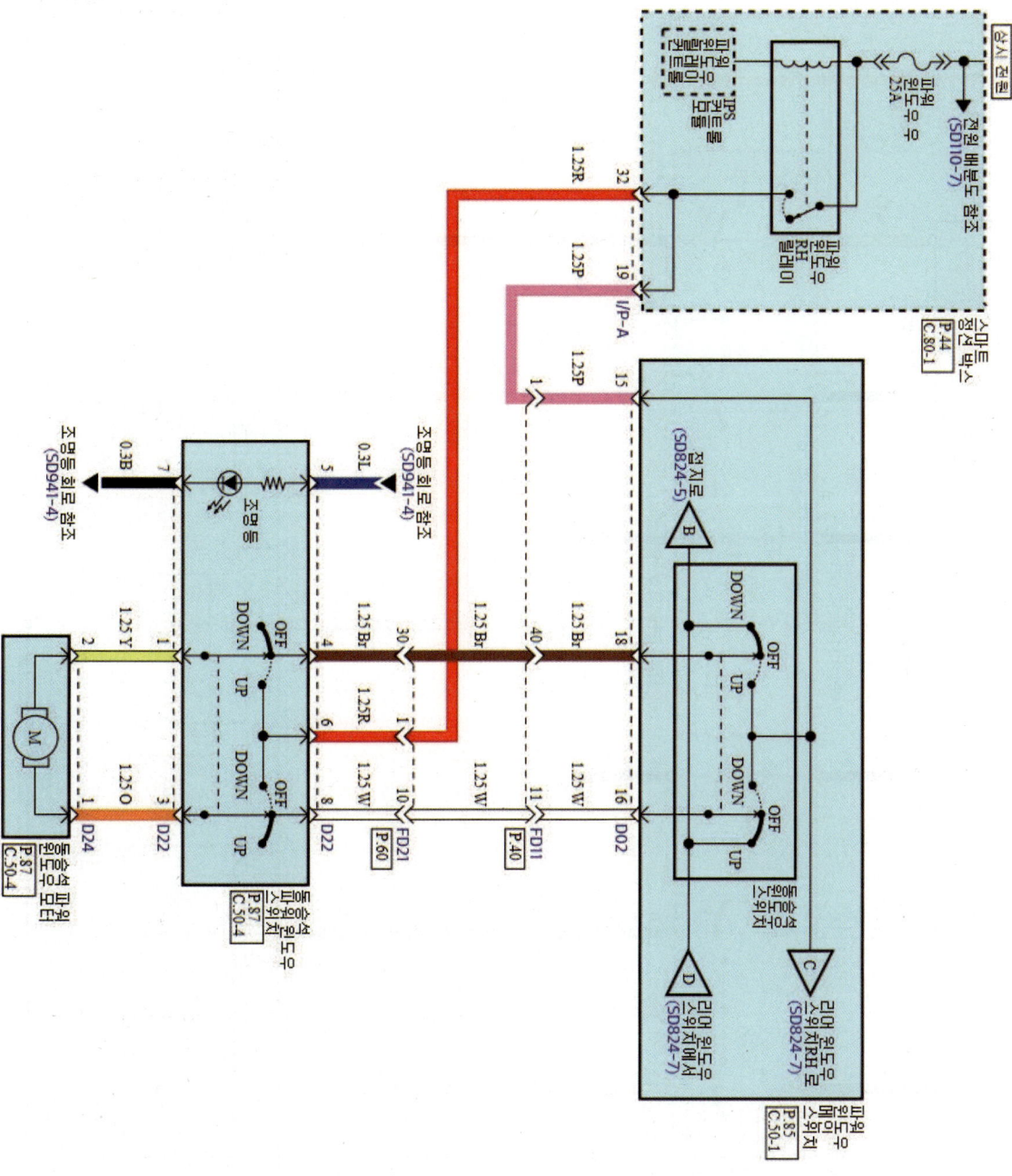

파워 윈도 회로도 3 – K3

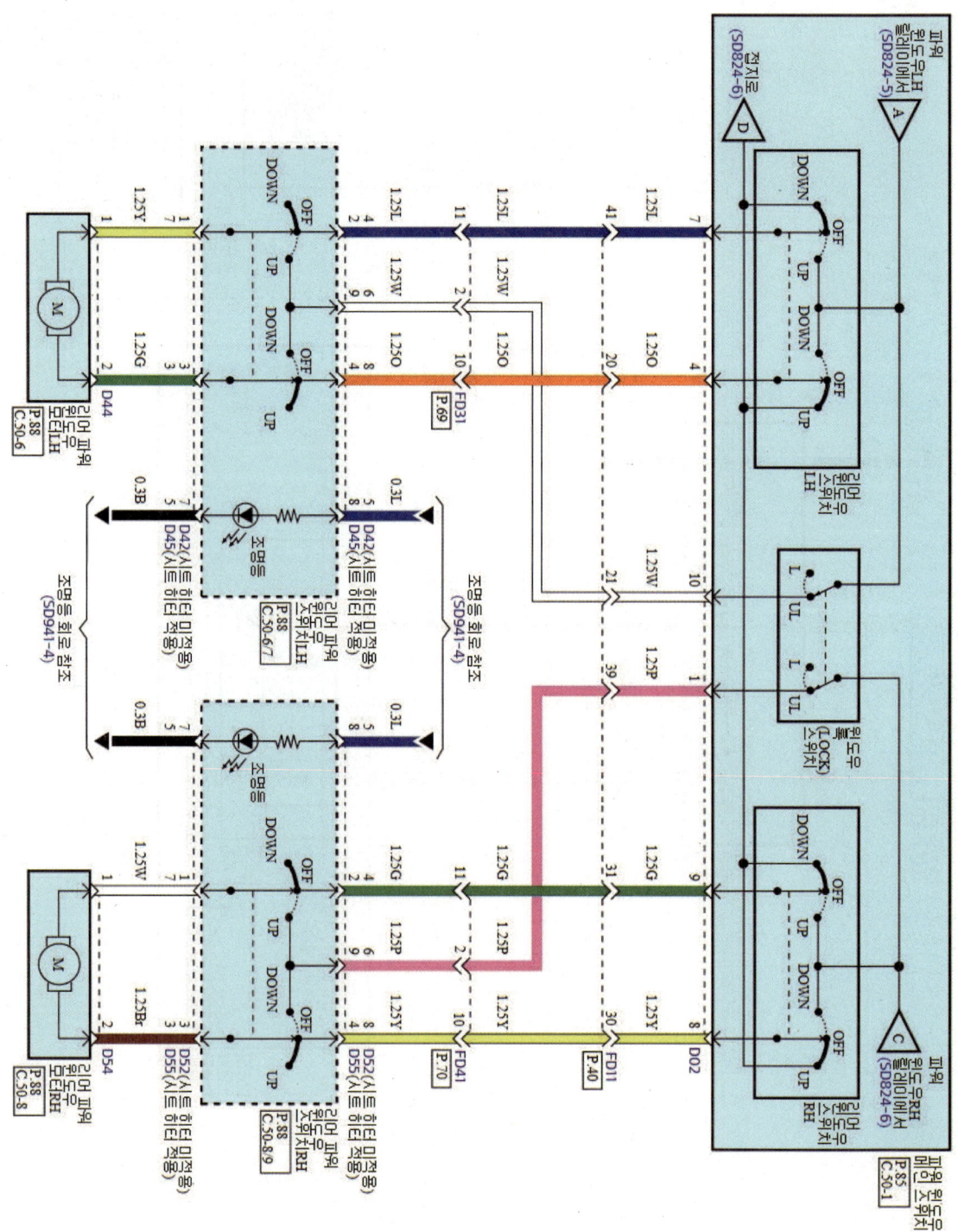

공동 4 전조등 광도 측정

▶ 전기 1안, 3안, 5안, 7안, 10안, 11안, 13안, 15안 동일한 작업

측정 방법(하향식)

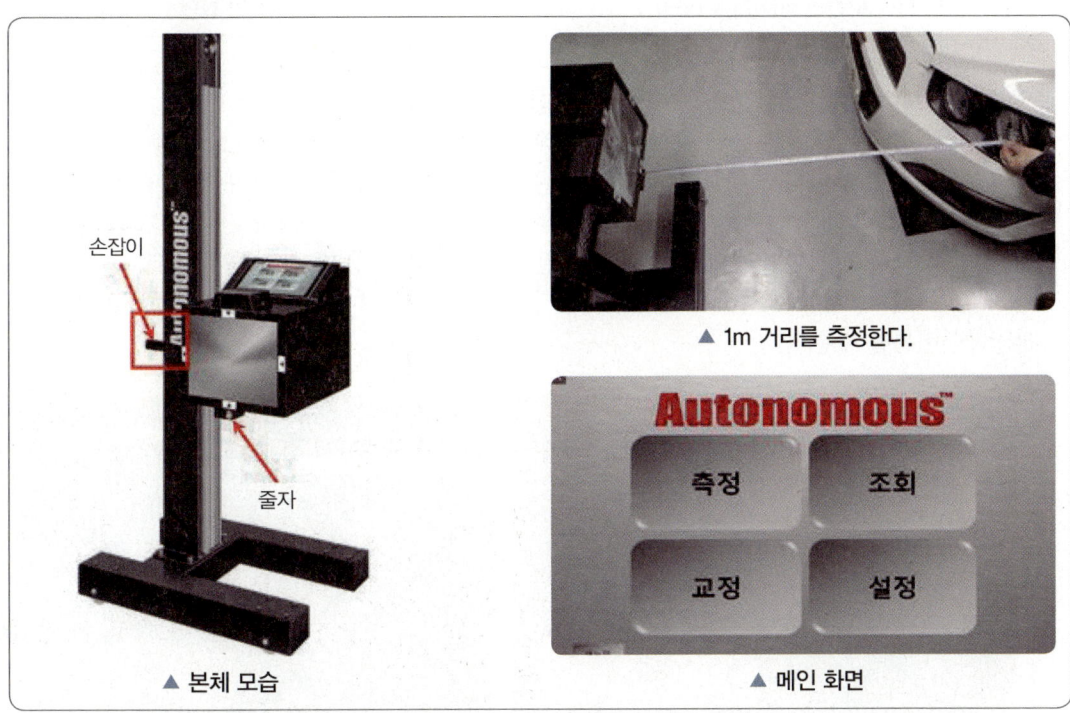

▲ 본체 모습   ▲ 1m 거리를 측정한다.   ▲ 메인 화면

① 전조등 테스터기와 차량 전조등 간의 1m 거리를 측정한다.
② 전조등을 하향으로 점등한다. (측정하지 않는 다른 한쪽의 전조등은 가린다)
③ 태블릿 PC 좌측 상단에 있는 전원 버튼을 ON 시키면 자동으로 메인 화면이 뜬다.
④ 메인 메뉴에서 측정 버튼을 누르면 접수번호 화면이 뜬다.
   ㉮ 측정 : 헤드라이트 검사를 하기 위한 메뉴. 누르면 접수 화면으로 진입함
   ㉯ 조회 : 헤드라이트 검사 후 그 결과를 조회하기 위한 메뉴
   ㉰ 교정 : 장비 교정을 위한 메뉴(접근 권한을 가진 인원만 접근 가능)
   ㉱ 설정 : 장비 설정을 위한 메뉴(접근 권한을 가진 인원만 접근 가능)
   ㉲ 매뉴얼 : 장비 매뉴얼을 볼 수 있는 메뉴

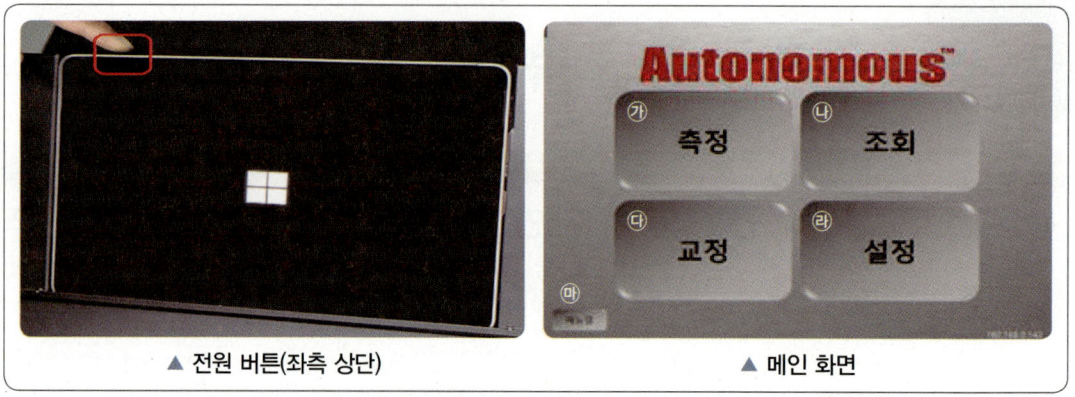

▲ 전원 버튼(좌측 상단)　　　　　　　　▲ 메인 화면

⑤ 목록에서 검사할 접수번호(차량번호)를 선택한다.
⑥ 등록된 접수번호가 없는 경우 수동으로 입력 버튼을 누른다. 차량번호와 차량 모델 입력 화면이 뜨는데 무시하고 아래 입력 버튼을 누르면 자동으로 TEST 오프라인이 생성된다.
⑦ TEST 오프라인을 선택한다.
⑧ 일반 전조등 선택한다. (터치할 때마다 일반 전조등과 지능형 전조등이 바뀐다)
⑨ 하향등 선택(2등식, 4등식 구분 없음)한다. (터치할 때마다 하향등과 상향등이 바뀐다)
⑩ 측정 버튼을 누른다.

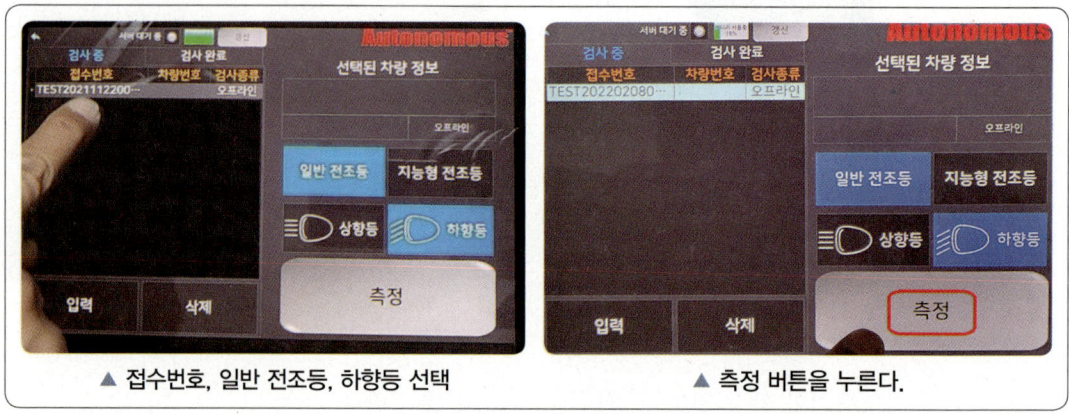

▲ 접수번호, 일반 전조등, 하향등 선택　　　　　　▲ 측정 버튼을 누른다.

⑪ 정대 화면이 뜨면, 헤드라이트의 전구 중심(녹색 안쪽처럼)이 중앙 정대에 오도록 전조등 테스터기에 있는 손잡이를 잡고 좌·우, 상·하로 움직여서 중앙 정대에 맞춘 다음 우측 하단에 있는 정대 버튼을 누른다.

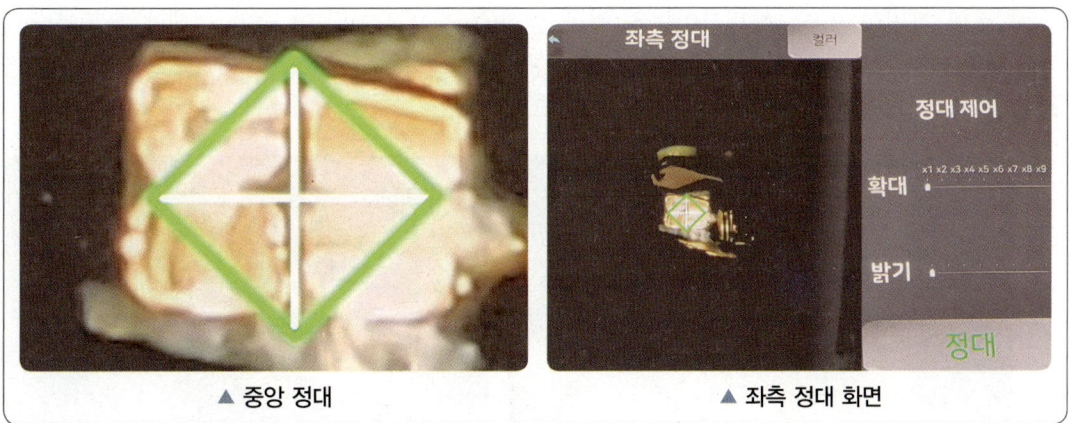

▲ 중앙 정대   ▲ 좌측 정대 화면

⑫ 검사 모드에서 광축(녹색 X 표시)의 광도를 확인하고, Cut off line(노란색 X 표시)이 ① 상(초록색 선)과 ② 하(초록색 선) 사이에 오면 정상적으로 측정된 것이다. (좌측 전조등을 측정할 경우는 여기까지만 진행한다)
   ㉮ 광도, 상/하, 좌/우 값이 초록색이면 합격이고 적색이면 불합격이다.
   ㉯ 광도, 상/하, 좌/우 글씨를 한 번 클릭할 때마다 % → cm → ° 변환된다.
   ㉰ 화면 좌측 상단에 있는 Progress(진행 중)에서 측정하면 안 되고 Stable(안정된 상태)에서 측정해야 한다. (정대를 누르면 Progress가 뜨고 잠시 후에 Stable가 뜬다)
⑬ 우측 전조등을 측정할 경우는 전조등 테스터기를 우측으로 이동한다. 우측 하단에 있는 측정 버튼을 누른다.

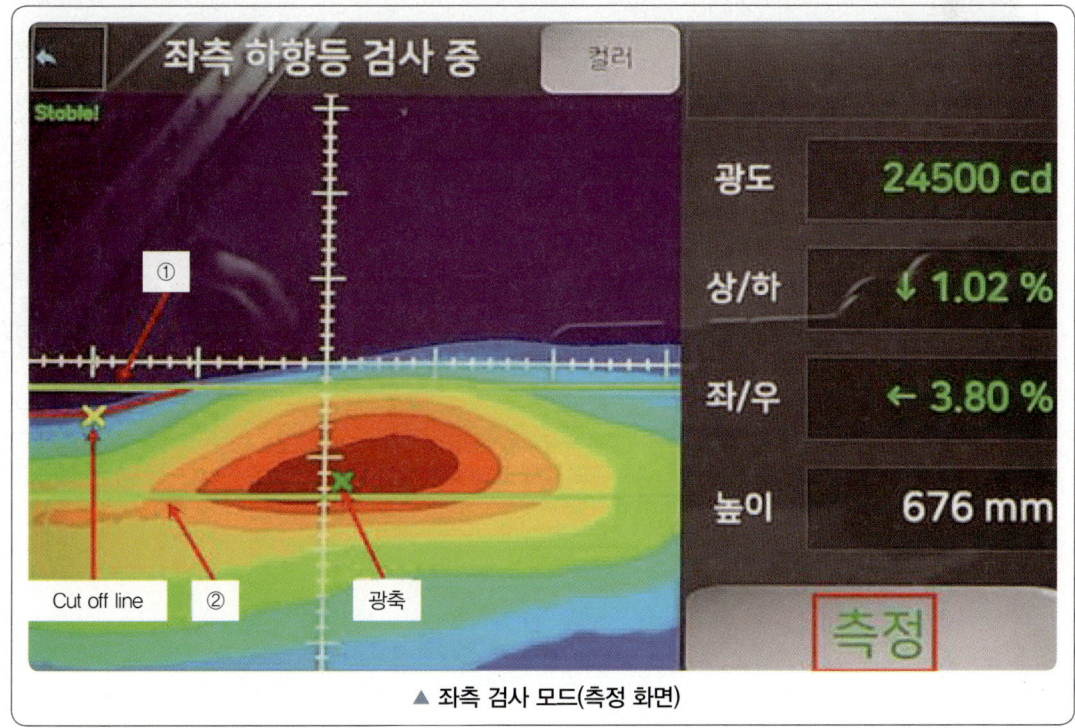

▲ 좌측 검사 모드(측정 화면)

⑭ 정대 화면이 뜨면, 헤드라이트의 전구 중심(녹색 안쪽처럼)이 중앙 정대에 오도록 전조등 테스터기에 있는 손잡이를 잡고 좌·우, 상·하로 움직여서 중앙 정대에 맞춘 다음 우측 하단에 있는 정대 버튼을 누른다.

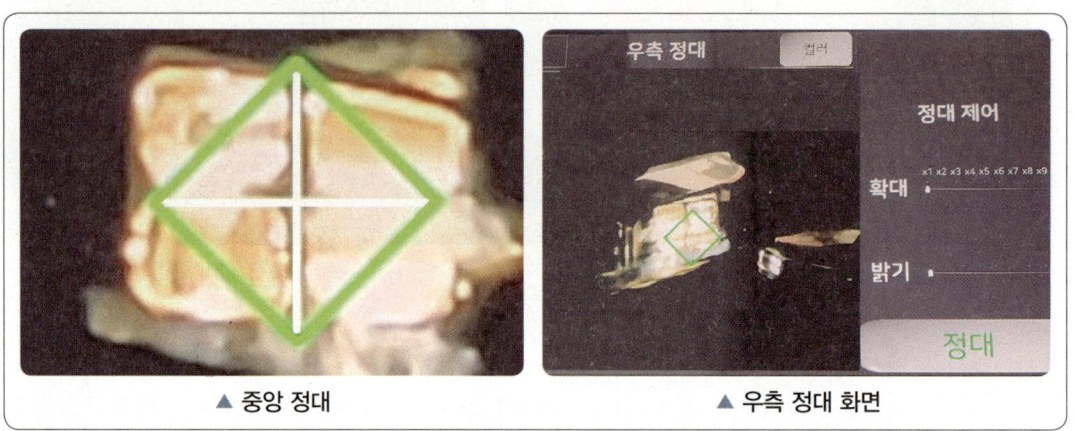

▲ 중앙 정대   ▲ 우측 정대 화면

⑮ ⑫번 내용을 참고

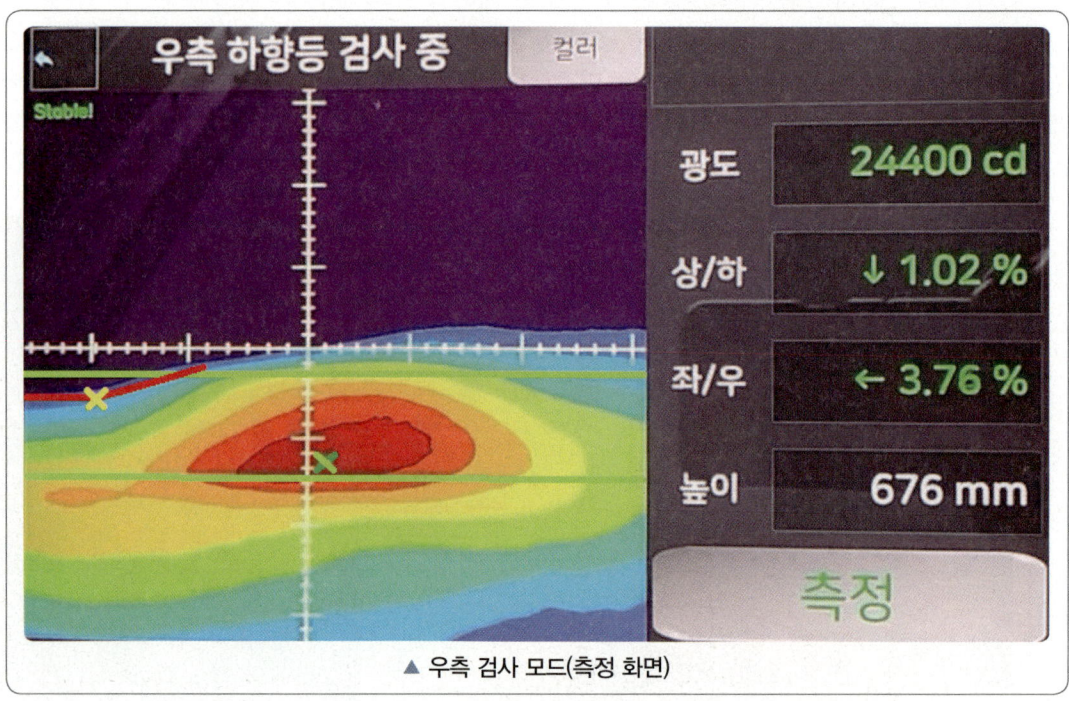

▲ 우측 검사 모드(측정 화면)

답안지 작성 예

① 좌측 전조등(운전석에 탑승한 운전자 기준) 광도 측정값 24,500cd
② 좌측 전조등 설치 높이 측정값 676mm

전기 4. 전조등 측정

자동차 번호 :				비 번호		감독확인	
① 측정(또는 점검)				② 판정(□에 "✓"표)		득 점	
구 분	측정 항목	측정값	기준값				
(□에 "✓"표) 위치 : ☑ 좌 □ 우	광도	24,500cd	3,000cd 이상	☑ 양 호 □ 불 량			

● 측정 위치는 시험 위원이 지정하는 위치에 □에 "✓" 표시합니다.
● 자동차검사기준 및 방법에 의하여 기록·판정합니다.

기준값

① 광도 : 3,000cd 이상
② 전조등 설치 높이
    ㉮ 설치 높이가 1.0m 이하인 경우 : -0.5% ~ -2.5%
    ㉯ 설치 높이가 1.0m 초과인 경우 : -1.0% ~ -3.0%
③ 컷오프선(Cut off line) 수직 위치 범위 측정 시 0.1% 단위의 정확도로 측정할 것

경음기 음량 측정

▶ 전기 2안, 4안, 6안, 8안, 9안, 12안, 14안 동일한 작업

경음기 사용방법

■ 경음기 테스터(TES-1350A)
① 테스터기의 구조
㉮ 전원 및 범위설정 스위치(RANGE)
㉠ Lo : Lo 설정 시 측정범위 35~100dB
㉡ Hi : Hi 설정 시 측정범위 65~130dB
▶ LCD 좌측 상단에 OVER 표시 시 Lo, Hi 설정을 교체한다.
㉢ POWER OFF : 전원 OFF

㉯ 응답시간 및 최댓값 홀드 스위치(RESPONSE)
㉠ S(Slow) : 소음 값을 LCD에 천천히 표시(소음 값을 1초 간격으로 측정)
㉡ F(Fast) : 소음 값을 LCD에 빠르게 표시
(소음 값을 0.125초 간격으로 측정)
㉢ MAX HOLD : 최댓값에서 측정값 고정

㉰ 리셋 버튼 : MAX HOLD 값 재설정 시 사용(MAX HOLD 모드에서 조작이 가능 - 최댓값을 초기화할 수 있다.)

㉱ 측정특성 및 캘리브레이션 스위치(FUNCT)
㉠ A 위치 : 환경소음 측정 시 사용한다.
㉡ C 위치 : 기계소음 측정 시 사용한다.
㉢ CAL 94dB(캘리브레이션 모드) : 자체 영점조정 시 사용한다.
▶ 영영점조절 다이얼 : Lo와 S로 설정하고 CAL 94dB를 선택하면 주위 소음과 상관없이 94.0dB가 되어야 한다. (틀린 경우 드라이버를 사용하여 ⊘를 좌우로 조절하여 94.0±1.5dB 범위에 들어오도록 맞춘다)

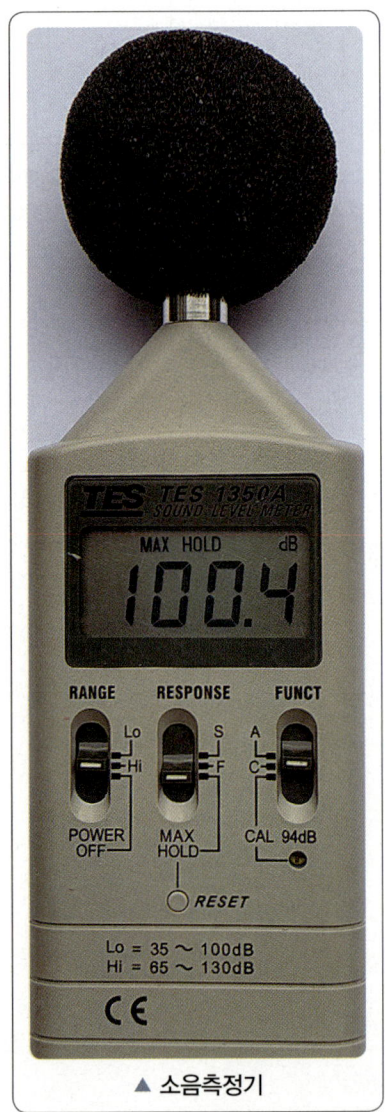

▲ 소음측정기

② 음량측정 방법
  ㉮ 음량계를 받침대에 조립하여 음량계를 지상 1.2 ± 0.05m의 높이로 하여 차량 정면에서부터 2m 떨어진 곳에 위치시킨다.
  ㉯ 전원 및 범위설정 스위치(RANGE)를 Hi에 위치시킨다.
  ㉰ 응답시간 및 최댓값 홀드 스위치(RESPONSE)를 MAX HOLD에 위치시킨다.
  ㉱ 측정특성 및 캘리브레이션 스위치(FUNCT)를 C에 위치시킨다.
  ㉲ 자동차에서 경적음을 울린다. 이때 액정 화면에 나타난 최고 높은 값을 읽어 기록한다. (소수점은 생략하고 답안지에 정수만 기록한다)
  ㉳ 재측정 시 RESET를 눌러서 ㉯~㉲ 순서로 측정하면 된다.

경음기 음량 기준값(최소 90db 이상)

(2006년 1월 1일 이후에 제작되는 자동차)

자동차 구분	소음 항목	경적소음(dB)
경자동차		110 이하
승용 자동차	소형, 중형	110 이하
	중대형, 대형	112 이하
화물 자동차	소형, 중형	110 이하
	대형	112 이하

답안지 작성 예(측정값의 소수점은 생략)

전기 4. 경음기 음량 측정

자동차 번호 :   비 번호   감독확인

항 목	① 측정(또는 점검)		② 판정(□에 "✓"표)	득 점
	측정값	기준값		
경음기 음량	100dB	90cd 이상 110cd 이하	✓ 양 호 □ 불 량	

● 시험 위원이 제시한 자동차등록증(차대 번호)을 활용하여 차종 및 연식을 적용합니다.
● 자동차검사기준 및 방법에 의하여 기록·판정합니다.
● 암소음은 무시합니다.

Craftsman Motor Vehicles Maintenance

실전 답안지 작성안

제1안 국가기술자격 실기시험문제

자격종목	자동차정비기능사	과제명	자동차정비작업
비번호		시험일시		시험장명	

※ 시험시간 : 4시간 [엔진 : 100분   섀시 : 80분   전기 : 60분]

● 엔 진

① 주어진 디젤 엔진에서 실린더 헤드와 분사 노즐(1개)을 탈거(시험 위원에게 확인)하고, 시험 위원의 지시에 따라 기록표의 내용대로 기록·판정한 후 다시 조립하시오.
② 주어진 전자제어 가솔린 엔진에서 시험 위원의 지시에 따라 시동에 필요한 점화 회로의 고장 부분 1개소를 점검 및 수리하여 시동하시오.
③ 주어진 자동차에서 엔진의 공회전조절장치를 탈거(시험 위원에게 확인)한 후 다시 조립하고, 시험 위원의 지시에 따라 진단기(스캐너)를 사용하여 엔진의 각종 센서(액추에이터)를 점검 후 고장 부분을 기록하시오.
④ 주어진 자동차에서 기록표에 제시된 내용을 측정하고 기록·판정하시오.

● 섀 시

① 주어진 자동차에서 시험 위원의 지시에 따라 앞 쇽업소버(shock absorber)의 스프링을 탈거(시험 위원에게 확인)한 후, 다시 조립하시오.
② 주어진 자동차에서 시험 위원의 지시에 따라 휠 얼라인먼트 시험기를 사용하여 캐스터 각과 캠버 각을 점검하여 기록·판정하시오.
③ 주어진 자동차(ABS 장착 차량)에서 시험 위원의 지시에 따라 브레이크 패드(좌 또는 우측)를 탈거(시험 위원에게 확인)하고, 다시 조립하여 브레이크의 작동상태를 확인하시오.
④ 주어진 자동차에서 시험 위원의 지시에 따라 인히비터 스위치와 변속 선택 레버 위치를 점검하고, 기록·판정하시오.
⑤ 주어진 자동차에서 시험 위원의 지시에 따라 제동력을 측정하여 기록·판정하시오.

● 전 기

① 주어진 자동차에서 윈드 실드 와이퍼 모터를 탈거(시험 위원에게 확인)한 후, 다시 부착하여 와이퍼 블레이드가 작동되는지 확인하시오.
② 주어진 자동차에서 시동 모터의 크랭킹 부하시험을 하여 고장 부분을 점검한 후 기록·판정하시오.
③ 주어진 자동차에서 미등 및 번호등 회로의 고장 부분을 점검한 후 기록·판정하시오.
④ 주어진 자동차에서 좌 또는 우측의 전조등 광도를 측정하고 기록표에 기록·판정하시오.

제1안 국가기술자격 실기시험 답안지

종목	자동차정비기능사	비번호		감독확인	

엔진 1. 밸브 스프링 장력 측정

엔진 번호 :   비 번호: 감독확인:

항 목	① 측정(또는 점검)			② 판정 및 정비(또는 조치) 사항		득 점
	측정값	규정(한계)값	흔적유무 (□에 "✓"표)	판정 (□에 "✓"표)	정비 및 조치할 사항	
분사 노즐 분사 압력			□ 유 □ 부	□ 양 호 □ 불 량		

엔진 3. 엔진 센서 점검

엔진 번호 :   비 번호: 감독확인:

항 목	① 측정(또는 점검)			② 고장 및 정비(또는 조치) 사항		득 점
	고장 부위	측정값	규정값	고장 내용	정비 및 조치사항	
센서 (액추에이터) 점검						

엔진 4. 디젤 매연점검

자동차 번호 :   비 번호: 감독확인:

① 측정(또는 점검)				② 고장 및 정비(또는 조치) 사항			득 점
차종	연식	기준값	측정값	측정	산출근거(계산) 기록	판정 (□에 "✓"표)	
				1회 : 2회 : 3회 :		□ 양 호 □ 불 량	

- 시험 위원이 제시한 자동차등록증(또는 차대 번호)을 활용하여 차종 및 연식을 적용합니다.
- 자동차검사기준 및 방법에 의하여 기록·판정합니다.
- 측정 및 판정은 무부하 조건으로 합니다.
- 측정 및 산출근거란은 소수점 값을 기입합니다.
- 측정값 란은 매연 농도를 산술 평균하여 소수점 이하는 버린 값으로 기입합니다.

섀시 2. 캐스터, 캠버각 점검

자동차 번호 :   비 번호   감독확인

항 목	① 측정(또는 점검)		② 판정 및 정비(또는 조치) 사항		득 점
	측정값	규정(정비한계)값	판정(□에 "✓"표)	정비 및 조치할 사항	
캐스터 각			☐ 양 호 ☐ 불 량		
캠버 각					

섀시 4. 인히비터 스위치와 변속 선택레버 작동 점검

자동차 번호 :   비 번호   감독확인

항 목	① 측정(또는 점검)		② 판정 및 정비(또는 조치) 사항		득 점
	점검 위치	내용 및 상태	판정(□에 "✓"표)	정비 및 조치할 사항	
변속 선택레버			☐ 양 호 ☐ 불 량		
인히비터 스위치					

섀시 5. 제동력 측정

자동차 번호 :   비 번호   감독확인

항 목	① 측정(또는 점검)				② 판정 및 정비(또는 조치) 사항		득 점
	구분	측정값	기준값 (□에 "✓"표)		산출근거	판정 (□에 "✓"표)	
제동력 위치 (□에 "✓"표) ☐ 앞 ☐ 뒤	좌		☐ 앞 ☐ 뒤	축 중의	편차	☐ 양 호 ☐ 불 량	
	우		제동력 편차		합		
			제동력 합				

● 측정 위치는 시험 위원이 지정하는 위치의 □에 "✓"표시합니다.
● 자동차검사기준 및 방법에 의하여 기록·판정합니다.
● 측정값의 단위는 시험장비 기준으로 기록합니다.
● 산출근거에는 단위를 기록하지 않아도 됩니다.

전기 2. 크랭킹 시 부하시험

항 목	① 측정(또는 점검)		② 판정 및 정비(또는 조치) 사항		득 점
	측정값	규정(정비한계)값	판정(□에 "✓"표)	정비 및 조치할 사항	
전류 소모			□ 양 호 □ 불 량		

자동차 번호 :   비 번호   감독확인

전기 3. 자동차 회로 점검

자동차 번호 :   비 번호   감독확인

항 목	① 측정(또는 점검)		② 판정 및 정비(또는 조치) 사항		득 점
	이상 부위	내용 및 상태	판정(□에 "✓"표)	정비 및 조치할 사항	
미등 및 번호등 회로			□ 양 호 □ 불 량		

● 제시된 전기 회로도의 명칭을 사용·기입합니다.

전기 4. 전조등 측정

자동차 번호 :   비 번호   감독확인

구 분	① 측정(또는 점검)			② 판정(□에 "✓"표)	득 점
	측정 항목	측정값	기준값		

(□에 "✓"표)
위치 :
  □ 좌
  □ 우
	광도		_____ 이상	□ 양 호
				□ 불 량	

● 측정 위치는 시험 위원이 지정하는 위치에 □에 "✓" 표시합니다.
● 자동차검사기준 및 방법에 의하여 기록·판정합니다.

제2안 국가기술자격 실기시험문제

자격종목	자동차정비기능사	과제명	자동차정비작업
비번호		시험일시		시험장명	

※ 시험시간 : 4시간 [엔진 : 100분   섀시 : 80분   전기 : 60분]

● 엔 진

① 주어진 가솔린 엔진에서 실린더 헤드와 밸브 스프링(1개)을 탈거(시험 위원에게 확인) 하고, 시험 위원의 지시에 따라 기록표의 내용대로 기록·판정한 후 다시 조립하시오.
② 주어진 전자제어 가솔린 엔진에서 시험 위원의 지시에 따라 시동에 필요한 연료장치 회로의 고장 부분 1개소를 점검 및 수리하여 시동하시오.
③ 주어진 자동차에서 엔진의 인젝터 1개를 탈거(시험 위원에게 확인)한 후 다시 조립하고, 시험 위원의 지시에 따라 진단기(스캐너)를 사용하여 엔진의 각종 센서(액추에이터)를 점검 후 고장 부분을 기록하시오.
④ 주어진 자동차에서 기록표에 제시된 내용을 측정하고 기록·판정하시오.

● 섀 시

① 주어진 자동차에서 시험 위원의 지시에 따라 (좌 또는 우측)앞 허브 및 너클을 탈거(시험 위원에게 확인)한 후, 다시 조립하시오.
② 주어진 자동차에서 시험 위원의 지시에 따라 휠 얼라인먼트 시험기를 사용하여 캐스터 각과 캠버 각을 점검하여 기록·판정하시오.
③ 주어진 자동차에서 시험 위원의 지시에 따라 (좌 또는 우측)브레이크 라이닝(슈)을 탈거(시험 위원에게 확인)하고, 다시 조립하여 브레이크의 작동상태를 확인하시오.
④ 주어진 자동차에서 시험 위원의 지시에 따라 진단기(스캐너)로 자동 변속기를 점검하고, 기록·판정하시오.
⑤ 자동차에서 시험 위원의 지시에 따라 좌 또는 우회전 시 최소 회전반경을 측정하여 기록·판정하시오.

● 전 기

① 주어진 자동차에서 발전기를 탈거(시험 위원에게 확인)한 후, 다시 부착하여 발전기가 정상 작동하는지 충전 전압으로 확인하시오.
② 자동차에서 점화코일 1, 2차 저항을 측정하고 코일의 고장 유무를 확인하여 기록·판정하시오.
③ 주어진 자동차에서 전조등 회로의 고장 부분을 점검한 후 기록·판정하시오.
④ 주어진 자동차에서 경음기음을 측정하여 기록·판정하시오.

제2안 국가기술자격 실기시험 답안지

종목	자동차정비기능사	비번호		감독확인	

엔진 1. 밸브 스프링 장력 측정

엔진 번호 : 비 번호   감독확인

항 목	① 측정(또는 점검)		② 판정 및 정비(또는 조치) 사항		득 점
	측정값	규정(정비한계)값	판정(□에 "✓"표)	정비 및 조치할 사항	
밸브스프링 자유길이			□ 양 호 □ 불 량		

엔진 3. 엔진 센서 점검

엔진 번호 : 비 번호   감독확인

항 목	① 측정(또는 점검)			② 고장 및 정비(또는 조치) 사항		득 점
	고장 부위	측정값	규정값	고장 내용	정비 및 조치사항	
센서 (액추에이터) 점검						

엔진 4. 배기가스 측정

엔진 번호 : 비 번호   감독확인

항 목	① 측정(또는 점검)		② 판정(□에 "✓"표)	득 점
	측정값	기준값		
CO			□ 양 호 □ 불 량	
HC				

● 시험 위원이 제시한 자동차등록증(또는 차대 번호)을 활용하여 차종 및 연식을 적용합니다.
● 자동차검사기준 및 방법에 의하여 기록·판정합니다.
● CO 측정값은 소수점 첫째 자리까지만 기입하고, HC 측정값은 소수점 자리를 기록하지 않습니다.

섀시 2. 캐스터 각과 캠버 점검

| 자동차 번호 : | | 비 번호 | | 감독확인 | |

항 목	① 측정(또는 점검)		② 판정 및 정비(또는 조치) 사항		득 점
	측정값	규정(정비한계)값	판정(□에 "✓"표)	정비 및 조치할 사항	
캐스터 각			□ 양 호 □ 불 량		
캠버 각					

섀시 4. 자동 변속기 자기진단

| 자동차 번호 : | | 비 번호 | | 감독확인 | |

항 목	① 측정(또는 점검)		② 판정 및 정비(또는 조치) 사항		득 점
	고장 부분	내용 및 상태	판정(□에 "✓"표)	정비 및 조치할 사항	
변속기 자기진단			□ 양 호 □ 불 량		

섀시 5. 최소 회전반경 측정

| 자동차 번호 : | | 비 번호 | | 감독확인 | |

항 목	① 측정(또는 점검)				② 산출근거 및 판정		득 점
	최대 조향 시 각도		기준값 (최소회전반경)	측정값 (최소회전반경)	산출근거	판정 (□에 "✓"표)	
	좌측바퀴	우측바퀴					
회전방향 (□에 "✓"표) □ 좌 □ 우						□ 양 호 □ 불 량	

● 회전 방향은 시험 위원이 지정하는 위치에 □에 "✓" 표시합니다.
● 최대 조향 시 각도 항목은 두 바퀴 모두 기록합니다.
● 축거는 시험 위원이 제시합니다.
● 자동차검사기준 및 방법에 의하여 기록·판정합니다.
● 산출근거에는 단위를 기록하지 않아도 됩니다.

전기 2. 점화 코일 1, 2차 저항 점검

자동차 번호 :   비 번호: 감독확인:

항 목	① 측정(또는 점검)		② 판정 및 정비(또는 조치) 사항		득 점
	측정값	규정(정비한계)값	판정(□에 "✓"표)	정비 및 조치할 사항	
1차 저항			□ 양 호 □ 불 량		
2차 저항			□ 양 호 □ 불 량		

전기 3. 전조등 회로 점검

자동차 번호 :   비 번호: 감독확인:

항 목	① 측정(또는 점검)		② 판정 및 정비(또는 조치) 사항		득 점
	이상 부위	내용 및 상태	판정(□에 "✓"표)	정비 및 조치할 사항	
전조등 회로			□ 양 호 □ 불 량		

● 제시된 전기 회로도의 명칭을 사용·기입합니다.

전기 4. 경음기 음량 측정

자동차 번호 :   비 번호: 감독확인:

항 목	① 측정(또는 점검)		② 판정(□에 "✓"표)	득 점
	측정값	기준값		
경음기 음량		_____ 이상 _____ 이하	□ 양 호 □ 불 량	

● 시험 위원이 제시한 자동차등록증(차대 번호)을 활용하여 차종 및 연식을 적용합니다.
● 자동차검사기준 및 방법에 의하여 기록·판정합니다.
● 암소음은 무시합니다.

제3안	국가기술자격 실기시험문제 3안				
자격종목	자동차정비기능사		과제명	자동차정비작업	
비번호		시험일시		시험장명	

※ 시험시간 : 4시간 [엔진 : 100분 섀시 : 80분 전기 : 60분]

엔 진

① 주어진 디젤 엔진에서 워터펌프와 라디에이터 압력식 캡을 탈거(시험 위원에게 확인)하고, 시험 위원의 지시에 따라 기록표의 내용대로 기록·판정한 후 다시 조립하시오.
② 주어진 전자제어 가솔린 엔진에서 시험 위원의 지시에 따라 시동에 필요한 크랭킹 회로의 고장 부분 1개소를 점검 및 수리하여 시동하시오.
③ 주어진 자동차에서 흡입공기 유량센서를 탈거(시험 위원에게 확인)한 후 다시 조립하고, 시험 위원의 지시에 따라 진단기(스캐너)를 사용하여 엔진의 각종 센서(액추에이터)를 점검 후 고장 부분을 기록하시오.
④ 주어진 자동차에서 기록표에 제시된 내용을 측정하고 기록·판정하시오.

섀 시

① 주어진 자동차에서 시험 위원의 지시에 따라 림(휠)에서 타이어 1개를 탈거(시험 위원에게 확인)한 후, 다시 조립하시오.
② 주어진 수동 변속기에서 시험 위원의 지시에 따라 입력축 엔드 플레이를 점검하여 기록·판정하시오.
③ 주어진 자동차에서 시험 위원의 지시에 따라 클러치 릴리스 실린더를 탈거(시험 위원에게 확인)하고, 다시 조립하여 공기빼기 작업 후 클러치의 작동 상태를 확인하시오.
④ 주어진 자동차에서 시험 위원의 지시에 따라 진단기(스캐너)로 전자제어 자세제어장치(VDC, ECS, TCS 등)를 점검하고, 기록·판정하시오.
⑤ 주어진 자동차에서 시험 위원의 지시에 따라 제동력을 측정하여 기록·판정하시오.

전 기

① DOHC 엔진의 자동차에서 점화 플러그 및 고압 케이블을 탈거(시험 위원에게 확인)한 후, 다시 부착하여 시동이 되는지 확인하시오.
② 주어진 자동차의 발전기에서 시험 위원의 지시에 따라 충전되는 전류와 전압을 점검하여 확인사항을 기록·판정하시오.
③ 주어진 자동차에서 와이퍼 회로의 고장 부분을 점검한 후 기록·판정하시오.
④ 주어진 자동차에서 좌 또는 우측의 전조등 광도를 측정하고 기록표에 기록·판정하시오.

제3안 국가기술자격 실기시험 답안지

종목	자동차정비기능사	비번호		감독확인	

엔진 1. 압력식 캡 작동압력 측정

엔진 번호 : 　　비 번호 　　　감독확인

항 목	① 측정(또는 점검)		② 판정 및 정비(또는 조치) 사항		득 점
	측정값	규정(정비한계)값	판정(□에 "✓"표)	정비 및 조치할 사항	
압력식 캡 작동압력			□ 양 호 □ 불 량		

엔진 3. 엔진 센서 점검

엔진 번호 :　　비 번호　　　감독확인

항 목	① 측정(또는 점검)			② 고장 및 정비(또는 조치) 사항		득 점
	고장 부위	측정값	규정값	고장 내용	정비 및 조치사항	
센서 (액추에이터) 점검						

엔진 4. 디젤 매연점검

자동차 번호 :　　비 번호　　　감독확인

① 측정(또는 점검)				② 고장 및 정비(또는 조치) 사항			득 점
차종	연식	기준값	측정값	측정	산출근거(계산) 기록	판정 (□에 "✓"표)	
				1회 : 2회 : 3회 :		□ 양 호 □ 불 량	

- 시험 위원이 제시한 자동차등록증(또는 차대 번호)을 활용하여 차종 및 연식을 적용합니다.
- 자동차검사기준 및 방법에 의하여 기록·판정합니다.
- 측정 및 판정은 무부하 조건으로 합니다.
- 측정 및 산출근거란은 소수점 값을 기입합니다.
- 측정값 란은 매연 농도를 산술 평균하여 소수점 이하는 버린 값으로 기입합니다.

섀시 2. 입력축 엔드 플레이 점검

자동차 번호 :　　비 번호　　감독확인

항 목	① 측정(또는 점검)		② 판정 및 정비(또는 조치) 사항		득 점
	측정값	규정(정비한계)값	판정(□에 "✓"표)	정비 및 조치할 사항	
엔드 플레이			□ 양 호 □ 불 량		

섀시 4. ECS 자기진단 점검

자동차 번호 :　　비 번호　　감독확인

항 목	① 측정(또는 점검)		② 판정 및 정비(또는 조치) 사항		득 점
	이상 부위	내용 및 상태	판정(□에 "✓"표)	정비 및 조치할 사항	
자기진단			□ 양 호 □ 불 량		

섀시 5. 제동력 측정

자동차 번호 :　　비 번호　　감독확인

항 목	① 측정(또는 점검)				② 판정 및 정비(또는 조치) 사항		득 점
	구분	측정값	기준값 (□에 "✓"표)		산출근거	판정 (□에 "✓"표)	
제동력 위치 (□에 "✓"표) □ 앞 □ 뒤	좌		□ 앞 □ 뒤	축 중의	편차	□ 양 호 □ 불 량	
	우		제동력 편차		합		
			제동력 합				

● 측정 위치는 시험 위원이 지정하는 위치의 □에 "✓"표시합니다.
● 자동차검사기준 및 방법에 의하여 기록·판정합니다.
● 측정값의 단위는 시험장비 기준으로 기록합니다.
● 산출근거에는 단위를 기록하지 않아도 됩니다.

전기 2. 발전기 점검

자동차 번호 :　　비 번호　　감독확인

항 목	① 측정(또는 점검)		② 판정 및 정비(또는 조치) 사항		득 점
	측정값	규정(정비한계)값	판정(□에 "✓"표)	정비 및 조치할 사항	
충전 전류			□ 양 호 □ 불 량		
충전 전압					

● 측정(조건)은 시험 위원의 지시에 따라 측정합니다.

전기 3. 와이퍼 회로 점검

자동차 번호 :　　비 번호　　감독확인

항 목	① 측정(또는 점검)		② 판정 및 정비(또는 조치) 사항		득 점
	이상 부위	내용 및 상태	판정(□에 "✓"표)	정비 및 조치할 사항	
와이퍼 회 로			□ 양 호 □ 불 량		

● 제시된 전기 회로도의 명칭을 사용·기입합니다.

전기 4. 전조등 측정

자동차 번호 :　　비 번호　　감독확인

구 분	① 측정(또는 점검)				② 판정(□에 "✓"표)	득 점
	측정 항목	측정값		기준값		
(□에 "✓"표) 위치 : 　□ 좌 　□ 우	광도			＿＿＿＿ 이상	□ 양 호 □ 불 량	

● 측정 위치는 시험 위원이 지정하는 위치에 □에 "✓" 표시합니다.
● 자동차검사기준 및 방법에 의하여 기록·판정합니다.

제4안 | 국가기술자격 실기시험문제

자격종목	자동차정비기능사	과제명	자동차정비작업
비번호		시험일시		시험장명	

※ 시험시간 : 4시간 [엔진 : 100분   섀시 : 80분   전기 : 60분]

● 엔 진

① 주어진 DOHC 가솔린 엔진에서 캠축과 타이밍 벨트를 탈거(시험 위원에게 확인)하고, 시험 위원의 지시에 따라 기록표의 내용대로 기록·판정한 후 다시 조립하시오.
② 주어진 전자제어 가솔린 엔진에서 시험 위원의 지시에 따라 시동에 필요한 점화 회로의 이상 개소를 점검 및 수리하여 시동하시오.
③ 주어진 자동차에서 CRDI 엔진의 연료압력 조절 밸브를 탈거(시험 위원에게 확인)한 후 다시 조립하고, 시험 위원의 지시에 따라 진단기(스캐너)를 사용하여 엔진의 각종 센서(액추에이터)를 점검 후 고장 부분을 기록하시오.
④ 주어진 자동차에서 기록표에 제시된 내용을 측정하고 기록·판정하시오.

● 섀 시

① 주어진 자동차에서 시험 위원의 지시에 따라 (좌 또는 우측) 로워 암(lower control arm)을 탈거(시험 위원에게 확인)한 후, 다시 조립하시오.
② 주어진 자동차에서 시험 위원의 지시에 따라 휠 얼라인먼트 시험기를 사용하여 캐스터 각과 캠버 각을 점검하여 기록·판정하시오.
③ 주어진 자동차에서 시험 위원의 지시에 따라 제동장치의 (좌 또는 우측) 브레이크 캘리퍼를 탈거(시험 위원에게 확인)하고, 다시 조립하여 공기빼기 작업 후 브레이크의 작동상태를 확인하시오.
④ 주어진 자동차에서 시험 위원의 지시에 따라 진단기(스캐너)로 전자제어 제동장치(ABS)를 점검하고, 기록·판정하시오.
⑤ 주어진 자동차에서 시험 위원의 지시에 따라 좌 또는 우회전 시 최소 회전반경을 측정하여 기록·판정하시오.

● 전 기

① 주어진 자동차에서 기동 모터를 탈거(시험 위원에게 확인)한 후, 다시 부착하고 크랭킹하여 기동 모터가 작동되는지 확인하시오.
② 주어진 자동차에서 시험 위원의 지시에 따라 메인 컨트롤 릴레이의 고장 부분을 점검한 후 기록표에 기록·판정하시오.
③ 주어진 자동차에서 방향 지시등 회로의 고장 부분을 점검한 후 기록표에 기록·판정하시오.
④ 주어진 자동차에서 경음기음을 측정하여 기록·판정하시오.

제4안   국가기술자격 실기시험 답안지

종목	자동차정비기능사	비번호		감독확인	

엔진 1. 캠 높이 측정

엔진 번호 :　　　비 번호　　　감독확인

항 목	① 측정(또는 점검)		② 판정 및 정비(또는 조치) 사항		득 점
	측정값	규정(정비한계)값	판정(□에 "✓"표)	정비 및 조치할 사항	
캠 높이			□ 양 호 □ 불 량		

엔진 3. 엔진 센서 점검

엔진 번호 :　　　비 번호　　　감독확인

항 목	① 측정(또는 점검)			② 고장 및 정비(또는 조치) 사항		득 점
	고장 부위	측정값	규정값	고장 내용	정비 및 조치사항	
센서 (액추에이터) 점검						

엔진 4. 배기가스 측정

엔진 번호 :　　　비 번호　　　감독확인

항 목	① 측정(또는 점검)		② 판정(□에 "✓"표)	득 점
	측정값	기준값		
CO			□ 양 호 □ 불 량	
HC				

- 시험 위원이 제시한 자동차등록증(또는 차대 번호)을 활용하여 차종 및 연식을 적용합니다.
- 자동차검사기준 및 방법에 의하여 기록·판정합니다.
- CO 측정값은 소수점 첫째 자리까지만 기입하고, HC 측정값은 소수점 자리를 기록하지 않습니다.

섀시 2. 캐스터 각과 캠버 점검

자동차 번호 :   비 번호   감독확인

항 목	① 측정(또는 점검)		② 판정 및 정비(또는 조치) 사항		득 점
	측정값	규정(정비한계)값	판정(□에 "✓"표)	정비 및 조치할 사항	
캐스터 각			□ 양 호 □ 불 량		
캠버 각					

섀시 4. ABS 시스템 점검

자동차 번호 :   비 번호   감독확인

항 목	① 측정(또는 점검)		② 판정 및 정비(또는 조치) 사항		득 점
	이상 부위	내용 및 상태	판정(□에 "✓"표)	정비 및 조치할 사항	
ABS 자기진단			□ 양 호 □ 불 량		

섀시 5. 최소 회전반경 측정

자동차 번호 :   비 번호   감독확인

항 목	① 측정(또는 점검)				② 산출근거 및 판정		득 점
	최대 조향 시 각도		기준값 (최소회전반경)	측정값 (최소회전반경)	산출근거	판정 (□에 "✓"표)	
	좌측바퀴	우측바퀴					
회전방향 (□에 "✓"표) □ 좌 □ 우						□ 양 호 □ 불 량	

● 회전 방향은 시험 위원이 지정하는 위치에 □에 "✓" 표시합니다.
● 최대 조향 시 각도 항목은 두 바퀴 모두 기록합니다.
● 축거는 시험 위원이 제시합니다.
● 자동차검사기준 및 방법에 의하여 기록·판정합니다.
● 산출근거에는 단위를 기록하지 않아도 됩니다.

전기 2. 컨트롤 릴레이 점검

자동차 번호 :   비 번호   감독확인

항 목	① 측정(또는 점검)	② 판정 및 정비(또는 조치) 사항		득 점
		판정(□에 "✓"표)	정비 및 조치할 사항	
코일이 여자되었을 때	□ 양 호 □ 불 량	□ 양 호 □ 불 량		
코일이 여자 안 되었을 때	□ 양 호 □ 불 량			

전기 3. 방향 지시등 회로 점검

자동차 번호 :   비 번호   감독확인

항 목	① 측정(또는 점검)		② 판정 및 정비(또는 조치) 사항		득 점
	이상 부위	내용 및 상태	판정(□에 "✓"표)	정비 및 조치할 사항	
방향 지시등 회로			□ 양 호 □ 불 량		

● 제시된 전기 회로도의 명칭을 사용·기입합니다.

전기 4. 경음기 음량 측정

자동차 번호 :   비 번호   감독확인

항 목	① 측정(또는 점검)		② 판정(□에 "✓"표)	득 점
	측정값	기준값		
경음기 음량		_____ 이상 _____ 이하	□ 양 호 □ 불 량	

● 시험 위원이 제시한 자동차등록증(차대 번호)을 활용하여 차종 및 연식을 적용합니다.
● 자동차검사기준 및 방법에 의하여 기록·판정합니다.
● 암소음은 무시합니다.

제5안 국가기술자격 실기시험문제

자격종목	자동차정비기능사	과제명	자동차정비작업
비번호		시험일시		시험장명	

※ 시험시간 : 4시간 [엔진 : 100분   섀시 : 80분   전기 : 60분]

엔 진

① 주어진 디젤 엔진에서 크랭크축을 탈거(시험 위원에게 확인)하고, 시험 위원의 지시에 따라 기록표의 내용대로 기록·판정한 후 다시 조립하시오.
② 주어진 전자제어 가솔린 엔진에서 시험 위원의 지시에 따라 시동에 필요한 연료장치 회로의 고장 부분 1개소를 점검 및 수리하여 시동하시오.
③ 주어진 자동차에서 전자제어 디젤(CRDI) 엔진의 예열 플러그(예열장치) 1개를 탈거(시험 위원에게 확인)한 후 다시 조립하고, 시험 위원의 지시에 따라 진단기(스캐너)를 사용하여 엔진의 각종 센서(액추에이터)를 점검 후 고장 부분을 기록하시오.
④ 주어진 자동차에서 기록표에 제시된 내용을 측정하고 기록·판정하시오.

섀 시

① 주어진 자동차에서 시험 위원의 지시에 따라 (좌 또는 우측) 앞 등속축(drive shaft)을 탈거(시험 위원에게 확인)한 후, 다시 조립하시오.
② 주어진 자동차에서 시험 위원의 지시에 따라 1개의 휠을 탈거하여 휠 밸런스 상태를 점검하여 기록·판정하시오.
③ 주어진 자동차에서 시험 위원의 지시에 따라 타이로드 엔드를 탈거(시험 위원에게 확인)하고, 다시 조립하여 조향 휠의 직진 상태를 확인하시오.
④ 주어진 자동차에서 시험 위원의 지시에 따라 진단기(스캐너)로 자동 변속기를 점검하고, 기록·판정하시오.
⑤ 주어진 자동차에서 시험 위원의 지시에 따라 제동력을 측정하여 기록·판정하시오.

전 기

① 주어진 자동차에서 에어컨 시스템의 에어컨 냉매(R-134a)를 회수(시험 위원에게 확인) 후 재충전하여 에어컨이 정상 작동되는지 확인하시오.
② 주어진 자동차에서 ISC 밸브 듀티 값을 측정하여 ISC 밸브의 이상 유무를 확인하여 기록표에 기록·판정하시오. (측정조건 : 무부하 공회전 시)
③ 주어진 자동차에서 경음기 회로의 고장 부분을 점검한 후 기록표에 기록·판정하시오.
④ 주어진 자동차에서 좌 또는 우측의 전조등 광도를 측정하고 기록표에 기록·판정하시오.

제5안 국가기술자격 실기시험 답안지

종목	자동차정비기능사	비번호		감독확인	

엔진 1. 크랭크축 휨 측정

엔진 번호 :   비 번호   감독확인

항 목	① 측정(또는 점검)		② 판정 및 정비(또는 조치) 사항		득 점
	측정값	규정(정비한계)값	판정(□에 "✓"표)	정비 및 조치할 사항	
크랭크축 휨			□ 양 호 □ 불 량		

엔진 3. 엔진 센서 점검

엔진 번호 :   비 번호   감독확인

항 목	① 측정(또는 점검)			② 고장 및 정비(또는 조치) 사항		득 점
	고장 부위	측정값	규정값	고장 내용	정비 및 조치사항	
센서 (액추에이터) 점검						

엔진 4. 디젤 매연점검

자동차 번호 :   비 번호   감독확인

① 측정(또는 점검)				② 고장 및 정비(또는 조치) 사항			득 점
차종	연식	기준값	측정값	측정	산출근거(계산) 기록	판정 (□에 "✓"표)	
				1회 : 2회 : 3회 :		□ 양 호 □ 불 량	

- 시험 위원이 제시한 자동차등록증(또는 차대 번호)을 활용하여 차종 및 연식을 적용합니다.
- 자동차검사기준 및 방법에 의하여 기록 · 판정합니다.
- 측정 및 판정은 무부하 조건으로 합니다.
- 측정 및 산출근거란은 소수점 값을 기입합니다.
- 측정값란은 매연 농도를 산술 평균하여 소수점 이하는 버린 값으로 기입합니다.

섀시 2. 타이어 휠 밸런스 점검

자동차 번호 :   비 번호   감독확인

항 목	① 측정(또는 점검)		② 판정 및 정비(또는 조치) 사항		득 점
	측정값	규정(정비한계)값	판정(□에 "✓"표)	정비 및 조치할 사항	
휠 밸런스	IN : OUT :	IN : OUT :	□ 양 호 □ 불 량		

섀시 2. 자동 변속기 자기진단

자동차 번호 :   비 번호   감독확인

항 목	① 측정(또는 점검)		② 판정 및 정비(또는 조치) 사항		득 점
	이상 부위	내용 및 상태	판정(□에 "✓"표)	정비 및 조치할 사항	
변속기 자기진단			□ 양 호 □ 불 량		

섀시 5. 제동력 측정

자동차 번호 :   비 번호   감독확인

항 목	① 측정(또는 점검)				② 판정 및 정비(또는 조치) 사항		득 점
	구분	측정값	기준값 (□에 "✓"표)		산출근거	판정 (□에 "✓"표)	
제동력 위치 (□에 "✓"표) □ 앞 □ 뒤	좌		□ 앞 □ 뒤	축 중의	편차	□ 양 호 □ 불 량	
	우		제동력 편차		합		
			제동력 합				

● 측정 위치는 시험 위원이 지정하는 위치의 □에 "✓"표시합니다.
● 자동차검사기준 및 방법에 의하여 기록·판정합니다.
● 측정값의 단위는 시험장비 기준으로 기록합니다.
● 산출근거에는 단위를 기록하지 않아도 됩니다.

전기 2. ISC 밸브 듀티 값 점검

자동차 번호 :　　비 번호　　감독확인

항 목	① 측정(또는 점검)		② 판정 및 정비(또는 조치) 사항		득 점
	측정값	규정(정비한계)값	판정(□에 "✓"표)	정비 및 조치할 사항	
밸브 듀티 (열림코일)			□ 양 호 □ 불 량		

전기 3. 경음기 회로 점검

자동차 번호 :　　비 번호　　감독확인

항 목	① 측정(또는 점검)		② 판정 및 정비(또는 조치) 사항		득 점
	이상 부위	내용 및 상태	판정(□에 "✓"표)	정비 및 조치할 사항	
경음기 회로			□ 양 호 □ 불 량		

● 제시된 전기 회로도의 명칭을 사용·기입합니다.

전기 4. 전조등 측정

자동차 번호 :　　비 번호　　감독확인

구 분	① 측정(또는 점검)			② 판정(□에 "✓"표)	득 점
	측정 항목	측정값	기준값		
(□에 "✓"표) 위치 : 　□ 좌 　□ 우	광도		_____ 이상	□ 양 호 □ 불 량	

● 측정 위치는 시험 위원이 지정하는 위치에 □에 "✓" 표시합니다.
● 자동차검사기준 및 방법에 의하여 기록·판정합니다.

제6안 국가기술자격 실기시험문제

자격종목	자동차정비기능사	과제명	자동차정비작업
비번호		시험일시		시험장명	

※ 시험시간 : 4시간 [엔진 : 100분   섀시 : 80분   전기 : 60분]

엔 진

① 주어진 가솔린 엔진에서 크랭크축을 탈거(시험 위원에게 확인)하고, 시험 위원의 지시에 따라 기록표의 내용대로 기록·판정한 후 다시 조립하시오.
② 주어진 전자제어 가솔린 엔진에서 시험 위원의 지시에 따라 시동에 필요한 크랭킹 회로의 고장 부분 1개소를 점검 및 수리하여 시동하시오.
③ 주어진 자동차에서 엔진의 스로틀 보디를 탈거(시험 위원에게 확인)한 후 다시 조립하고, 시험 위원의 지시에 따라 진단기(스캐너)를 사용하여 엔진의 각종 센서(액추에이터)를 점검 후 고장 부분을 기록·판정하시오.
④ 주어진 자동차에서 기록표에 제시된 내용을 측정하고 기록·판정하시오.

섀 시

① 주어진 자동차에서 시험 위원의 지시에 따라 앞 또는 뒤 범퍼를 탈거(시험 위원에게 확인)한 후, 다시 조립하시오.
② 주어진 자동차에서 시험 위원의 지시에 따라 주차브레이크 레버의 클릭 수(노치)를 점검하여 기록·판정하시오.
③ 주어진 자동차에서 시험 위원의 지시에 따라 파워스티어링의 오일 펌프을 탈거(시험 위원에게 확인)하고, 다시 조립하여 오일량 점검 및 공기빼기 작업 후 스티어링의 작동상태를 확인하시오.
④ 주어진 자동차에서 시험 위원의 지시에 따라 진단기(스캐너)로 자동 변속기를 점검하고, 기록·판정하시오.
⑤ 주어진 자동차에서 시험 위원의 지시에 따라 좌 또는 우회전 시 최소 회전반경을 측정하여 기록·판정하시오.

전 기

① 자동차에서 다기능 스위치(콤비네이션 S/W)를 탈거(시험 위원에게 확인)한 후, 다시 부착하여 다기능 스위치가 작동되는지 확인하시오.
② 주어진 자동차에서 시험 위원의 지시에 따라 축전지의 비중과 축전지 용량시험기를 작동시킨 상태에서 전압을 측정하여 기록표에 기록·판정하시오.
③ 주어진 자동차에서 기동 및 점화 회로의 고장 부분을 점검한 후 기록표에 기록·판정하시오.
④ 주어진 자동차에서 경음기음을 측정하여 기록·판정하시오.

제6안 국가기술자격 실기시험 답안지

종목	자동차정비기능사	비번호		감독확인	

엔진 1. 크랭크축 외경 측정

엔진 번호: 비 번호: 감독확인:

항 목	① 측정(또는 점검)		② 판정 및 정비(또는 조치) 사항		득 점
	측정값	규정(정비한계)값	판정(□에 "✓"표)	정비 및 조치할 사항	
( )번 저널 크랭크축 외경			□ 양 호 □ 불 량		

엔진 3. 엔진 센서 점검

엔진 번호: 비 번호: 감독확인:

항 목	① 측정(또는 점검)			② 고장 및 정비(또는 조치) 사항		득 점
	고장 부위	측정값	규정값	고장 내용	정비 및 조치사항	
센서 (액추에이터) 점검						

엔진 4. 배기가스 측정

엔진 번호: 비 번호: 감독확인:

항 목	① 측정(또는 점검)		② 판정(□에 "✓"표)	득 점
	측정값	규정(정비한계)값		
CO			□ 양 호 □ 불 량	
HC				

- 시험 위원이 제시한 자동차등록증(또는 차대 번호)을 활용하여 차종 및 연식을 적용합니다.
- 자동차검사기준 및 방법에 의하여 기록·판정합니다.
- CO 측정값은 소수점 첫째 자리까지만 기입하고, HC 측정값은 소수점 자리를 기록하지 않습니다.

섀시 2. 주차브레이크 레버 클릭 수 점검

자동차 번호 : 비 번호 감독확인

항 목	① 측정(또는 점검)		② 판정 및 정비(또는 조치) 사항		득 점
	측정값 (클릭)	규정(정비한계)값 (클릭)	판정(□에 "√"표)	정비 및 조치할 사항	
주차 레버 클릭 수(노치)			□ 양 호 □ 불 량		

섀시 4. 자동 변속기 자기진단

자동차 번호 : 비 번호 감독확인

항 목	① 측정(또는 점검)		② 판정 및 정비(또는 조치) 사항		득 점
	이상 부위	내용 및 상태	판정(□에 "√"표)	정비 및 조치할 사항	
변속기 자기진단			□ 양 호 □ 불 량		

섀시 5. 최소 회전반경 측정

자동차 번호 : 비 번호 감독확인

항 목	① 측정(또는 점검)				② 산출근거 및 판정		득 점
	최대 조향 시 각도		기준값 (최소회전반경)	측정값 (최소회전반경)	산출근거	판정 (□에 "√"표)	
	좌측바퀴	우측바퀴					
회전방향 (□에 "√"표) □ 좌 □ 우						□ 양 호 □ 불 량	

- 회전 방향은 시험 위원이 지정하는 위치에 □에 "√" 표시합니다.
- 최대 조향 시 각도 항목은 두 바퀴 모두 기록합니다.
- 축거는 시험 위원이 제시합니다.
- 자동차검사기준 및 방법에 의하여 기록·판정합니다.
- 산출근거에는 단위를 기록하지 않아도 됩니다.

전기 2. 축전지 비중 및 전압 점검

자동차 번호 :　　　비 번호　　　감독확인

항 목	① 측정(또는 점검)		② 판정 및 정비(또는 조치) 사항		득 점
	측정값	규정(정비한계)값	판정(□에 "✓"표)	정비 및 조치할 사항	
축전지 전해액 비중			□ 양 호 □ 불 량		
축전지 전 압					

전기 3. 기동 및 점화 회로 점검

자동차 번호 :　　　비 번호　　　감독확인

항 목	① 측정(또는 점검)		② 판정 및 정비(또는 조치) 사항		득 점
	이상 부위	내용 및 상태	판정(□에 "✓"표)	정비 및 조치할 사항	
기동 및 점화 회로			□ 양 호 □ 불 량		

● 제시된 전기 회로도의 명칭을 사용·기입합니다.

전기 4. 경음기 음량 측정

자동차 번호 :　　　비 번호　　　감독확인

항 목	① 측정(또는 점검)		② 판정(□에 "✓"표)	득 점
	측정값	기준값		
경음기 음량		_____ 이상 _____ 이하	□ 양 호 □ 불 량	

● 시험 위원이 제시한 자동차등록증(차대 번호)을 활용하여 차종 및 연식을 적용합니다.
● 자동차검사기준 및 방법에 의하여 기록·판정합니다.
● 암소음은 무시합니다.

제7안 국가기술자격 실기시험문제

자격종목	자동차정비기능사	과제명	자동차정비작업
비번호		시험일시		시험장명	

※ 시험시간 : 4시간 [엔진 : 100분   섀시 : 80분   전기 : 60분]

● 엔 진

① 주어진 DOHC 가솔린 엔진에서 실린더 헤드를 탈거(시험 위원에게 확인)하고, 시험 위원의 지시에 따라 기록표의 내용대로 기록·판정한 후 다시 조립하시오.
② 주어진 전자제어 가솔린 엔진에서 시험 위원의 지시에 따라 시동에 필요한 점화 회로의 고장 부분 1개소를 점검 및 수리하여 시동하시오.
③ 주어진 자동차의 엔진에서 점화 플러그와 배선을 탈거(시험 위원에게 확인)한 후 다시 조립하고, 시험 위원의 지시에 따라 진단기(스캐너)를 사용하여 엔진의 각종 센서(액추에이터)를 점검 후 고장 부분을 기록하시오.
④ 주어진 자동차에서 기록표에 제시된 내용을 측정하고 기록·판정하시오.

● 섀 시

① 주어진 수동 변속기에서 시험 위원의 지시에 따라 후진 아이들 기어(또는 디퍼렌셜 기어 어셈블리)를 탈거(시험 위원에게 확인)한 후, 다시 조립하시오.
② 주어진 자동차에서 시험 위원의 지시에 따라 한쪽 브레이크 디스크의 두께 및 흔들림(런아웃)을 점검하여 기록·판정하시오.
③ 주어진 자동차에서 시험 위원의 지시에 따라 (좌 또는 우측) 타이로드 엔드를 탈거(시험 위원에게 확인)하고, 다시 조립하여 조향 휠의 직진 상태를 확인하시오.
④ 주어진 자동차에서 시험 위원의 지시에 따라 자동 변속기의 오일압력을 점검하고, 기록·판정하시오.
⑤ 주어진 자동차에서 시험 위원의 지시에 따라 제동력을 측정하여 기록·판정하시오.

● 전 기

① 주어진 자동차에서 경음기와 릴레이를 탈거(시험 위원에게 확인)한 후, 다시 부착하여 작동을 확인하시오.
② 주어진 자동차의 에어컨 시스템에서 시험 위원의 지시에 따라 에어컨 라인의 압력을 점검하여 에어컨 작동상태의 이상 유무를 확인하여 기록표에 기록·판정하시오.
③ 주어진 자동차에서 라디에이터 전동 팬 회로의 고장 부분을 점검한 후 기록표에 기록·판정하시오.
④ 주어진 자동차에서 좌 또는 우측의 전조등 광도를 측정하고 기록표에 기록·판정하시오.

제7안 국가기술자격 실기시험 답안지

종목	자동차정비기능사	비번호		감독확인	

엔진 1. 실린더 헤드 변형도 측정

엔진 번호 :

비 번호		감독확인	

항 목	① 측정(또는 점검)		② 판정 및 정비(또는 조치) 사항		득 점
	측정값	규정(정비한계)값	판정(□에 "✓"표)	정비 및 조치할 사항	
헤 드 변형도			□ 양 호 □ 불 량		

엔진 3. 엔진 센서 점검

엔진 번호 :

비 번호		감독확인	

항 목	① 측정(또는 점검)			② 고장 및 정비(또는 조치) 사항		득 점
	고장 부위	측정값	규정값	고장 내용	정비 및 조치사항	
센서 (액추에이터) 점검						

엔진 4. 디젤 매연점검

자동차 번호 :

비 번호		감독확인	

① 측정(또는 점검)					② 고장 및 정비(또는 조치) 사항		득 점
차종	연식	기준값	측정값	측정	산출근거(계산) 기록	판정 (□에 "✓"표)	
				1회 : 2회 : 3회 :		□ 양 호 □ 불 량	

- 시험 위원이 제시한 자동차등록증(또는 차대 번호)을 활용하여 차종 및 연식을 적용합니다.
- 자동차검사기준 및 방법에 의하여 기록·판정합니다.
- 측정 및 판정은 무부하 조건으로 합니다.
- 측정 및 산출근거란은 소수점 값을 기입합니다.
- 측정값란은 매연 농도를 산술 평균하여 소수점 이하는 버린 값으로 기입합니다.

섀시 2. 브레이크 디스크 마모량 및 흔들림 점검

자동차 번호 :　　　비 번호　　　감독확인

항 목	① 측정(또는 점검)		② 판정 및 정비(또는 조치) 사항		득 점
	측정값	규정(정비한계)값	판정(□에 "✓"표)	정비 및 조치할 사항	
디스크 두께			□ 양 호 □ 불 량		
흔들림(런 아웃)					

섀시 4. 자동 변속기 오일 압력 점검

자동차 번호 :　　　비 번호　　　감독확인

항 목	① 측정(또는 점검)		② 판정 및 정비(또는 조치) 사항		득 점
	측정값	규정값	판정(□에 "✓"표)	정비 및 조치할 사항	
(　　　)의 오일압력			□ 양 호 □ 불 량		

● 시험 위원의 지시에 따라 공전 시 한 곳의 오일압력을 측정합니다.

섀시 5. 제동력 측정

자동차 번호 :　　　비 번호　　　감독확인

항 목	① 측정(또는 점검)			② 판정 및 정비(또는 조치) 사항		득 점
	구분	측정값	기준값 (□에 "✓"표)	산출근거	판정 (□에 "✓"표)	
제동력 위치 (□에 "✓"표) □ 앞 □ 뒤	좌		□ 앞 □ 뒤　축 중의	편차	□ 양 호 □ 불 량	
	우		제동력 편차	합		
			제동력 합			

● 측정 위치는 시험 위원이 지정하는 위치의 □에 "✓"표시합니다.
● 자동차검사기준 및 방법에 의하여 기록·판정합니다.
● 측정값의 단위는 시험장비 기준으로 기록합니다.
● 산출근거에는 단위를 기록하지 않아도 됩니다.

전기 2. 에어컨 라인 압력 점검

자동차 번호 :　　　비 번호　　　감독확인

항 목	① 측정(또는 점검)		② 판정 및 정비(또는 조치) 사항		득 점
	측정값	규정(정비한계)값	판정(□에 "✓"표)	정비 및 조치할 사항	
저 압			□ 양 호 □ 불 량		
고 압					

전기 3. 전동 팬 회로 점검

자동차 번호 :　　　비 번호　　　감독확인

항 목	① 측정(또는 점검)		② 판정 및 정비(또는 조치) 사항		득 점
	이상 부위	내용 및 상태	판정(□에 "✓"표)	정비 및 조치할 사항	
전동 팬 회로			□ 양 호 □ 불 량		

전기 4. 전조등 측정

자동차 번호 :　　　비 번호　　　감독확인

구 분	① 측정(또는 점검)			② 판정(□에 "✓"표)	득 점
	측정 항목	측정값	기준값		
(□에 "✓"표) 위치 : 　□ 좌 　□ 우	광도		_____ 이상	□ 양 호 □ 불 량	

● 측정 위치는 시험 위원이 지정하는 위치에 □에 "✓" 표시합니다.
● 자동차검사기준 및 방법에 의하여 기록·판정합니다.

제8안	국가기술자격 실기시험문제		
자격종목	자동차정비기능사	과제명	자동차정비작업
비번호		시험일시	시험장명

※ 시험시간 : 4시간 [엔진 : 100분   섀시 : 80분   전기 : 60분]

엔 진

① 주어진 가솔린 엔진에서 에어크리너(어셈블리)와 점화 플러그를 모두 탈거(시험 위원에게 확인)하고, 시험 위원의 지시에 따라 기록표의 내용대로 기록·판정한 후 다시 조립하시오.
② 주어진 전자제어 가솔린 엔진에서 시험 위원의 지시에 따라 시동에 필요한 연료장치 회로의 이상 개소를 점검 및 수리하여 시동하시오.
③ 주어진 자동차의 엔진에서 점화코일을 탈거(시험 위원에게 확인)한 후 다시 조립하고, 시험 위원의 지시에 따라 진단기(스캐너)를 사용하여 엔진의 각종 센서(액추에이터)를 점검 후 고장 부분을 기록하시오.
④ 주어진 자동차에서 기록표에 제시된 내용을 측정하고 기록·판정하시오.

섀 시

① 주어진 후륜 구동(FR 형식) 자동차에서 시험 위원의 지시에 따라 액슬 축을 탈거(시험 위원에게 확인)한 후, 다시 조립하시오.
② 주어진 자동차에서 시험 위원의 지시에 따라 자동 변속기의 오일량을 점검하여 기록·판정하시오.
③ 주어진 자동차에서 시험 위원의 지시에 따라 브레이크 캘리퍼를 탈거(시험 위원에게 확인)하고, 다시 조립하여 공기빼기 작업 후 브레이크의 작동상태를 확인하시오.
④ 주어진 자동차에서 시험 위원의 지시에 따라 인히비터 스위치와 변속선택 레버 위치를 점검하고, 기록·판정하시오.
⑤ 주어진 자동차에서 시험 위원의 지시에 따라 좌 또는 우회전 시 최소 회전반경을 측정하여 기록·판정하시오.

전 기

① 주어진 자동차에서 시험 위원의 지시에 따라 윈도우 레귤레이터(또는 파워 윈도우 모터)를 탈거(시험 위원에게 확인)한 후, 다시 부착하여 윈도우 모터가 원활하게 작동되는지 확인하시오.
② 주어진 자동차에서 축전지를 시험 위원의 지시에 따라 급속 충전한 후 충전된 축전지의 비중과 전압을 측정하여 기록표에 기록·판정하시오.
③ 주어진 자동차에서 충전회로의 고장 부분을 점검한 후 기록표에 기록·판정하시오.
④ 주어진 자동차에서 경음기음을 측정하여 기록·판정하시오.

| 제8안 | 국가기술자격 실기시험 답안지 |

| 종목 | 자동차정비기능사 | 비번호 | | 감독확인 | |

엔진 1. 실린더 압축 압력 측정

엔진 번호 : 비 번호 : 감독확인 :

항 목	① 측정(또는 점검)		② 판정 및 정비(또는 조치) 사항		득 점
	측정값	규정(정비한계)값	판정(□에 "✓"표)	정비 및 조치할 사항	
( )번 실린더 압축 압력			□ 양 호 □ 불 량		

엔진 3. 엔진 센서 점검

엔진 번호 : 비 번호 : 감독확인 :

항 목	① 측정(또는 점검)			② 고장 및 정비(또는 조치) 사항		득 점
	고장 부위	측정값	규정값	고장 내용	정비 및 조치사항	
센서 (액추에이터) 점검						

엔진 4. 배기가스 측정

엔진 번호 : 비 번호 : 감독확인 :

항 목	① 측정(또는 점검)		② 판정(□에 "✓"표)	득 점
	측정값	규정(정비한계)값		
CO			□ 양 호 □ 불 량	
HC				

- 시험 위원이 제시한 자동차등록증(또는 차대 번호)을 활용하여 차종 및 연식을 적용합니다.
- 자동차검사기준 및 방법에 의하여 기록·판정합니다.
- CO 측정값은 소수점 첫째 자리까지만 기입하고, HC 측정값은 소수점 자리를 기록하지 않습니다.

섀시 2. 자동 변속기 오일량 점검

자동차 번호 :   비 번호   감독확인

항 목	① 측정(또는 점검)	② 판정 및 정비(또는 조치) 사항		득 점
		판정(□에 "√"표)	정비 및 조치할 사항	
오일량	COLD ∣∣∣ HOT 오일 레벨을 게이지에 그리시오.	□ 양 호 □ 불 량		

● 측정값(오일레벨 라인)에 대한 판정범위는 시험 위원이 제시합니다.

섀시 4. 인히비터 스위치와 변속 선택레버 작동 점검

자동차 번호 :   비 번호   감독확인

항 목	① 측정(또는 점검)		② 판정 및 정비(또는 조치) 사항		득 점
	점검 위치	내용 및 상태	판정(□에 "√"표)	정비 및 조치할 사항	
인히비터 스위치			□ 양 호 □ 불 량		
변속 선택레버					

섀시 5. 최소 회전반경 측정

자동차 번호 :   비 번호   감독확인

항 목	① 측정(또는 점검)				② 산출근거 및 판정		득 점
	최대 조향 시 각도		기준값 (최소회전반경)	측정값 (최소회전반경)	산출근거	판정 (□에 "√"표)	
	좌측바퀴	우측바퀴					
회전방향 (□에 "√"표) □ 좌 □ 우						□ 양 호 □ 불 량	

● 회전 방향은 시험 위원이 지정하는 위치에 □에 "√" 표시합니다.
● 최대 조향 시 각도 항목은 두 바퀴 모두 기록합니다.
● 축거는 시험 위원이 제시합니다.
● 자동차검사기준 및 방법에 의하여 기록·판정합니다.
● 산출근거에는 단위를 기록하지 않아도 됩니다.

전기 2. 축전지 비중 및 전압 점검

자동차 번호: 비 번호: 감독확인:

항 목	① 측정(또는 점검)		② 판정 및 정비(또는 조치) 사항		득 점
	측정값	규정(정비한계)값	판정(□에 "✓"표)	정비 및 조치할 사항	
축전지 비중			□ 양 호 □ 불 량		
축전지 전압					

전기 3. 충전 회로 점검

자동차 번호: 비 번호: 감독확인:

항 목	① 측정(또는 점검)		② 판정 및 정비(또는 조치) 사항		득 점
	이상 부위	내용 및 상태	판정(□에 "✓"표)	정비 및 조치할 사항	
충전 회로			□ 양 호 □ 불 량		

● 제시된 전기 회로도의 명칭을 사용·기입합니다.

전기 4. 경음기 음량 측정

자동차 번호: 비 번호: 감독확인:

항 목	① 측정(또는 점검)		② 판정(□에 "✓"표)	득 점
	측정값	기준값		
경음기 음량		_____ 이상 _____ 이하	□ 양 호 □ 불 량	

● 시험 위원이 제시한 자동차등록증(차대 번호)을 활용하여 차종 및 연식을 적용합니다.
● 자동차검사기준 및 방법에 의하여 기록·판정합니다.
● 암소음은 무시합니다.

제9안	국가기술자격 실기시험문제		
자격종목	자동차정비기능사	과제명	자동차정비작업
비번호		시험일시	시험장명

※ 시험시간 : 4시간 [엔진 : 100분 섀시 : 80분 전기 : 60분]

● 엔 진

① 주어진 가솔린 엔진에서 크랭크축을 탈거(시험 위원에게 확인)하고, 시험 위원의 지시에 따라 기록표의 내용대로 기록·판정한 후 다시 조립하시오.
② 주어진 전자제어 가솔린 엔진에서 시험 위원의 지시에 따라 시동에 필요한 크랭킹 회로의 이상 개소를 점검 및 수리하여 시동하시오.
③ 주어진 자동차에서 엔진의 맵센서(공기유량센서)를 탈거(시험 위원에게 확인)한 후 다시 조립하고, 시험 위원의 지시에 따라 진단기(스캐너)를 사용하여 엔진의 각종 센서(액추에이터)를 점검 후 고장 부분을 기록·판정하시오.
④ 주어진 자동차에서 기록표에 제시된 내용을 측정하고 기록·판정하시오.

● 섀 시

① 주어진 자동차에서 시험 위원의 지시에 따라 뒤 쇽업소버(shock absorber) 및 현가 스프링 1개를 탈거(시험 위원에게 확인)한 후, 다시 조립하시오.
② 주어진 자동차에서 시험 위원의 지시에 따라 종감속 기어의 백래시를 점검하여 기록·판정하시오.
③ 주어진 자동차에서 시험 위원의 지시에 따라 브레이크 휠 실린더를 탈거(시험 위원에게 확인)하고, 다시 조립하여 공기빼기 작업 후 브레이크의 작동상태를 확인하시오.
④ 주어진 자동차에서 시험 위원의 지시에 따라 진단기(스캐너)로 ABS 장치를 점검하고, 기록·판정하시오.
⑤ 주어진 자동차에서 시험 위원의 지시에 따라 제동력을 측정하여 기록·판정하시오.

● 전 기

① 주어진 자동차에서 시험 위원의 지시에 따라 전조등(헤드라이트) 어셈블리를 탈거(시험 위원에게 확인)한 후, 다시 부착하여 전조등 작동 여부를 확인하시오.
② 주어진 자동차의 발전기에서 충전되는 전류와 전압을 점검하여 확인사항을 기록표에 기록·판정하시오.
③ 주어진 자동차에서 에어컨 회로의 고장 부분을 점검한 후 기록표에 기록·판정하시오.
④ 주어진 자동차에서 경음기음을 측정하여 기록·판정하시오.

제9안 국가기술자격 실기시험 답안지

종목	자동차정비기능사	비번호		감독확인	

엔진 1. 크랭크축 방향 유격 측정

엔진 번호 :　　　비 번호　　　감독확인

항 목	① 측정(또는 점검)		② 판정 및 정비(또는 조치) 사항		득 점
	측정값	규정(정비한계)값	판정(□에 "✓"표)	정비 및 조치할 사항	
크랭크축 방향 유격			□ 양 호 □ 불 량		

엔진 3. 엔진 센서 점검

엔진 번호 :　　　비 번호　　　감독확인

항 목	① 측정(또는 점검)			② 고장 및 정비(또는 조치) 사항		득 점
	고장 부위	측정값	규정값	고장 내용	정비 및 조치사항	
센서 (액추에이터) 점검						

엔진 4. 디젤 매연점검

자동차 번호 :　　　비 번호　　　감독확인

① 측정(또는 점검)				② 고장 및 정비(또는 조치) 사항			득 점
차종	연식	기준값	측정값	측정	산출근거(계산) 기록	판정 (□에 "✓"표)	
				1회 : 2회 : 3회 :		□ 양 호 □ 불 량	

● 시험 위원이 제시한 자동차등록증(또는 차대 번호)을 활용하여 차종 및 연식을 적용합니다.
● 자동차검사기준 및 방법에 의하여 기록·판정합니다.
● 측정 및 판정은 무부하 조건으로 합니다.
● 측정 및 산출근거란은 소수점 값을 기입합니다.
● 측정값란은 매연 농도를 산술 평균하여 소수점 이하는 버린 값으로 기입합니다.

섀시 2. 종감속 기어 백래시 점검

자동차 번호 : 　비 번호　 　감독확인　

항 목	① 측정(또는 점검)		② 판정 및 정비(또는 조치) 사항		득 점
	측정값	규정(정비한계)값	판정(□에 "√"표)	정비 및 조치할 사항	
백래시			□ 양 호 □ 불 량		

섀시 4. ABS 시스템 점검

자동차 번호 : 　비 번호　 　감독확인　

항 목	① 측정(또는 점검)		② 판정 및 정비(또는 조치) 사항		득 점
	이상 부위	내용 및 상태	판정(□에 "√"표)	정비 및 조치할 사항	
ABS 자기진단			□ 양 호 □ 불 량		

섀시 5. 제동력 측정

자동차 번호 : 　비 번호　 　감독확인　

항 목	① 측정(또는 점검)				② 판정 및 정비(또는 조치) 사항		득 점
	구분	측정값	기준값 (□에 "√"표)		산출근거	판정 (□에 "√"표)	
제동력 위치 (□에 "√"표) □ 앞 □ 뒤	좌		□ 앞 □ 뒤	축 중의	편차	□ 양 호 □ 불 량	
	우		제동력 편차		합		
			제동력 합				

● 측정 위치는 시험 위원이 지정하는 위치의 □에 "√"표시합니다.
● 자동차검사기준 및 방법에 의하여 기록·판정합니다.
● 측정값의 단위는 시험장비 기준으로 기록합니다.
● 산출근거에는 단위를 기록하지 않아도 됩니다.

전기 2. 발전기 점검

항 목	① 측정(또는 점검)		② 판정 및 정비(또는 조치) 사항		득 점
	측정값	규정(정비한계)값	판정(□에 "✓"표)	정비 및 조치할 사항	
충전 전류			□ 양 호 □ 불 량		
충전 전압					

● 측정(조건)은 시험 위원의 지시에 따라 측정합니다.

전기 3. 에어컨 회로 점검

항 목	① 측정(또는 점검)		② 판정 및 정비(또는 조치) 사항		득 점
	이상 부위	내용 및 상태	판정(□에 "✓"표)	정비 및 조치할 사항	
에어컨 회로			□ 양 호 □ 불 량		

● 제시된 전기 회로도의 명칭을 사용·기입합니다.

전기 4. 경음기 음량 측정

항 목	① 측정(또는 점검)		② 판정(□에 "✓"표)	득 점
	측정값	기준값		
경음기 음량		_____ 이상 _____ 이하	□ 양 호 □ 불 량	

● 시험 위원이 제시한 자동차등록증(차대 번호)을 활용하여 차종 및 연식을 적용합니다.
● 자동차검사기준 및 방법에 의하여 기록·판정합니다.
● 암소음은 무시합니다.

제10안	국가기술자격 실기시험문제

자격종목	자동차정비기능사	과제명	자동차정비작업
비번호		시험일시		시험장명	

※ 시험시간 : 4시간 [엔진 : 100분   섀시 : 80분   전기 : 60분]

● 엔 진

① 주어진 가솔린 엔진에서 크랭크축과 메인 베어링을 탈거(시험 위원에게 확인)하고, 시험 위원의 지시에 따라 기록표의 내용대로 기록·판정한 후 다시 조립하시오.
② 주어진 전자제어 가솔린 엔진에서 시험 위원의 지시에 따라 시동에 필요한 점화장치 회로의 이상 개소를 점검 및 수리하여 시동하시오.
③ 주어진 자동차에서 가솔린 엔진의 연료 펌프를 탈거(시험 위원에게 확인)한 후 다시 조립하고, 시험 위원의 지시에 따라 진단기(스캐너)를 사용하여 엔진의 각종 센서(액추에이터)를 점검 후 고장 부분을 기록·판정하시오.
④ 주어진 자동차에서 기록표에 제시된 내용을 측정하고 기록·판정하시오.

● 섀 시

① 주어진 자동 변속기에서 시험 위원의 지시에 따라 오일 필터 및 유온센서를 탈거(시험 위원에게 확인)한 후, 다시 조립하시오.
② 주어진 자동차에서 시험 위원의 지시에 따라 브레이크 페달의 작동상태를 점검하여 기록·판정하시오.
③ 주어진 자동차에서 시험 위원의 지시에 따라 파워스티어링 오일 펌프를 탈거(시험 위원에게 확인)하고, 다시 조립하여 오일량 점검 및 공기빼기 작업 후 스티어링의 작동상태를 확인하시오.
④ 주어진 자동차에서 시험 위원의 지시에 따라 진단기(스캐너)로 전자제어 자세제어장치(VDC, ECS, TCS 등)를 점검하고, 기록·판정하시오.
⑤ 주어진 자동차에서 시험 위원의 지시에 따라 좌 또는 우회전 시 최소 회전반경을 측정하여 기록·판정하시오.

● 전 기

① 주어진 자동차에서 에어컨 필터(실내 필터)를 탈거(시험 위원에게 확인)한 후, 다시 부착하여 블로어 모터의 작동상태를 확인하시오.
② 주어진 자동차에서 엔진의 인젝터 코일 저항(1개)을 점검하여 솔레노이드 코일의 이상 유무를 확인한 후 기록표에 기록·판정하시오.
③ 주어진 자동차에서 점화 회로의 고장 부분을 점검한 후 기록표에 기록·판정하시오.
④ 주어진 자동차에서 좌 또는 우측의 전조등 광도를 측정하고 기록표에 기록·판정하시오.

제10안 국가기술자격 실기시험 답안지

종목	자동차정비기능사	비번호		감독확인	

엔진 1. 메인 베어링 오일 간극 측정

엔진 번호 :

비 번호		감독확인	

항 목	① 측정(또는 점검)		② 판정 및 정비(또는 조치) 사항		득 점
	측정값	규정(정비한계)값	판정(□에 "✓"표)	정비 및 조치할 사항	
크랭크축 ( )번 메인 베어링 오일 간극			□ 양 호 □ 불 량		

● 시험 위원이 지정하는 부위를 측정하시오.

엔진 3. 엔진 센서 점검

엔진 번호 :

비 번호		감독확인	

항 목	① 측정(또는 점검)			② 고장 및 정비(또는 조치) 사항		득 점
	고장 부위	측정값	규정값	고장 내용	정비 및 조치사항	
센서 (액추에이터) 점검						

엔진 4. 배기가스 측정

엔진 번호 :

비 번호		감독확인	

항 목	① 측정(또는 점검)		② 판정(□에 "✓"표)	득 점
	측정값	기준값		
CO			□ 양 호 □ 불 량	
HC				

● 시험 위원이 제시한 자동차등록증(또는 차대 번호)을 활용하여 차종 및 연식을 적용합니다.
● 자동차검사기준 및 방법에 의하여 기록·판정합니다.
● CO 측정값은 소수점 첫째 자리까지만 기입하고, HC 측정값은 소수점 자리를 기록하지 않습니다.

섀시 2. 브레이크 페달의 작동상태 점검

| 자동차 번호 : | | 비 번호 | | 감독확인 | |

항 목	① 측정(또는 점검)		② 판정 및 정비(또는 조치) 사항		득 점
	측정값	규정(정비한계)값	판정(□에 "✓"표)	정비 및 조치할 사항	
브레이크 페달 높이			☐ 양 호 ☐ 불 량		
브레이크 페달 유격					

섀시 4. ECS 자기진단 점검

| 자동차 번호 : | | 비 번호 | | 감독확인 | |

항 목	① 측정(또는 점검)		② 판정 및 정비(또는 조치) 사항		득 점
	이상 부위	내용 및 상태	판정(□에 "✓"표)	정비 및 조치할 사항	
자기진단			☐ 양 호 ☐ 불 량		

섀시 5. 최소 회전반경 측정

| 자동차 번호 : | | 비 번호 | | 감독확인 | |

항 목	① 측정(또는 점검)				② 산출근거 및 판정		득 점
	최대 조향 시 각도		기준값 (최소회전반경)	측정값 (최소회전반경)	산출근거	판정 (□에 "✓"표)	
	좌측바퀴	우측바퀴					
회전방향 (□에 "✓"표) ☐ 좌 ☐ 우						☐ 양 호 ☐ 불 량	

- 회전 방향은 시험 위원이 지정하는 위치에 □에 "✓" 표시합니다.
- 최대 조향 시 각도 항목은 두 바퀴 모두 기록합니다.
- 축거는 시험 위원이 제시합니다.
- 자동차검사기준 및 방법에 의하여 기록·판정합니다.
- 산출근거에는 단위를 기록하지 않아도 됩니다.

전기 2. 인젝터 코일 저항 점검

자동차 번호 : 비 번호 감독확인

항 목	① 측정(또는 점검)		② 판정 및 정비(또는 조치) 사항		득 점
	측정값	규정(정비한계)값	판정(□에 "✓"표)	정비 및 조치할 사항	
인젝터 저항			□ 양 호 □ 불 량		

전기 3. 점화 회로 점검

자동차 번호 : 비 번호 감독확인

항 목	① 측정(또는 점검)		② 판정 및 정비(또는 조치) 사항		득 점
	이상 부위	내용 및 상태	판정(□에 "✓"표)	정비 및 조치할 사항	
점화 회로			□ 양 호 □ 불 량		

전기 4. 전조등 측정

자동차 번호 : 비 번호 감독확인

구 분	① 측정(또는 점검)			② 판정(□에 "✓"표)	득 점
	측정 항목	측정값	기준값		
(□에 "✓"표) 위치 : □ 좌 □ 우	광도		_____ 이상	□ 양 호 □ 불 량	

● 측정 위치는 시험 위원이 지정하는 위치에 □에 "✓" 표시합니다.
● 자동차검사기준 및 방법에 의하여 기록·판정합니다.

제11안 국가기술자격 실기시험문제

자격종목	자동차정비기능사	과제명	자동차정비작업
비번호		시험일시		시험장명	

※ 시험시간 : 4시간 [엔진 : 100분   섀시 : 80분   전기 : 60분]

● 엔 진

① 주어진 DOHC 가솔린 엔진에서 실린더 헤드와 캠축을 탈거(시험 위원에게 확인)하고, 시험 위원의 지시에 따라 기록표의 내용대로 기록·판정한 후 다시 조립하시오.
② 주어진 전자제어 가솔린 엔진에서 시험 위원의 지시에 따라 시동에 필요한 연료장치 회로의 이상 개소를 점검 및 수리하여 시동하시오.
③ 주어진 자동차에서 엔진의 연료 펌프를 탈거(시험 위원에게 확인)한 후 다시 조립하고, 시험 위원의 지시에 따라 진단기(스캐너)를 사용하여 엔진의 각종 센서(액추에이터)를 점검 후 고장 부분을 기록하시오.
④ 주어진 자동차에서 기록표에 제시된 내용을 측정하고 기록·판정하시오.

● 섀 시

① 주어진 후륜 구동(FR 형식) 자동차에서 시험 위원의 지시에 따라 추진축(또는 propeller shaft)을 탈거(시험 위원에게 확인)한 후, 다시 조립하시오.
② 주어진 자동차에서 시험 위원의 지시에 따라 토(toe)를 점검하여 기록·판정하시오.
③ 주어진 자동차에서 시험 위원의 지시에 따라 브레이크 마스터 실린더를 탈거(시험 위원에게 확인)하고, 다시 조립하여 공기빼기 작업 후 브레이크의 작동상태를 확인하시오.
④ 주어진 자동차에서 시험 위원의 지시에 따라 진단기(스캐너)로 자동 변속기를 점검하고, 기록·판정하시오.
⑤ 주어진 자동차에서 시험 위원의 지시에 따라 제동력을 측정하여 기록·판정하시오.

● 전 기

① 주어진 자동차에서 라디에이터 전동 팬을 탈거(시험 위원에게 확인)한 후, 다시 부착하여 전동 팬이 작동하는지 확인하시오.
② 주어진 자동차에서 시동 모터의 크랭킹 전압 강하시험을 하여 고장 부분을 점검한 후 기록표에 기록·판정하시오.
③ 주어진 자동차에서 제동등 및 미등 회로의 고장 부분을 점검한 후 기록표에 기록·판정하시오.
④ 주어진 자동차에서 좌 또는 우측의 전조등 광도를 측정하고 기록표에 기록·판정하시오.

제11안 — 국가기술자격 실기시험 답안지

종목	자동차정비기능사	비번호		감독확인	

엔진 1. 캠축 휨 측정

엔진 번호 :   비 번호   감독확인

항목	① 측정(또는 점검)		② 판정 및 정비(또는 조치) 사항		득점
	측정값	규정(정비한계)값	판정(□에 "✓"표)	정비 및 조치할 사항	
캠축 휨			□ 양 호 □ 불 량		

엔진 3. 엔진 센서 점검

엔진 번호 :   비 번호   감독확인

항목	① 측정(또는 점검)			② 고장 및 정비(또는 조치) 사항		득점
	고장 부위	측정값	규정값	고장 내용	정비 및 조치사항	
센서 (액추에이터) 점검						

엔진 4. 디젤 매연점검

자동차 번호 :   비 번호   감독확인

① 측정(또는 점검)				② 고장 및 정비(또는 조치) 사항			득점
차종	연식	기준값	측정값	측정	산출근거(계산) 기록	판정 (□에 "✓"표)	
				1회 : 2회 : 3회 :		□ 양 호 □ 불 량	

- 시험 위원이 제시한 자동차등록증(또는 차대 번호)을 활용하여 차종 및 연식을 적용합니다.
- 자동차검사기준 및 방법에 의하여 기록·판정합니다.
- 측정 및 판정은 무부하 조건으로 합니다.
- 측정 및 산출근거란은 소수점 값을 기입합니다.
- 측정값란은 매연 농도를 산술 평균하여 소수점 이하는 버린 값으로 기입합니다.

섀시 2. 토 점검

| 자동차 번호 : | | | 비 번호 | | 감독확인 | |

항 목	① 측정(또는 점검)		② 판정 및 정비(또는 조치) 사항		득 점
	측정값	규정(정비한계)값	판정(□에 "✓"표)	정비 및 조치할 사항	
토(toe)			□ 양 호 □ 불 량		

섀시 4. 자동 변속기 자기진단

| 자동차 번호 : | | | 비 번호 | | 감독확인 | |

항 목	① 측정(또는 점검)		② 판정 및 정비(또는 조치) 사항		득 점
	이상 부위	내용 및 상태	판정(□에 "✓"표)	정비 및 조치할 사항	
변속기 자기진단			□ 양 호 □ 불 량		

섀시 5. 제동력 측정

| 자동차 번호 : | | | 비 번호 | | 감독확인 | |

항 목	① 측정(또는 점검)				② 판정 및 정비(또는 조치) 사항		득 점
	구분	측정값	기준값 (□에 "✓"표)		산출근거	판정 (□에 "✓"표)	
제동력 위치 (□에 "✓"표) □ 앞 □ 뒤	좌		□ 앞 □ 뒤	축 중의	편차	□ 양 호 □ 불 량	
	우		제동력 편차		합		
			제동력 합				

● 측정 위치는 시험 위원이 지정하는 위치의 □에 "✓"표시합니다.
● 자동차검사기준 및 방법에 의하여 기록·판정합니다.
● 측정값의 단위는 시험장비 기준으로 기록합니다.
● 산출근거에는 단위를 기록하지 않아도 됩니다.

전기 2. 크랭킹 전압 강하 시험

자동차 번호 :　　비 번호　　감독확인

항 목	① 측정(또는 점검)		② 판정 및 정비(또는 조치) 사항		득 점
	측정값	규정(정비한계)값	판정(□에 "✓"표)	정비 및 조치할 사항	
전압 강하			□ 양 호 □ 불 량		

전기 3. 제동등 및 미등 회로 점검

자동차 번호 :　　비 번호　　감독확인

항 목	① 측정(또는 점검)		② 판정 및 정비(또는 조치) 사항		득 점
	이상 부위	내용 및 상태	판정(□에 "✓"표)	정비 및 조치할 사항	
제동 및 미등 회로			□ 양 호 □ 불 량		

● 제시된 전기 회로도의 명칭을 사용·기입합니다.

전기 4. 전조등 측정

자동차 번호 :　　비 번호　　감독확인

구 분	① 측정(또는 점검)			② 판정(□에 "✓"표)	득 점
	측정 항목	측정값	기준값		
(□에 "✓"표) 위치 : □ 좌 □ 우	광도		＿＿＿ 이상	□ 양 호 □ 불 량	

● 측정 위치는 시험 위원이 지정하는 위치에 □에 "✓" 표시합니다.
● 자동차검사기준 및 방법에 의하여 기록·판정합니다.

제12안	국가기술자격 실기시험문제		
자격종목	자동차정비기능사	과제명	자동차정비작업
비번호		시험일시		시험장명	

※ 시험시간 : 4시간 [엔진 : 100분   섀시 : 80분   전기 : 60분]

엔 진

① 주어진 디젤 엔진에서 크랭크축을 탈거(시험 위원에게 확인)하고, 시험 위원의 지시에 따라 기록표의 내용대로 기록·판정한 후 다시 조립하시오.
② 주어진 전자제어 가솔린 엔진에서 시험 위원의 지시에 따라 시동에 필요한 크랭킹 회로의 이상 개소를 점검 및 수리하여 시동하시오.
③ 주어진 자동차에서 엔진의 연료 펌프를 탈거(시험 위원에게 확인)한 후 다시 조립하고, 시험 위원의 지시에 따라 진단기(스캐너)를 사용하여 엔진의 각종 센서(액추에이터)를 점검 후 고장 부분을 기록하시오.
④ 주어진 자동차에서 기록표에 제시된 내용을 측정하고 기록·판정하시오.

섀 시

① 주어진 자동차에서 시험 위원의 지시에 따라 후륜 구동(FR 형식) 종감속 장치에서 차동 기어를 탈거(시험 위원에게 확인)한 후, 다시 조립하시오.
② 주어진 자동차에서 시험 위원의 지시에 따라 클러치 페달의 유격을 점검하여 기록·판정하시오.
③ 주어진 자동차에서 시험 위원의 지시에 따라 브레이크 라이닝(슈)을 탈거(시험 위원에게 확인)하고, 다시 조립하여 브레이크의 작동상태를 확인하시오.
④ 주어진 자동차에서 시험 위원의 지시에 따라 진단기(스캐너)로 ABS 장치를 점검하고, 기록·판정하시오.
⑤ 주어진 자동차에서 시험 위원의 지시에 따라 좌 또는 우회전 시 최소 회전반경을 측정하여 기록·판정하시오.

전 기

① 주어진 자동차에서 발전기를 탈거(시험 위원에게 확인)한 후, 다시 부착하여 발전기가 정상 작동하는지 충전 전압으로 확인하시오.
② 주어진 자동차에서 시험 위원의 지시에 따라 스텝 모터(공회전 속도조절 서보)의 저항을 점검하여 스텝 모터의 고장 부분을 점검한 후 기록표에 기록·판정하시오.
③ 주어진 자동차에서 실내등 및 열선 회로의 고장 부분을 점검한 후 기록표에 기록·판정하시오.
④ 주어진 자동차에서 경음기음을 측정하여 기록·판정하시오.

제12안 국가기술자격 실기시험 12안 답안지

종목	자동차정비기능사	비번호		감독확인	

엔진 1. 플라이휠 런 아웃 측정

엔진 번호 :

비 번호		감독확인	

항 목	① 측정(또는 점검)		② 판정 및 정비(또는 조치) 사항		득 점
	측정값	규정(정비한계)값	판정(□에 "✓"표)	정비 및 조치할 사항	
플라이휠 런 아웃			□ 양 호 □ 불 량		

엔진 3. 엔진 센서 점검

엔진 번호 :

비 번호		감독확인	

항 목	① 측정(또는 점검)			② 고장 및 정비(또는 조치) 사항		득 점
	고장 부위	측정값	규정값	고장 내용	정비 및 조치사항	
센서 (액추에이터) 점검						

엔진 4. 배기가스 측정

엔진 번호 :

비 번호		감독확인	

항 목	① 측정(또는 점검)		② 판정(□에 "✓"표)	득 점
	측정값	기준값		
CO			□ 양 호 □ 불 량	
HC				

- 시험 위원이 제시한 자동차등록증(또는 차대 번호)을 활용하여 차종 및 연식을 적용합니다.
- 자동차검사기준 및 방법에 의하여 기록·판정합니다.
- CO 측정값은 소수점 첫째 자리까지만 기입하고, HC 측정값은 소수점 자리를 기록하지 않습니다.

섀시 2. 클러치 페달 점검

자동차 번호 : 비 번호   감독확인

항 목	① 측정(또는 점검)		② 판정 및 정비(또는 조치) 사항		득 점
	측정값	규정(정비한계)값	판정(□에 "✓"표)	정비 및 조치할 사항	
클러치 페달 유격			□ 양 호 □ 불 량		

섀시 4. ABS 점검

자동차 번호 : 비 번호   감독확인

항 목	① 측정(또는 점검)		② 판정 및 정비(또는 조치) 사항		득 점
	이상 부위	내용 및 상태	판정(□에 "✓"표)	정비 및 조치할 사항	
ABS 자기진단			□ 양 호 □ 불 량		

섀시 5. 최소 회전반경 측정

자동차 번호 : 비 번호   감독확인

항 목	① 측정(또는 점검)				② 산출근거 및 판정		득 점
	최대 조향 시 각도		기준값 (최소회전반경)	측정값 (최소회전반경)	산출근거	판정 (□에 "✓"표)	
	좌측바퀴	우측바퀴					
회전방향 (□에 "✓"표) □ 좌 □ 우						□ 양 호 □ 불 량	

● 회전 방향은 시험 위원이 지정하는 위치에 □에 "✓" 표시합니다.
● 최대 조향 시 각도 항목은 두 바퀴 모두 기록합니다.
● 축거는 시험 위원이 제시합니다.
● 자동차검사기준 및 방법에 의하여 기록·판정합니다.
● 산출근거에는 단위를 기록하지 않아도 됩니다.

전기 2. 스텝 모터 저항 점검

자동차 번호:　　　　비 번호　　　　감독확인

항 목	① 측정(또는 점검)		② 판정 및 정비(또는 조치) 사항		득 점
	측정값	규정(정비한계)값	판정(□에 "✓"표)	정비 및 조치할 사항	
저 항			□ 양 호 □ 불 량		

● 측정위치는 시험 위원이 지정합니다.

전기 3. 실내등 및 열선 회로 점검

자동차 번호:　　　　비 번호　　　　감독확인

항 목	① 측정(또는 점검)		② 판정 및 정비(또는 조치) 사항		득 점
	이상 부위	내용 및 상태	판정(□에 "✓"표)	정비 및 조치할 사항	
실내등 및 열선 회로			□ 양 호 □ 불 량		

● 제시된 전기 회로도의 명칭을 사용·기입합니다.

전기 4. 경음기 음량 측정

자동차 번호:　　　　비 번호　　　　감독확인

항 목	① 측정(또는 점검)		② 판정(□에 "✓"표)	득 점
	측정값	기준값		
경음기 음량		_____ 이상 _____ 이하	□ 양 호 □ 불 량	

● 시험 위원이 제시한 자동차등록증(차대 번호)을 활용하여 차종 및 연식을 적용합니다.
● 자동차검사기준 및 방법에 의하여 기록·판정합니다.
● 암소음은 무시합니다.

제13안	국가기술자격 실기시험문제		
자격종목	자동차정비기능사	과제명	자동차정비작업
비번호		시험일시	시험장명

※ 시험시간 : 4시간 [엔진 : 100분 새시 : 80분 전기 : 60분]

엔 진

① 주어진 전자제어 디젤(CRDI)엔진에서 인젝터(1개)와 예열 플러그(1개)를 탈거(시험 위원에게 확인)하고, 시험 위원의 지시에 따라 기록표의 내용대로 기록·판정한 후 다시 조립하시오.
② 주어진 전자제어 가솔린 엔진에서 시험 위원의 지시에 따라 시동에 필요한 점화 회로의 이상 개소를 점검 및 수리하여 시동하시오.
③ 주어진 자동차에서 엔진의 공기유량센서(AFS)와 에어 필터를 탈거(시험 위원에게 확인)한 후 다시 조립하고, 시험 위원의 지시에 따라 진단기(스캐너)를 사용하여 엔진의 각종 센서(액추에이터)를 점검 후 고장 부분을 기록·판정하시오.
④ 주어진 자동차에서 기록표에 제시된 내용을 측정하고 기록·판정하시오.

새 시

① 주어진 자동 변속기에서 시험 위원의 지시에 따라 오일 펌프를 탈거(시험 위원에게 확인)한 후, 다시 조립하시오.
② 주어진 자동차에서 시험 위원의 지시에 따라 사이드슬립을 점검하여 기록·판정하시오.
③ 주어진 자동차(ABS 장착 차량)에서 시험 위원의 지시에 따라 브레이크 패드를 탈거(시험 위원에게 확인)하고, 다시 조립하여 브레이크의 작동상태를 확인하시오.
④ 주어진 자동차에서 시험 위원의 지시에 따라 자동 변속기 오일압력을 점검하고, 기록·판정하시오.
⑤ 주어진 자동차에서 시험 위원의 지시에 따라 제동력을 측정하여 기록·판정하시오.

전 기

① 주어진 자동차에서 시험 위원의 지시에 따라 히터 블로어 모터를 탈거(시험 위원에게 확인)한 후, 다시 부착하여 블로어 모터가 정상적으로 작동되는지 확인하시오.
② 주어진 자동차에서 스텝 모터(공회전 속도조절 서보)의 저항을 점검하여 스텝 모터의 고장 유무를 확인한 후 기록표에 기록·판정하시오.
③ 주어진 자동차에서 방향 지시등 회로의 고장부분을 점검한 후 기록표에 기록·판정하시오.
④ 주어진 자동차에서 좌 또는 우측의 전조등 광도를 측정하고 기록표에 기록·판정하시오.

제13안 국가기술자격 실기시험 답안지

종목	자동차정비기능사	비번호		감독확인	

엔진 1. 예열 플러그 저항 측정

엔진 번호 :   비 번호   감독확인

항 목	① 측정(또는 점검)		② 판정 및 정비(또는 조치) 사항		득 점
	측정값	규정(정비한계)값	판정(□에 "✓"표)	정비 및 조치할 사항	
예열 플러그 저 항			□ 양 호 □ 불 량		

엔진 3. 엔진 센서 점검

엔진 번호 :   비 번호   감독확인

항 목	① 측정(또는 점검)			② 고장 및 정비(또는 조치) 사항		득 점
	고장 부위	측정값	규정값	고장 내용	정비 및 조치사항	
센서 (액추에이터) 점검						

엔진 4. 디젤 매연점검

자동차 번호 :   비 번호   감독확인

① 측정(또는 점검)				② 고장 및 정비(또는 조치) 사항			득 점
차종	연식	기준값	측정값	측정	산출근거(계산) 기록	판정 (□에 "✓"표)	
				1회 : 2회 : 3회 :		□ 양 호 □ 불 량	

- 시험 위원이 제시한 자동차등록증(또는 차대 번호)을 활용하여 차종 및 연식을 적용합니다.
- 자동차검사기준 및 방법에 의하여 기록·판정합니다.
- 측정 및 판정은 무부하 조건으로 합니다.
- 측정 및 산출근거란은 소수점 값을 기입합니다.
- 측정값란은 매연 농도를 산술 평균하여 소수점 이하는 버린 값으로 기입합니다.

섀시 2. 사이드 슬립 점검

항 목	① 측정(또는 점검)		② 판정 및 정비(또는 조치) 사항		득 점
	측정값	기준값	판정(□에 "✓"표)	정비 및 조치할 사항	
사이드 슬립			□ 양 호 □ 불 량		

자동차 번호 : ／ 비 번호 ／ 감독확인

섀시 4. 자동 변속기 오일 압력 점검

항 목	① 측정(또는 점검)		② 판정 및 정비(또는 조치) 사항		득 점
	측정값	규정값	판정(□에 "✓"표)	정비 및 조치할 사항	
( )의 오일 압력			□ 양 호 □ 불 량		

자동차 번호 : ／ 비 번호 ／ 감독확인

● 시험 위원의 지시에 따라 공전 시 한 곳의 오일압력을 측정합니다.

섀시 5. 제동력 측정

자동차 번호 : ／ 비 번호 ／ 감독확인

항 목	① 측정(또는 점검)				② 판정 및 정비(또는 조치) 사항		득 점
	구분	측정값	기준값 (□에 "✓"표)		산출근거	판정 (□에 "✓"표)	
제동력 위치 (□에 "✓"표)	좌		□ 앞 □ 뒤	축 중의	편차	□ 양 호 □ 불 량	
□ 앞 □ 뒤	우		제동력 편차		합		
			제동력 합				

● 측정 위치는 시험 위원이 지정하는 위치의 □에 "✓"표시합니다.
● 자동차검사기준 및 방법에 의하여 기록·판정합니다.
● 측정값의 단위는 시험장비 기준으로 기록 합니다.
● 산출근거에는 단위를 기록하지 않아도 됩니다.

전기 2. 스텝 모터 저항 점검

자동차 번호 :　　비 번호　　감독확인

항 목	① 측정(또는 점검)		② 판정 및 정비(또는 조치) 사항		득 점
	측정값	규정(정비한계)값	판정(□에 "✓"표)	정비 및 조치할 사항	
저 항			□ 양 호 □ 불 량		

● 측정위치는 시험 위원이 지정합니다.

전기 3. 방향 지시등 회로 점검

자동차 번호 :　　비 번호　　감독확인

항 목	① 측정(또는 점검)		② 판정 및 정비(또는 조치) 사항		득 점
	이상 부위	내용 및 상태	판정(□에 "✓"표)	정비 및 조치할 사항	
방향 지시등 회로			□ 양 호 □ 불 량		

● 제시된 전기 회로도의 명칭을 사용·기입합니다.

전기 4. 전조등 측정

자동차 번호 :　　비 번호　　감독확인

구 분	① 측정(또는 점검)			② 판정(□에 "✓"표)	득 점
	측정 항목	측정값	기준값		
(□에 "✓"표) 위치 : 　□ 좌 　□ 우	광도		＿＿＿＿ 이상	□ 양 호 □ 불 량	

● 측정 위치는 시험 위원이 지정하는 위치에 □에 "✓" 표시합니다.
● 자동차검사기준 및 방법에 의하여 기록·판정합니다.

국가기술자격 실기시험문제

제14안

자격종목	자동차정비기능사	과제명	자동차정비작업
비번호		시험일시		시험장명	

※ 시험시간 : 4시간 [엔진 : 100분 섀시 : 80분 전기 : 60분]

엔 진

① 주어진 DOHC 가솔린 엔진에서 실린더 헤드와 피스톤(1개)을 탈거(시험 위원에게 확인)하고, 시험 위원의 지시에 따라 기록표의 내용대로 기록·판정한 후 다시 조립하시오.
② 주어진 전자제어 가솔린 엔진에서 시험 위원의 지시에 따라 시동에 필요한 연료장치 회로의 이상 개소를 점검 및 수리하여 시동하시오.
③ 주어진 자동차에서 엔진의 공기유량센서(AFS)와 에어 필터를 탈거(시험 위원에게 확인)한 후 다시 조립하고, 시험 위원의 지시에 따라 진단기(스캐너)를 사용하여 엔진의 각종 센서(액추에이터)를 점검 후 고장 부분을 기록하시오.
④ 주어진 자동차에서 기록표에 제시된 내용을 측정하고 기록·판정하시오.

섀 시

① 주어진 수동 변속기에서 시험 위원의 지시에 따라 후진 아이들 기어(또는 디퍼렌셜 기어 어셈블리)를 탈거(시험 위원에게 확인)한 후, 다시 조립하시오.
② 주어진 자동차(ABS 장착 차량)에서 시험 위원의 지시에 따라 톤 휠 간극을 점검하여 기록·판정하시오.
③ 주어진 자동차에서 시험 위원의 지시에 따라 브레이크 휠 실린더를 탈거(시험 위원에게 확인)하고, 다시 조립하여 공기빼기 작업 후 브레이크의 작동상태를 확인하시오.
④ 주어진 자동차에서 시험 위원의 지시에 따라 진단기(스캐너)로 자동 변속기를 점검하고, 기록·판정하시오.
⑤ 주어진 자동차에서 시험 위원의 지시에 따라 좌 또는 우회전 시 최소 회전반경을 측정하여 기록·판정하시오.

전 기

① 주어진 자동차에서 에어컨 벨트를 탈거(시험 위원에게 확인)한 후, 다시 부착하여 벨트 장력까지 점검한 후, 에어컨 컴프레서가 작동되는지 확인하시오.
② 주어진 자동차에서 시험 위원의 지시에 따라 메인 컨트롤 릴레이의 고장 부분을 점검한 후 기록표에 기록·판정하시오.
③ 주어진 자동차에서 와이퍼 회로의 고장 부분을 점검한 후 기록표에 기록·판정하시오.
④ 주어진 자동차에서 경음기음을 측정하여 기록·판정하시오.

제14안 국가기술자격 실기시험 답안지

종목	자동차정비기능사	비번호		감독확인	

엔진 1. 피스톤과 실린더 간극 측정

엔진 번호 :

비 번호		감독확인	

항 목	① 측정(또는 점검)		② 판정 및 정비(또는 조치) 사항		득 점
	측정값	규정(정비한계)값	판정(□에 "✓"표)	정비 및 조치할 사항	
피스톤과 실린더 간극			□ 양 호 □ 불 량		

● 시험 위원이 지정하는 부위를 측정하시오.

엔진 3. 엔진 센서 점검

자동차 번호 :

비 번호		감독확인	

항 목	① 측정(또는 점검)			② 고장 및 정비(또는 조치) 사항		득 점
	고장 부위	측정값	규정값	고장 내용	정비 및 조치사항	
센서 (액추에이터) 점검						

엔진 4. 배기가스 측정

자동차 번호 :

비 번호		감독확인	

항 목	① 측정(또는 점검)		② 판정(□에 "✓"표)	득 점
	측정값	기준값		
CO			□ 양 호 □ 불 량	
HC				

● 시험 위원이 제시한 자동차등록증(또는 차대 번호)을 활용하여 차종 및 연식을 적용합니다.
● 자동차검사기준 및 방법에 의하여 기록·판정합니다.
● CO 측정값은 소수점 첫째 자리까지만 기입하고, HC 측정값은 소수점 자리를 기록하지 않습니다.

섀시 2. ABS 스피드 센서 점검(톤휠 간극)

자동차 번호 :　　비 번호　　　감독확인

항 목	① 측정(또는 점검)		② 판정 및 정비(또는 조치) 사항		득 점
	측정값	규정(정비한계)값	판정(□에 "✓"표)	정비 및 조치할 사항	
톤 휠 간극	□ 앞 축 □ 뒤 축	좌 : 우 :	□ 양 호 □ 불 량		

● 시험 위원이 지정하는 앞 또는 뒤축의 간극을 측정합니다.

섀시 4. 자동 변속기 점검

자동차 번호 :　　비 번호　　　감독확인

항 목	① 측정(또는 점검)		② 판정 및 정비(또는 조치) 사항		득 점
	이상 부위	내용 및 상태	판정(□에 "✓"표)	정비 및 조치할 사항	
변속기 자기진단			□ 양 호 □ 불 량		

섀시 5. 최소 회전반경 측정

자동차 번호 :　　비 번호　　　감독확인

항 목	① 측정(또는 점검)				② 산출근거 및 판정		득 점
	최대 조향 시 각도		기준값 (최소회전반경)	측정값 (최소회전반경)	산출근거	판정 (□에 "✓"표)	
	좌측바퀴	우측바퀴					
회전방향 (□에 "✓"표) □ 좌 □ 우						□ 양 호 □ 불 량	

● 회전 방향은 시험 위원이 지정하는 위치에 □에 "✓" 표시합니다.
● 최대 조향 시 각도 항목은 두 바퀴 모두 기록합니다.
● 축거는 시험 위원이 제시합니다.
● 자동차검사기준 및 방법에 의하여 기록·판정합니다.
● 산출근거에는 단위를 기록하지 않아도 됩니다.

전기 2. 컨트롤 릴레이 점검

자동차 번호 :   비 번호   감독확인

항 목	① 측정(또는 점검)	② 판정 및 정비(또는 조치) 사항		득 점
		판정(□에 "✓"표)	정비 및 조치할 사항	
코일이 여자되었을 때	□ 양 호 □ 불 량	□ 양 호 □ 불 량		
코일이 여자안 되었을 때	□ 양 호 □ 불 량			

전기 3. 와이퍼 회로 점검

자동차 번호 :   비 번호   감독확인

항 목	① 측정(또는 점검)		② 판정 및 정비(또는 조치) 사항		득 점
	이상 부위	내용 및 상태	판정(□에 "✓"표)	정비 및 조치할 사항	
와이퍼 회로			□ 양 호 □ 불 량		

● 제시된 전기 회로도의 명칭을 사용·기입합니다.

전기 4. 경음기 음량 측정

자동차 번호 :   비 번호   감독확인

항 목	① 측정(또는 점검)		② 판정(□에 "✓"표)	득 점
	측정값	기준값		
경음기 음량		_____ 이상 _____ 이하	□ 양 호 □ 불 량	

● 시험 위원이 제시한 자동차등록증(차대 번호)을 활용하여 차종 및 연식을 적용합니다.
● 자동차검사기준 및 방법에 의하여 기록·판정합니다.
● 암소음은 무시합니다.

국가기술자격 실기시험문제

제15안

자격종목	자동차정비기능사	과제명	자동차정비작업
비번호		시험일시		시험장명	

※ 시험시간 : 4시간 [엔진 : 100분   섀시 : 80분   전기 : 60분]

● 엔 진

① 주어진 가솔린 엔진에서 실린더 헤드와 피스톤(1개)을 탈거(시험 위원에게 확인)하고, 시험 위원의 지시에 따라 기록표의 내용대로 기록·판정한 후 다시 조립하시오.
② 주어진 전자제어 가솔린 엔진에서 시험 위원의 지시에 따라 시동에 필요한 크랭킹 회로의 이상 개소를 점검 및 수리하여 시동하시오.
③ 주어진 자동차에서 엔진의 공기유량센서(AFS)와 에어 필터를 탈거(시험 위원에게 확인)한 후 다시 조립하고, 시험 위원의 지시에 따라 진단기(스캐너)를 사용하여 엔진의 각종 센서(액추에이터)를 점검 후 고장 부분을 기록하시오.
④ 주어진 자동차에서 기록표에 제시된 내용을 측정하고 기록·판정하시오.

● 섀 시

① 주어진 자동 변속기에서 시험 위원의 지시에 따라 밸브 보디를 탈거(시험 위원에게 확인)한 후, 다시 조립하시오.
② 주어진 자동차에서 시험 위원의 지시에 따라 자동 변속기의 오일량을 점검하여 기록·판정하시오.
③ 주어진 자동차에서 시험 위원의 지시에 따라 클러치 릴리스 실린더를 탈거(시험 위원에게 확인)하고, 다시 조립하여 공기빼기 작업 후 클러치의 작동상태를 확인하시오.
④ 주어진 자동차에서 시험 위원의 지시에 따라 진단기(스캐너)로 전자제어 자세제어장치(VDC, ECS, TCS 등)를 점검하고, 기록·판정하시오.
⑤ 주어진 자동차에서 시험 위원의 지시에 따라 제동력을 측정하여 기록·판정하시오.

● 전 기

① 주어진 자동차에서 시험 위원의 지시에 따라 계기판을 탈거(시험 위원에게 확인)한 후, 다시 부착하여 계기판의 작동 여부를 확인하시오.
② 자동차에서 점화코일 1, 2차 저항을 측정하고 코일의 고장 유무를 확인하여 기록표에 기록·판정하시오.
③ 주어진 자동차에서 파워 윈도 회로의 고장 부분을 점검한 후 기록표에 기록·판정하시오.
④ 주어진 자동차에서 좌 또는 우측의 전조등 광도를 측정하고 기록표에 기록·판정하시오.

제15안 국가기술자격 실기시험 답안지

종목	자동차정비기능사	비번호		감독확인	

엔진 1. 피스톤 링 이음 간극 측정

엔진 번호 :   비 번호   감독확인

항 목	① 측정(또는 점검)		② 판정 및 정비(또는 조치) 사항		득 점
	측정값	규정(정비한계)값	판정(□에 "✓"표)	정비 및 조치할 사항	
피스톤링 이음 간극 (압축링)			□ 양 호 □ 불 량		

● 시험 위원이 지정하는 부위를 측정합니다.

엔진 3. 엔진 센서 점검

자동차 번호 :   비 번호   감독확인

항 목	① 측정(또는 점검)			② 고장 및 정비(또는 조치) 사항		득 점
	고장 부위	측정값	규정값	고장 내용	정비 및 조치사항	
센서 (액추에이터) 점검						

엔진 4. 디젤 매연점검

자동차 번호 :   비 번호   감독확인

① 측정(또는 점검)				② 고장 및 정비(또는 조치) 사항			득 점
차종	연식	기준값	측정값	측정	산출근거(계산) 기록	판정 (□에 "✓"표)	
				1회 : 2회 : 3회 :		□ 양 호 □ 불 량	

● 시험 위원이 제시한 자동차등록증(또는 차대 번호)을 활용하여 차종 및 연식을 적용합니다.
● 자동차검사기준 및 방법에 의하여 기록·판정합니다.
● 측정 및 판정은 무부하 조건으로 합니다.
● 측정 및 산출근거란은 소수점 값을 기입합니다.
● 측정값란은 매연 농도를 산술 평균하여 소수점 이하는 버린 값으로 기입합니다.

섀시 2. 자동 변속기 오일량 점검

		비 번호		감독확인	

자동차 번호 :

항 목	① 측정(또는 점검)	② 판정 및 정비(또는 조치) 사항		득 점
		판정(□에 "✓"표)	정비 및 조치할 사항	
오일량	COLD ⏐⏐⏐ HOT 오일 레벨을 게이지에 그리시오.	□ 양 호 □ 불 량		

● 측정값(오일레벨 라인)에 대한 판정범위는 시험 위원이 제시합니다.

섀시 4. ECS 점검

		비 번호		감독확인	

자동차 번호 :

항 목	① 측정(또는 점검)		② 판정 및 정비(또는 조치) 사항		득 점
	이상 부위	내용 및 상태	판정(□에 "✓"표)	정비 및 조치할 사항	
자기진단			□ 양 호 □ 불 량		

섀시 5. 제동력 측정

		비 번호		감독확인	

자동차 번호 :

항 목	① 측정(또는 점검)			② 판정 및 정비(또는 조치) 사항		득 점
	구분	측정값	기준값 (□에 "✓"표)	산출근거	판정 (□에 "✓"표)	
제동력 위치 (□에 "✓"표) □ 앞 □ 뒤	좌		□ 앞 □ 뒤 축 중의	편차	□ 양 호 □ 불 량	
	우		제동력 편차 제동력 합	합		

● 측정 위치는 시험 위원이 지정하는 위치의 □에 "✓"표시합니다.
● 자동차검사기준 및 방법에 의하여 기록·판정합니다.
● 측정값의 단위는 시험장비 기준으로 기록합니다.
● 산출근거에는 단위를 기록하지 않아도 됩니다.

전기 2. 점화 코일 1, 2 차 저항 점검

자동차 번호 : 　　비 번호　　　감독확인

항 목	① 측정(또는 점검)		② 판정 및 정비(또는 조치) 사항		득 점
	측정값	규정(정비한계)값	판정(□에 "√"표)	정비 및 조치할 사항	
1차 저항			□ 양 호 □ 불 량		
2차 저항			□ 양 호 □ 불 량		

전기 3. 파워 윈도 회로 점검

자동차 번호 : 　　비 번호　　　감독확인

항 목	① 측정(또는 점검)		② 판정 및 정비(또는 조치) 사항		득 점
	이상 부위	내용 및 상태	판정(□에 "√"표)	정비 및 조치할 사항	
파워 윈도 회로			□ 양 호 □ 불 량		

● 제시된 전기 회로도의 명칭을 사용·기입합니다.

전기 4. 전조등 측정

자동차 번호 : 　　비 번호　　　감독확인

구 분	① 측정(또는 점검)			② 판정(□에 "√"표)	득 점
	측정 항목	측정값	기준값		
(□에 "√"표) 위치 : □ 좌 □ 우	광도		_____ 이상	□ 양 호 □ 불 량	

● 측정 위치는 시험 위원이 지정하는 위치에 □에 "√" 표시합니다.
● 자동차검사기준 및 방법에 의하여 기록·판정합니다.